"十三五"高职高专机械制造类规划教材

金属切削加工技能实训

宋之东 编著

经济管理出版社

ECONOMY & MANAGEMENT PUBLISHING HOUSE

图书在版编目（CIP）数据

金属切削加工技能实训/宋之东编著. —北京：经济管理出版社，2016.1
ISBN 978-7-5096-4122-4

Ⅰ.①金… Ⅱ.①宋… Ⅲ.①金属切削—加工工艺—高等职业教育—教材 Ⅳ.①TG506

中国版本图书馆 CIP 数据核字（2015）第 306039 号

组稿编辑：王光艳
责任编辑：许　兵
责任印制：黄章平
责任校对：赵天宇

出版发行：经济管理出版社
　　　　　（北京市海淀区北蜂窝 8 号中雅大厦 A 座 11 层　100038）
网　　址：www. E-mp. com. cn
电　　话：（010）51915602
印　　刷：三河市延风印装有限公司
经　　销：新华书店
开　　本：720mm×1000mm/16
印　　张：24
字　　数：444 千字
版　　次：2016 年 6 月第 1 版　　2016 年 6 月第 1 次印刷
书　　号：ISBN 978-7-5096-4122-4
定　　价：68.00 元

前　言

　　本书是根据"以能力为本位，以就业为导向"的职业教育方针，按照国家职业标准要求进行编写的。全书共分车削加工、铣削加工、磨削加工三个模块，以提高实践教学质量为出发点和落脚点，淡化理论教学，强化能力培养，突出知识的应用能力。本书是以工作过程中的任务驱动法为编写思路，紧紧围绕实施任务所需的理论知识、具体计划、实施以及检查、评价，基于工作过程"教、学、做"的一体化展开写作，以提高学习效率和学习兴趣。

　　教材编写充分考虑高职学生的职业特点，结合最新的教育理念，具有如下特点：①实训教材以培养学生的动手和动脑能力为主线，以"工学结合"为切入点，以工作过程为导向，以"学中做，做中教"为原则，根据企业的需求对传统的课堂教学内容进行整合，将项目分解为具体的任务。②教材分为高职学生的职业能力培养和职业素质培养两部分内容，其在实践过程中提升学生的职业素养，以实践过程中的项目、任务为培养载体。③实习成绩的考核是检验实践教学质量的标准，考核方法采取过程与结果、职业能力与职业素养并重的考核办法，引导实践教学的全过程。

　　教材的内容编写遵循职业规律，符合国家职业标准，具有如下特点：

　　1. 普通机械加工实训为基本内容

　　教材以普通机械加工实训为基本框架，内容包括三个模块：车工技能实训、铣工技能实训、磨工技能实训，在每个模块中设有多个项目，项目分解为具体的任务。

　　2. 工作过程为导向

　　教材依据多年的实践经验和企业调研提炼出典型零件，以典型零件作为任务，以工作过程为导向，用任务驱动法完成具体的任务，提升了学生的职业技能和职业素养。

　　3. 遵循认知规律

　　遵循从无知到有知，从感性到理性，从简单到复杂的认知规律。

　　4. 教材内容符合国家职业标准

　　依据高职学生职业能力的要求，本教材按照中级车工、铣工、磨工国家职业标准来编写。

　　本书适用于高职、高专机械设计与制造、模具设计与制造、数控技术应用等专业，也适用于制造类专业和机电类专业，同时也是机械加工类技术工人社会培训的很好教材。

　　本书由大连职业技术学院宋之东、马廷辉、刘光繁、丛日旭编写，由宋之东任主编。马廷辉完成了磨削加工技能实训的编写和车削加工项目一的编写工作，编写字数五万字左右，从事车削加工实践教学多年的刘光繁老师提供了宝贵的实践经验，从事模具专业实践教学的丛日旭老师在编写过程中给予了大力支持。

　　由于编者水平有限，书中难免有不足之处，欢迎广大读者在阅读及实践过程中提出宝贵意见和建议，以便我们及时纠正修订，在此表示衷心感谢。

宋之东

目　录

模块一　车削加工技能实训

模块二　铣削加工技能实训

模块三　磨削加工技能实训

模块一

车削加工技能实训

项目一　车削加工操作基础

任务一　车床结构及基本操作

任务要求

遵守车床安全操作的要求

熟练掌握车床的空运转操作

一、相关理论知识

（一）车削加工的安全操作规程及安全、文明生产

1. 车削加工安全操作规程

（1）开车前检查车床各部分机构及防护设备是否完好，各手柄是否灵活、位置是否正确。检查各注油孔，并进行润滑；然后使主轴空运转 1~2min，待车床运转正常后才能工作。若发现车床有毛病，应立即停车并申报检修。

（2）主轴变速必须先停车，变速进给箱手柄要在低速下进行；为保持丝杠的精度，除切削螺纹外，不得使用丝杠进行机动进给。

（3）工作时所使用的工具、量具和刀具以及工件应尽量靠近和集中在操作者的周围，常用的放近处，不常用的放远处，物件放置应有固定位置，用后放回原处。

（4）工具箱内应分类摆放物件。精度高的应放置稳妥，重物放下层，轻物放上层，不可随意乱放，以免损坏和丢失。

（5）正确使用和爱护量具。经常保持清洁，用后擦净并涂油，放入盒内。所使用量具必须定期检验，以保证其量度准确。

（6）车刀磨损后，应及时刃磨，不允许用钝刀车刀继续车削，以免增加车床负荷，损坏车床，影响工件表面的加工质量和生产效率。

（7）不允许在卡盘及床身层轨上敲击或校直工件，床面上不准放置工具或工件；装夹、校正较重工件时，应用木板保护床面；下班时若工件不卸下，应用千斤顶支撑。

（8）批量生产的零件，首件应报送检查，在确认合格后，方可继续加工；精车工件要注意防锈处理。

（9）毛坯、半成品和成品要分开放置；半成品和成品应堆放整齐、轻拿轻放，严防碰伤已加工表面。

（10）图样、工艺卡片应放置在便于阅读的位置，并注意保持其清洁和完整。

（11）使用切削液前，应在床身导轨上涂抹润滑油。

（12）工作场地周围应保持清洁整齐。

（13）工作完毕后，将所用过的物件擦净归位，清理机床，刷去切屑，擦净机床各部位的油污；按规定加注润滑油，最后把机床周围打扫干净；将床鞍退于床尾一端，各转动手柄放到空挡位置，关闭电源。

2. 车削加工安全、文明生产

坚持安全、文明生产是保障生产人员和设备的安全、防止工伤和设备事故发生的根本保证，同时也是工厂科学管理的一项十分重要的手段。它直接影响到人身安全、产品质量和生产效率，影响设备和工具、夹具、量具的使用寿命和操作人员技术水平的正常发挥。安全、文明生产的一些具体要求是在长期生产活动中对实践经验和血的教训的总结，要求操作者必须严格执行遵守。

（1）实习时必须穿戴好防护用品，女同学须将长发辫纳入工作帽内；工作服袖扣紧，禁止穿背心、裙子、短裤及高跟鞋或凉鞋进入实习场地。

（2）工作时，头不能离工件太近，为防止切屑飞入眼中，必须戴防护眼镜。

（3）工作时，必须集中精力，注意手、身体和衣服不能靠近正在旋转的机件，如工件、带轮、皮带、卡盘、齿轮等。

（4）工件和车刀必须装夹牢固，以防飞出伤人；卡盘应装有保险装置；装夹好工件后卡盘扳手必须随即从卡盘上取下。

（5）凡装卸工件、更换刀具、测量加工表面及变换速度时，必须先停车。

（6）车床运转时，不得用手去摸工件表面，尤其是加工螺纹时，严禁用手触摸螺纹面，以免伤手；严禁用棉纱擦抹转动的工件。

（7）应用专用铁钩清除切屑，绝不允许用手直接清除。

（8）在车床上操作不准戴手套。

（9）不准用手去刹停转动着的卡盘。

（10）不要随意拆装电气设备，以免发生触电事故。

（11）工作中若发现机床、电气设备有故障，应及时申报，由专业人员检修，未修好前不得使用。

（二）车床加工范围、车床型号识读

1. **车床车削加工范围**

凡具有回转体表面的工件，都可以在车床上用车削的方法进行加工。此外，车床还可以绕制弹簧。卧式车床的加工范围如图 1-1-1 所示。

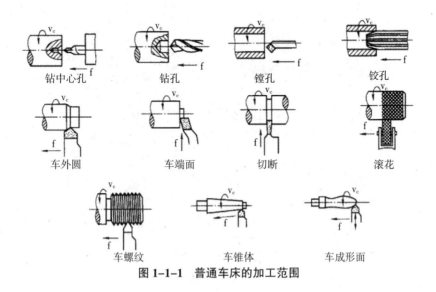

图 1-1-1　普通车床的加工范围

车削加工工件的尺寸公差等级一般为 IT9~IT7，其表面粗糙度 Ra 值为 3.2~1.6μm。

2. **CD6140 车床型号识读**

机床的型号是用来表示机床的类别、特性、组系和主要参数的代号。按照 GB/T15375—2008《金属切削机床型号编制方法》的规定，机床型号由汉语拼音字母及阿拉伯数字组成，以 CD6140 型车床为例，其表示方法如下：

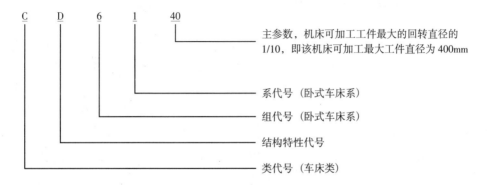

3. 车床各部分名称、功用及相关运动

（1）车床各部分名称及功用。普通车床的外形如图1-1-2所示。由床身、主轴箱、交换齿轮箱、进给箱、溜板箱、滑板、刀架、尾座及冷却嘴等部分组成。

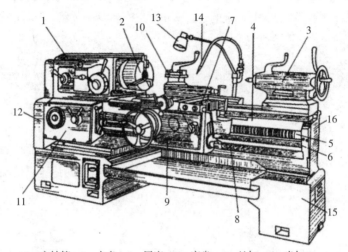

1—主轴箱；2—卡盘；3—尾座；4—床身；5—丝杠；6—光杠；
7—滑板；8—操纵杆；9—溜板箱；10—刀架；11—进给箱；
12—交换齿轮箱；13—照明灯；14—冷却嘴；15—床腿；16—支架

图1-1-2 普通车床的外形

1）床身。床身是车床上精度要求很高的一个大型部件。它的主要作用是支撑安装在车床上的其他部件，同时也是床鞍、尾座运动的导向部分。床身上面有两条精确的导轨（山形导轨和平导轨），大滑板和尾座可沿着导轨移动。

2）主轴箱。主轴箱也称主轴变速箱（俗称床头箱），它的功用是支撑并传动主轴，使主轴按需要的转速和方向旋转。

箱内有多组齿轮变速机构，以实现机械的啮合传动。变换主轴箱的手柄位置，可使主轴得到多种（24种）转速。螺纹旋向变速手柄有4个挡位，用于变速、变向和加工螺距。

主轴为空心结构；在主轴的前端可以利用其锥孔安装顶尖，也可以利用主轴的外螺纹及圆柱面等安装卡盘或拨盘，以便装夹工件，并带动工件旋转，以实现车削。

3）交换齿轮。交换齿轮箱又称挂轮箱，其作用是把主轴的运动传给进给箱。

更换箱内的挂轮，配合进给箱可得到车削各种螺距螺纹（或蜗杆）的进给传动。满足车削时对不同纵、横向进给量的需求。

4）进给箱。进给箱俗称走刀箱，其作用是把交换齿轮箱传来的运动，经过变速后传递给光杠和丝杠，以满足车螺纹与机动进给的需要。

根据需要按进给调配表变动各手轮、手柄的位置，可以得到各种不同的进给速度。

5）丝杠、光杠和操纵杆。丝杠、光杠和操纵杆习惯上简称为"三杠"。丝杠和光杠可把进给箱的运动传递给溜板箱，从而带动刀架移动。

丝杠专为车螺纹时带动拖板作纵向移动，丝杠精度直接影响螺纹加工精度，因此它是车床上精密零件之一。一般不用丝杠自动进给，以便长期保持丝杠的精度。

光杠的作用是在一般车削时传递运动，通过拖板箱使刀架作纵向或横向进给。

操纵杆是车床的控制机构，在它的左端和溜板箱的右端各装有一个手柄，操作工人可以很方便地通过操纵手柄控制车床主轴正转、反转或停车。

6）溜板箱。溜板箱俗称拖板箱，其作用是把光杠或丝杠传来的运动传递给床鞍及中滑板，从而带动刀架使车刀实现纵、横向进给运动或纵向移动车削螺纹。

溜板箱上还装有一些手柄及按钮，可以很方便地操纵车床，如机动、手动、车螺纹及快速移动等。

7）刀架。刀架用来装夹车刀，并带动车刀作纵向、横向或斜向运动。

车床刀架如图1-1-3所示，它由五层组成，即床鞍（又称大滑板）、中滑板、转盘、小刀架（又称小滑板）和方刀架。车刀装在方刀架上，方刀架下面的转盘是为了使车刀得到纵向、横向及斜向运动而设置的。刀架有四个装刀位置，松开方刀架上的锁紧手柄后，可调整刀架的装刀位置与角度。

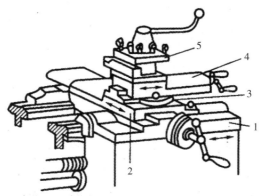

1—床鞍；2—中滑板；3—转盘；4—小刀架；5—方刀架
图1-1-3 车床刀架

8）尾座。尾座主要用来安装后顶尖，以支撑较长工件，也可安装钻头、铰刀等进行孔加工，还可装上板牙、丝锥进行套螺纹和攻螺纹。尾座安装在床身导轨上，并沿此导轨纵向移动，以调整其工作位置。

9）冷却装置。冷却装置主要通过冷却水泵将水箱中的切削液加压后喷射到切削区域，降低切削温度、冲走切屑、润滑加工表面，以提高刀具使用寿命和工件的表面加工质量。

（2）车床的运动。用车床对零件进行切削加工，必须使工件与刀具产生相对运动，通过刀刃的切削作用使被加工零件表面成型。

按功用不同，车床的运动主要有以下几种：

1）主运动。主运动是车削时最主要的运动，这个运动的速度最高，消耗功率最大。车床中工件的旋转运动就是主运动，如图1-1-4所示。

2）进给运动。使工件多余材料不断被车去的运动叫进给运动。进给运动的速度一般远小于主运动速度。车外圆时车刀的纵向直线运动是纵向进给运动，如图1-1-5a所示。车断面、切断及车槽时车刀的横向直线运动就是车床的横向进给运动，如图1-1-5b所示。

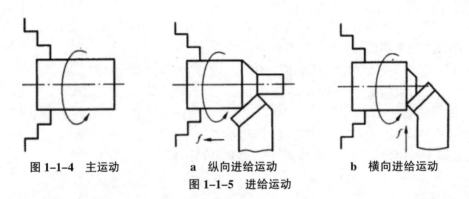

图1-1-4　主运动　　　　a　纵向进给运动　　　　b　横向进给运动

图1-1-5　进给运动

（三）车床的基本操作及日常维护保养

1. 车床各部手柄操作方法及功用（以CD6140为例）

（1）手动操作。在不启动机床的情况下，用手先后分别摇动床鞍、中滑板、小滑板各操作手柄进行纵向、横向正反方向移动操作。摇动手柄时要反应灵活，动作准确。

逆时针方向摇动床鞍手柄，做正向进给（向主轴箱方向移动）；顺时针方向摇动床鞍手柄，做反向进给（向尾座方向移动）。

顺时针方向摇动中滑板手柄，向前进给（向远离操作者方向移动）；逆时针方向摇动中滑板手柄，做向后进给（向靠近操作者方向移动）。

顺时针方向摇动小滑板手柄，做正向进给（向主轴箱方向移动）；逆时针方向摇动小滑板手柄，做反向进给（向尾座方向移动）。

（2）主轴的正/反转及停止操作。首先检查车床变速手柄是否处于空挡位置、离合器是否处于正确位置、操纵杆是否处于停止状态，确认无误后，方可合上车床总电源，开始操作车床。

如图 1-1-6 所示，手柄在中央位置是停止；手柄向上抬起为正转；手柄向下按为反转。

从正转变为反转时，要在主轴转动停止后再操纵手柄。不能直接从正转变为反转，或从反转变为正转。

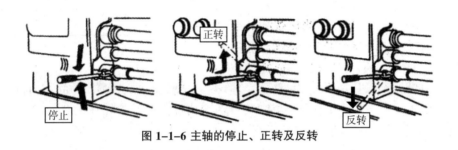

图 1-1-6 主轴的停止、正转及反转

（3）主轴变速手柄操作。通过改变车床主轴变速箱正面的左右两个手柄的位置来控制主轴变速，如图 1-1-7 所示。左面的手柄上有八个挡位，每个挡位上有三级转速，而这三级转速由右面的手柄来控制，所以主轴共有 24 级转速。右面的手柄分高、中、低挡即分别用字母 G、Z、D 来表示。而 G、Z、D 的挡位之间分别是两个空挡，用 0 来表示。变速时，先判断所需转速属于 G、Z、D 挡哪个级别，将手柄拨到该挡位上，然后再到左面的手柄处找到自己想要设定的转速，

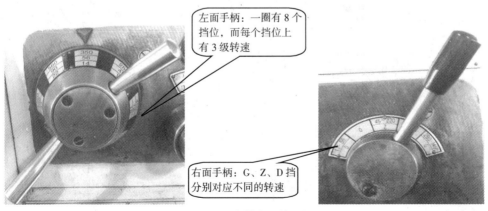

左面手柄：一圈有 8 个挡位，而每个挡位上有 3 级转速

右面手柄：G、Z、D 挡分别对应不同的转速

图 1-1-7　主轴变速箱手柄

转到所需要的转速处，对准箭头即可。主轴转速如表 1-1-1 所示。

表 1-1-1　主轴转速表

D	主轴正转	11	14	18	22	28	35	45	56
	主轴反转								
	增大螺距倍数	16∶1							
Z	主轴正转	45	56	72	90	110	140	180	220
	主轴反转								
	增大螺距倍数	4∶1							
G	主轴正转	280	350	450	560	700	870	1120	1400
	主轴反转								
	增大螺距倍数	33∶52							

变速时应注意：

1）初学者变速时先停机再变速。若车床转动时变速，容易将齿轮轮齿打坏。

2）变速时手柄要扳到位，否则会出现空挡现象；或齿轮在齿宽范围内没有全部进入啮合状态，会降低齿轮强度，导致齿轮损坏。

3）变速时若齿轮啮合位置不正确，手柄就难以扳到位，此时可一边用手转动车床卡盘一边扳动手柄，直到手柄扳动为止。

（4）进给箱的进给量调节操作。通过操作进给箱手柄来改变进给量或螺距。CD6140 型车床进给箱正面右侧有一个手柄，手轮上有 Ⅰ、Ⅱ、Ⅲ、Ⅳ、Ⅴ、Ⅵ、Ⅶ、Ⅷ八个挡位如图 1-1-8 所示；而中间的是内外叠装的两个手柄，用来与手轮配合，用以调整螺距或进给量，如图 1-1-9 所示，主轴箱正面内外叠装的两个手柄，用于螺纹的左、右旋向变换和加大螺距，各自分别有两个挡位。内手柄用于

图 1-1-8　进给箱变速手柄

左旋和右旋螺纹的变换，而外手柄用于是否加大螺距的变换。J 代表基本螺距、基本进给量；K 代表扩大螺距、扩大进给量。

螺纹传动设有螺纹种类变换机构，因而不换挂轮而通过操纵手柄改变传动路线，就可以车出公制（t）、模数（m）、英制（p）、径节（a）四种常用的螺纹。如图 1-1-10 所示。

图 1-1-9　左右旋及加大螺距变换手柄　　　图 1-1-10　螺纹种类变换手柄

进给箱的上表面有一个标有进给量及螺距的表格。调节进给量时，先在表格中查到所需的数字，再根据表中的提示配换挂轮，并将手柄逐一扳到位，手柄是否到位可通过观察光杠、丝杠是否旋转来确定。

（5）溜板箱手柄的操作。溜板部分实现车削时绝大部分的进给运动：床鞍及滑板箱作纵向移动，中滑板作横向移动，小滑板可作纵向或斜向移动。进给运动有手动进给和机动进给两种方式，如图 1-1-11 所示。

溜板又分为床鞍（旧称大拖板）、中溜板（旧称中拖板）和小溜板（旧称小拖板）。刀架在小滑板上面，可同时装夹四把车刀。

床鞍及溜板箱的纵向移动由滑板箱正面左侧的大手轮控制，逆时针方向转动手轮时，床鞍向左纵向作移动进给；反之，床鞍向右纵向移动退出。手轮轴上的刻度盘圆周等分为 300 格，手轮每转过 1 格，刀架纵向移动 1mm，如图 1-1-12 所示。

中溜板的横向移动由中溜板手柄控制，顺时针方向转动手柄时，中溜板向前运动（即横向进刀）；逆时针方向转动手轮时，中溜板向操作者方向运动（即横向退刀）。手轮轴上的刻度盘圆周等分为 100 格，手轮每转过 1 格，刀架横向移动 0.05mm。直径上初切除的金属层为车刀径向移动的 2 倍，如图 1-1-13 所示。

车床方刀架

小溜板纵向
移动手柄

刀架横、纵向
自动进给手柄
及快速移动按钮

中溜板横向
移动手柄

床鞍纵向
移动手柄

开合螺母
操纵手柄

图 1-1-11　溜板箱的各控制手柄

图 1-1-12　床鞍及溜板箱的操作

图 1-1-13　中溜板操作手轮

小溜板在小溜板手柄控制下可作短距离的纵向移动。顺时针转动小溜板手柄，小溜板向左移动进给；反之，小溜板向右移动退出。小溜板的手轮轴上的刻度盘圆周等分为100格，手轮每转过1格，纵向或斜向移动0.05mm。小溜板的下导轨有转盘，斜向进给车削短圆锥时，可顺时针或逆时针方向旋转90°。调整时，先松开锁紧螺母，转动小溜板至所需角度位置后，再锁紧螺母固定小溜板，如图1-1-14所示。

图1-1-14 小溜板操作手轮

CD6140型车床的刀架横、纵向自动进给手柄及快速移动按钮安装在溜板箱的右侧（见图1-1-11），变换溜板箱右侧的手柄位置，可使刀具做需要的运动。把手柄扳到左边位置，溜板箱带动刀具向主轴方向移动；把手柄扳到右边位置，溜板箱带动刀具向尾座方向移动；把手柄扳到向前的位置，中滑板带动刀具横向进刀；把手柄扳到向后的位置，中滑板带动刀具横向退刀。

转动床鞍、中溜板、小溜板手柄时，由于丝杠与螺母之间的配合存在间隙，会产生空行程，即刻度盘已转动，而刀架并未同步移动。为解决这个问题，要求在使用刻度盘时，要先反向转动适当角度，消除配合间隙，再正向慢慢转动手柄，带动刻度盘转到所需的格数。如果刻度盘多转动了几格，绝不能简单地退回，而必须向相反方向退回全部空行程（通常反向转动1/2圈），再转到所需要的刻度位置。

（6）尾座的操作。车床尾座如图1-1-15所示。尾座可以沿着床身导轨前后移动，以适应去顶不同长度的工件。尾座套筒锥孔可供安装顶尖或钻头，套筒可以前后移动。

1）尾座的移动和锁紧。顺时针扳动尾座快速紧固手柄2，使尾座底部的压板与床身导轨松开；用手推动尾座，使尾座沿着床身导轨纵向移动到所需位置；然后逆时针扳动手柄，使尾座在床身上锁紧固定。

2）尾座套筒的移动和锁紧。逆时针扳动尾座套筒紧固手柄 1，即可松开尾座套筒。顺时针摇动尾座手轮 3，使套筒向前伸出；反之，尾座套筒退回。顺时针扳动尾座套筒紧固手柄，可以将套筒固定在所需位置。

3）套筒不要伸出过长，以免影响套筒支持刚性和防止套筒伸出到极限而使套筒内的丝杠与螺母脱开。擦净套筒内孔和顶尖锥柄，安装后顶尖；松开套筒固定手柄，摇动手轮使套筒退出后顶尖。

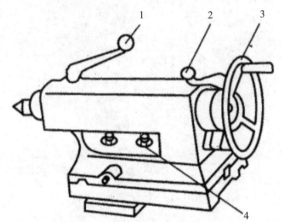

1—尾座套筒紧固手柄；2—尾座快速紧固手柄；
3—尾座手轮；4—压紧螺母

图 1-1-15 车床尾座

2. 车床日常维护保养

为了保持车床正常运转和延长其使用寿命，应注意日常的维护保养。车床的摩擦部分必须进行润滑。

（1）车床润滑的几种方式。车床润滑主要有以下几种方式：

1）浇油润滑。浇油润滑通常用于外露的滑动表面，如床身导轨面和中、小拖板导轨面等。

2）溅没润滑。溅没润滑通常用于密封的箱体中，如车床的车头箱，它利用齿轮转动把润滑油飞溅到油槽中，然后输送到各处进行润滑。

3）油绳导油润滑。油绳导油润滑通常用于车床的走刀箱和拖板箱的油池，它利用毛线吸油和渗油的能力，把机油慢慢地引到所需要的润滑处，如图 1-1-16a 所示。

4）弹子油杯注油润滑。弹子油杯注油润滑通常用于尾座和中、小拖板手柄转动的轴承处。注油时，以油嘴把弹子揿下，滴入润滑油，如图 1-1-16b 所示。使用弹子油杯的目的，是为了防止灰尘和铁屑。

5）黄油（油脂）杯润滑。黄油（油脂）杯润滑通常用于车床挂轮架的中间轴。使用时，先在黄油杯中装满工业油脂，当拧进油杯盖时，油脂就挤进轴承套内，比加机油方便。使用油脂润滑的另外一个特点是：存油期长，不需要每天加油，如图 1-1-16c 所示。

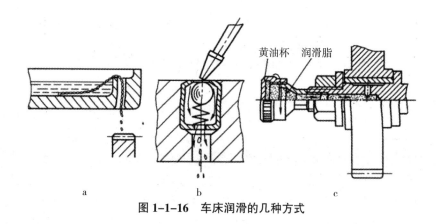

图 1-1-16 车床润滑的几种方式

6）油泵输油润滑。油泵输油润滑通常用于转速高、润滑油需要量大的机构中，如车床的车头箱一般都采用油泵输油润滑。

（2）车床日常保养、一级保养的要求。通常当车床运行 500h 后，需要进行一级保养。其保养工作以操作工人为主，在维修工人的配合下进行。保养时，必须先切断电源，然后按表 1-1-2 所示的顺序和要求进行。

表 1-1-2 车床的日常维护、保养要求

车床日常保养	车床一级保养	
	保养部位	要求
班前：①擦净机床外露导轨面及滑动面的尘土。②按规定润滑各部位。③检查各手柄位置。④空车试运转	主轴箱	①拆洗滤油器。②检查主轴定位螺钉，调整适当。③调整摩擦片间隙和刹车带。④检查油质保持良好
	交换齿轮箱	①安装时调整好齿轮间隙并注入新油脂。②拆洗齿轮及齿轮架，并检查轴套有无晃动现象
	滑板、刀架	拆洗刀架和中、小滑板，洗净擦干后重新组装，并调整中、小滑板与镶条的间隙
	尾座	①拆洗尾座各部。②清除研伤毛刺，检查丝扣、丝母间隙。③安装时要求达到灵活可靠
	润滑系统	①清洗冷却泵、滤油器和盛液盘。②保证油路畅通，油孔、油绳、油毡清洁无铁屑。③检查油质，保证油质良好，油杯齐全，油标清晰

车床日常保养	车床—级保养	
	保养部位	要求
班前：①擦净机床外露导轨面及滑动面的尘土。②按规定润滑各部位。③检查各手柄位置。④空车试运转	电气系统	①清扫电动机、电气箱上的尘屑。②电气装置固定整齐
	机床外表	①清洗机床外表及死角，拆洗各罩盖，要求内外清洁、无锈蚀、无黄袍，漆见本色、铁见光。②清洗三杠（丝杠、光杠、开关杠）及齿条，要求无油污。③检查补齐螺钉、手球、手板

二、技能操作——主轴转速及横、纵向进给量的调整

（一）主轴转速的调整

主轴转速的调整，以一个具体的例子来说明。例如：现将主轴转速调整到 280r/min。

主轴转速由主轴箱正面上的左右两个手柄来进行控制。首先应调整主轴箱最右边的手柄，判断280r/min属于高速 G（280~1400）、中速 Z（45~220）、低速 D（11~56）挡的哪个级别。由数据可知该转速属于高挡级别上的，应该将手柄扳到高挡位置上（如图 1-1-17 所示）。调整完挡位手柄后再来调整主轴箱最左边的手柄，在转轮上找到280r/min，然后扳动手柄将有 280r/min 转速挡位转到红色箭头处（如图 1-1-18 所示），此时主轴的转速就调整到了280r/min。

图 1-1-17　主轴箱转速挡位调整手柄

图 1-1-18　主轴箱转速调整手柄

（二）横、纵自动进给量的调整

横、纵自动进给量的调整，以一个具体的例子来说明。例如：调节纵向自动进给量 0.307mm/r，横向自动进给量 0.085mm/r。

每个车床箱体上都会有一个进给量的指示牌（如图 1-1-19 所示），如

图 1-1-19 的框中就是想要调节的自动进给量。

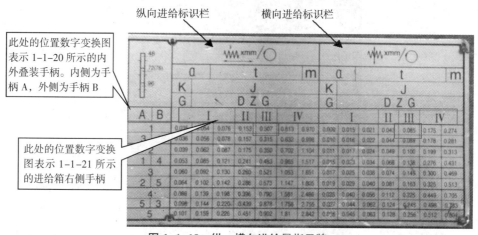

图 1-1-19　纵、横向进给量指示牌

　　根据要调整的自动进给量，先将内外叠装手柄（A、B 手柄）同时扳到挡位为 1 的位置（如图 1-1-20 所示）。然后再调节进给箱右侧手柄，将该手柄扳到挡位为Ⅲ的位置（如图 1-1-21 所示）。此时，进给箱的自动进给量为：纵向自动进给量 0.307mm/r，横向自动进给量 0.085mm/r。

图 1-1-20　进给箱内外叠装手柄

图 1-1-21　进给箱右侧手柄

任务二　车床刀具及安装

任务要求
掌握车刀的种类、名称、材料、用途
能正确选用并掌握车刀的安装方法

一、相关理论知识

（一）车刀的种类、用途、名称、材料

1. 车刀的名称、种类和用途

车削加工时，根据不同的车削要求，需选用不同种类的车刀。常用的车刀种类及用途如表 1-1-3 所示。

表 1-1-3　常用车刀的种类和用途

车刀种类	车刀外形图	用途
90°车刀（偏刀）		车削工件的外圆、台阶和端面
75°车刀		车削工件的外圆和端面

车刀种类	车刀外形图	用途
45°车刀（弯头车刀）		车削工件的外圆、端面和倒角
切断刀		切断工件或工件上车槽
内孔车刀		车削工件的内孔
圆头车刀		车削工件的圆弧面或成形面
螺纹车刀		车削螺纹

2. 车刀的材料

刀具材料的种类很多，有高速钢、硬质合金、陶瓷金刚石和立方氮化硼等。其中，以高速钢和硬质合金最为常见，如表1-1-4所示。

表1-1-4　高速钢和硬质合金

类型		特点	常用牌号	应用场合
高速钢		制造简单、刃磨方便、刀口锋利、韧性好，能承受较大的冲击力，但其耐热性较差，不宜高速切削	W18Cr4V2（钨系），目前应用广泛 W6Mo5Cr4V2（钼系），主要用于热轧刀具	主要用于制造小型车刀、螺纹刀及形状复杂的成形刀
硬质合金	钨钴类（K类）	一种由碳化钨、碳化钛粉末，用钴作黏合剂，经粉末冶金的制品。其特点是硬度高、耐磨性好、耐高温，适合高速车削。但其韧性差，不能承受较大的冲击力。含钨量多的硬度高；含钛量多的强度较高、韧性较好	YG3、YG5、YG8	适用于加工铸铁、有色金属等脆性材料
	钨钛钴类（P类）		YT5、YT15、YT30	适用于加工塑性金属及韧性较好的材料
	钨钛钽（铌）钴类（M类）		YW1、YW2	适用于加工高温合金、高锰钢、不锈钢、铸铁、合金铸铁等

3. 车刀的几何结构

（1）外圆车刀的组成。车刀是由刀头和刀杆两部分组成的。刀头部分用来直接参与切削，故称为切削部分；刀杆是车刀的夹持部分。刀头是由若干刀面和切削刃组成的。外圆（90°）车刀是最基本、最典型的切削刀具，其切削部分由前刀面、主后刀面、副后刀面、主切削刃、副切削刃和刀尖组成。如图 1-1-22 所示。

（2）车刀的辅助平面。确定车刀角度的辅助平面（如图 1-1-23 所示）。

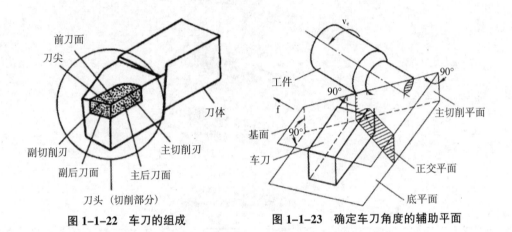

图 1-1-22　车刀的组成　　　　图 1-1-23　确定车刀角度的辅助平面

（3）车刀角度。车刀的角度（如图 1-1-24 所示），其主要有以下几种：

1）前角（γ_0）。前角是前刀面和基面间的夹角，其影响刃口的锋利程度和强度，影响切削变形程度和切削力。前角增大能使车刀刃口锋利，减少切削变形，可使切削省力，并使切屑顺利排出，负前角能增加切屑刃强度并抗冲击。

2）后角（α_0）。后角是后刀面与切削平面间的夹角。后角的主要作用是减少车刀后刀面与工件的摩擦（后角又可分为主后角和副后角）。

3）主偏角（κ_r）。主偏角是主切削刃在基面上的投影与进给运动方向间的夹角。主偏角的主要作用是改变主切削刃和刀头的受力及散热情况。

4）副偏角（κ_r'）。副偏角是副切削刃在基面上的投影与背离进给运动方向间的夹角。副偏角的主要作用是减少副切削刃与工件已加工表面的摩擦。

5）刃倾角（λ_s）。刃倾角是主切削刃与基面间的夹角。刃倾角的主要作用是控制排屑方向，当刃倾角为负值时，可增加刀头的强度和在车刀受冲击时保护车刀。

6）楔角（β_0）。楔角是在主截面内前刀面与后刀面间的夹角。它影响刀头的强度。

7）刀尖角（ε_r）。刀尖角是主切削刃和副切削刃在基面上的投影间夹角。它影响刀尖强度和散热性能。

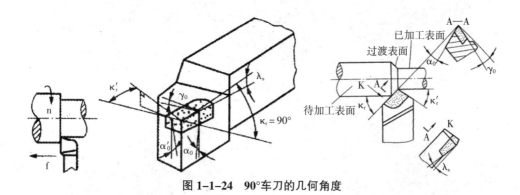

图 1-1-24　90°车刀的几何角度

（二）车刀的安装

车刀安装是车削加工的基础，各种车削加工都必须以正确安装车刀为前提。车刀安装得是否正确，将直接影响切削的过程是否顺利和工件的加工质量，所以应掌握正确安装车刀的方法。车刀安装一般有以下几方面的要求。

1. 刀头伸出不宜太长

车刀在切削过程中要承受很大的切削力，如刀头伸出太长则刀杆刚性不足，极易产生振动而使工件表面粗糙度增大甚至使车刀损坏。所以，车刀刀头伸出的长度应以满足使用为原则，一般不得超过刀杆厚度的 1~1.5 倍。车刀下面的垫片要与刀杆和刀架的侧面对齐，安装要稳定。

2. 刀尖与工件的轴线等高

车刀刀尖要严格对准工件旋转中心，否则在车削端面时，一方面工件中心留有凸头会造成车刀崩刃；另一方面刀尖没有对准工件中心会产生加工误差，工件尺寸精度达不到要求。如果车刀装得太高，会使车刀的实际后角减小，前角增大，则车刀的主后刀面会与工件产生强烈的摩擦；如果装得太低，会使车刀的实际后角增大，前角减小，切削不顺畅，甚至工件会被抬起，使工件或车刀损坏（如图 1-1-25 所示）。

为了使车刀刀尖对准工件中心，通常采用下列几种方法：

（1）根据车床的主轴中心高，用钢板尺测量装刀，CD6140A 车床主轴中心高为 220mm（如图 1-1-26 所示）。

（2）根据车床尾座顶尖的高低装刀，将刀尖对准尾座顶尖以检查调整垫片的厚薄（如图 1-1-27 所示）。

（3）试切对中心，将车刀靠近工件端面，用目测估计车刀高低，然后夹紧车刀，试车端面，再根据端面的中心来调整车刀高低。

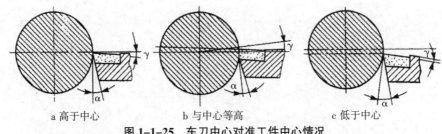

a 高于中心　　　　　　b 与中心等高　　　　　　c 低于中心

图 1-1-25　车刀中心对准工件中心情况

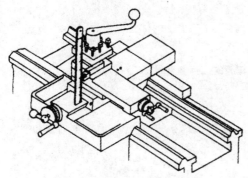

图 1-1-26　钢板尺测量对中心

图 1-1-27　车床尾座对中心

3. 车刀放置要正确

车刀安装时刀杆尽量与刀架外侧对齐，不应贴紧刀架内侧，以免车削过程中刀架与卡盘（车外圆）或刀架与工件外圆相碰（车外圆），从而引发安全事故。

4. 要正确选用刀垫

刀垫的作用是垫起车刀，使刀尖与工件回转中心高度一致，刀垫要平整。选用时要做到以少代多、以厚代薄，其放置要正确。

5. 安装要牢固

车刀安装要坚固、稳妥、牢靠，至少要有两个螺钉紧固。车刀紧固前要目测检查刀杆中心与工件轴线是否垂直，若不符合要求，要转动车刀进行调整。位置正确后，先用手拧紧刀架螺钉，然后再使用专用刀架扳手将前、后两个螺钉轮换逐个拧紧。注意刀架扳手不允许加套管，以防损坏螺钉。

（三）多种车刀在车刀架上的安装方法

1. 车孔刀的装夹

（1）车孔刀的刀尖应与工件中心等高或稍高，若刀尖低于工件中心，切削时，在切削抗力的作用下，容易将刀柄压低而产生扎刀现象，可造成孔径扩大。

（2）刀柄伸出刀架不宜过长，一般比被加工孔长 5~10mm。

（3）车孔刀刀柄与工件轴线应基本平行，否则在车削一定深度时刀柄后半部容易碰到工件的孔口。

2. 普通螺纹车刀的装夹

（1）一般根据尾座顶尖高度进行检查和调整，使普通螺纹车刀刀尖与车床主轴轴线等高。

（2）普通螺纹车刀伸出刀架部分不宜过长。一般伸出长度应为刀柄厚度的1.5倍，约25~30mm。

（3）普通螺纹车刀的刀尖角平分线应与工件轴线垂直，装刀时可用对刀样板调整，如图1-1-28所示，否则车出的螺纹两牙型半角不相等。

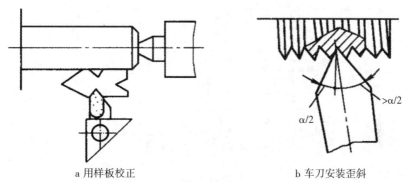

a 用样板校正　　　　　　　b 车刀安装歪斜

图1-1-28　普通外螺纹车刀的安装

3. 外圆车刀与内孔车刀的安装区别

对于初学者，外圆车刀（90°车刀）与内孔车刀的安装方法往往容易混淆在一起，等要加工工件时才发现车刀方向安装错误，这时需要重新将刀具退出工件，将刀具卸下重新安装。安装外圆车刀时应将外圆车刀的刀杆垂直于主轴的轴线方向，而内孔车刀安装应将内孔车刀的刀杆平行于主轴的轴线方向，如图1-1-29所示。

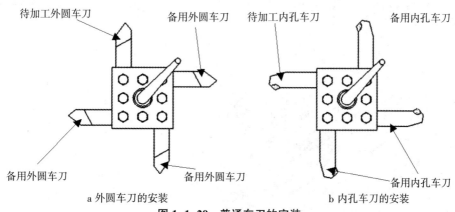

待加工外圆车刀　　备用外圆车刀　　待加工内孔车刀　　备用内孔车刀

备用外圆车刀　　　备用外圆车刀　　　　　　　　备用内孔车刀

a 外圆车刀的安装　　　　　　　b 内孔车刀的安装

图1-1-29　普通车刀的安装

(四) 正确安装 90°及 45°外圆车刀

工件加工前必须正确安装车刀，车刀安装是否正确将直接影响工件的加工质量和车刀的使用寿命。

（1）车刀装夹在刀架上的伸出部分应尽量短，以增强其刚性。伸出的长度约为刀杆厚度的 1~1.5 倍。伸出过长，刚度变差，车削时容易引起振动。

（2）车刀的位置要放置合理，根据加工需要，车刀的刀杆须微量调整，以保证主、副偏角的正确性（如图 1-1-30 和图 1-1-31 所示）。

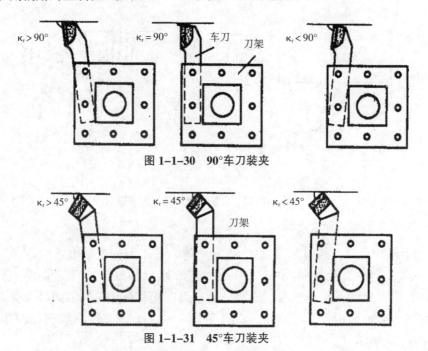

图 1-1-30　90°车刀装夹

图 1-1-31　45°车刀装夹

（3）车刀装夹要牢固，至少要用两个紧固螺栓压紧在刀架上，并轮流逐个拧紧（如图 1-1-32 所示）。

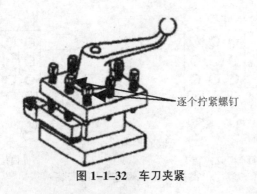

图 1-1-32　车刀夹紧

（4）车刀垫片应平整，无毛刺，每把车刀所用垫片数量越少越好，垫片要与刀架边缘对齐（如图1-1-33所示）。

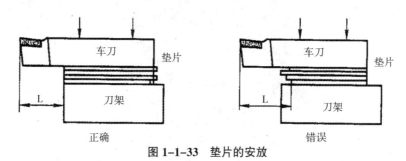

图1-1-33　垫片的安放

45°、90°车刀安装实施，请参照表1-1-5。

表1-1-5　45°、90°车刀安装实施

实施步骤	要求及注意事项
根据机床尾座顶尖的高低，目测使车刀主轴中心高度基本等高	将刀具放置在刀架上，根据机床尾座顶尖的高低，目测并通过垫片调整刀尖位置，使之基本与主轴中心高度一致（例如：CD1640A的中心高度为220mm）
调整刀具安装角度和位置	观察刀具位置是否合理，包括刀架上的位置、车刀伸出长度、刀头摆放角度等。车台阶轴时，为了保证台阶的垂直，主刀刃与工件回转中心线应略大于90°，通常取92°~95°
夹紧车刀	用刀架扳手旋转刀架螺钉（切忌用套管加力），固定好车刀
试切削后再调整使刀尖必须严格对准工件的旋转中心	进行端面试切削，并根据情况调整刀尖高度，使之对正主轴中心
安装45°车刀	45°车刀的安装方法和90°车刀的安装方法基本一致，45°车刀左侧的刀尖必须严格对准工件的旋转中心，否则在车削平面至中心时会留有凸头或造成车刀刀尖碎裂

二、技能操作——车刀的安装操作

（一）一把车刀的安装

现在CD6140车床分别安装45°和90°车刀，按照车刀的安装方法操作：①目测刀尖高低合理调整垫片。②钢板尺测量调整中心高，CD6140车床的中心高为220mm，钢板尺测量检验中心高是否正确。③夹紧车刀。

（二）多把车刀的安装

加工复杂零件时，为了提高工作效率，通常在车床刀架上安装多把车刀，安装多把车刀时应注意刀具的安装方向，尤其是外圆车刀和内孔车刀的安装位置是不一样的，一般内孔车刀在刀架的内侧安装，刀刃朝外（如图1-1-34所示）。

图 1-1-34　多把车刀安装

任务三　车床夹具的选用及定位装夹工件

任务要求

充分认识工件的定位原理

能正确使用车床夹具，合理定位装夹工件

一、相关理论知识

（一）工件的定位原理及装夹方法

工件外圆和端面的加工是车削中最基本的加工方法。在车床上装夹工件的基本要求就是定位准确、夹紧可靠。定位准确是指工件在机床或夹具中必须有一个正确位置，即车削的回转体表面中心应与车床主轴中心重合。夹紧可靠是指工件夹紧后能承受切削力，不改变定位并保证安全，且夹紧力适度以防工件变形，保证加工工件质量。在车床上常用三爪自定心卡盘、四爪单动卡盘、顶尖、中心架、跟刀架、心轴、花盘和弯板等附件来装夹工件，在成批大量生产中还可以用专用夹具来装夹工件。

1. 用三爪自定心卡盘装夹工件

三爪自定心卡盘的结构如图 1-1-35a 所示。当用卡盘扳手转动小锥齿轮时，大锥齿轮随之转动，在大锥齿轮背面平面螺纹的作用下，使三个卡爪同时向中心

移动或退出，以夹紧或松开工件。三爪自定心卡盘对中性好，自动定心准确度为
0.05~0.15mm。装夹直径较小的外圆表面，如图 1-1-35b 所示，装夹较大直径的
外圆表面时可用三个反爪进行装夹，如图 1-1-35c 所示。自定心卡盘装夹工件方
法优点是方便、省时；缺点是夹紧力没有单动卡盘大。其较适用于装夹外形规则
的中、小型工件。

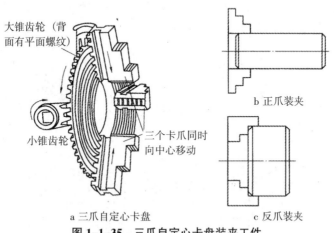

图 1-1-35　三爪自定心卡盘装夹工件

2. 用四爪单动卡盘装夹工件

四爪单动卡盘外形如图 1-1-36a 所示，它的四个卡爪通过四个螺杆各自独立
移动，除装夹圆柱体工件外，还可以装夹方形、长方形及不规则的工件。装夹
时，必须用划线盘或百分表进行校正，以使车削的回转体表面中心对准车床主轴
中心。用百分表校正的方法如图 1-1-36b 所示，其精度可达 0.01mm。

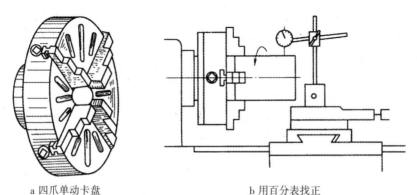

图 1-1-36　四爪单动卡盘装夹工件

3. 一顶一夹装夹工件

车削一般轴类工件，尤其是较重的工件时，需要将工件的一端用卡盘夹紧，另一端用后顶尖支顶，这种装夹方法称为一顶一夹装夹。为了防止工件由于切削力的作用而产生轴向位移，必须在卡盘内装一个轴向限位支撑，如图 1-1-37a 所示，或者在工件的被夹持部位车削一个 10~20mm 的台阶，作为轴向限位支撑，如图 1-1-37b 所示。这种方法装夹工件较安全可靠，能承受较大的进给力，适用于轴类工件的粗车，因此得到广泛应用。

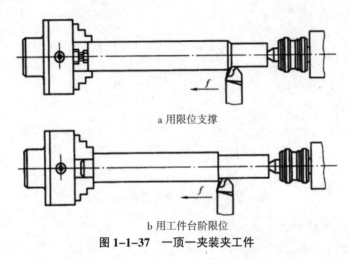

a 用限位支撑

b 用工件台阶限位

图 1-1-37 一顶一夹装夹工件

4. 用双顶尖装夹工件

在车床上常用双顶尖装夹轴类工件，如图 1-1-38 所示，前顶尖为普通顶尖（固定顶尖），装在主轴锥孔内同主轴一起转动；后顶尖为活顶尖，装在尾座套筒内，其外壳不转动，顶尖心与工件一起转动。工件的两个中心孔被顶在前后顶尖之间，通过拨盘和卡头随主轴一起转动。本方法适用于形位公差要求较高的工件和大批量生产的工件。

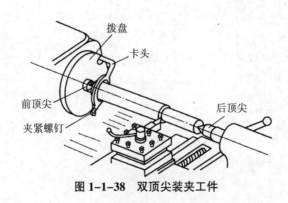

图 1-1-38 双顶尖装夹工件

　　双顶尖装夹工件的优点是定位精度高，可以多次重复使用，定位精度不变，定位基准和设计基准、测量基准重合，符合基准统一的原则。而且装夹方便，加工精度高，能保证加工质量。

　　双顶尖装夹工件的缺点是顶尖面积小，可承受切削力小，对提高切削用量带来困难，因此粗车轴类零件时采用一夹一顶的装夹方法，精车时采用双顶尖装夹。

（二）工件的校正

　　把被加工的工件装夹在卡盘上，使工件的中心与车床主轴的旋转中心取得一致，这一过程称为校正工件。通常可采取以下几种方法校正工件。

1. 目测校正

　　（1）粗加工时可用目测和划线校正工件毛坯表面。

　　（2）半精车、精车时可用百分表校正工件外圆和端面。

　　（3）装夹盘类（轴向尺寸较小）工件时，可以先在刀架上装夹一根圆头铜棒，再轻轻夹紧工件，然后使卡盘低速带动工件转动，移动床鞍，使刀架上的圆头棒轻轻接触已粗加工的工件端面，观察工件端面大致与轴线垂直后即停止旋转，并夹紧工件。

2. 划线盘校正

　　在三爪自定心卡盘上装夹已加工表面，有时用划线盘校正。将划针靠近被校正工件表面，把自定心卡盘挂到空挡并用手旋转，同时观察划针与工件表面间隙，间隙小的就是偏心点，也就是锤击点，重复操作至间隙相同为止，如图1-1-39所示。

3. 车刀校正

　　用车刀轻轻车削无关部位，会发现工件上出现不连续车削表面，被车削的表面，即是锤击点，如图1-1-40所示。

4. 端面校正

　　用三爪自定心卡盘装夹直径较大工件或盘类工件时，会出现端面不平现象。常使用的校正方法是划针校正，其校正原理与圆周校正相同，如图1-1-41所示。

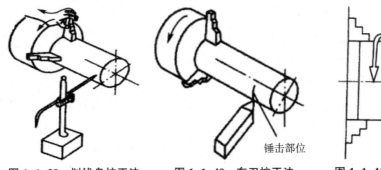

锤击部位

图1-1-39　划线盘校正法　　　图1-1-40　车刀校正法　　　图1-1-41　端面校正法

5.校正注意事项

（1）校正较大的工件时，车床导轨上应垫防护板，以防止工件掉下损坏车床。

（2）校正工件时，主轴应放在空挡位置，并用手扳动卡盘旋转。

（3）校正时敲击一次工件应轻轻夹紧一次，最后工件校正合格应将工件夹紧。

（4）校正工件时要耐心、细心、不可急躁，并注意安全。

二、技能操作——工件的装夹操作

（一）三爪卡盘定位装夹工件

三爪卡盘的全称为三爪自定心卡盘，主要功能是定位和夹紧。装夹工件时，首先将工件定位，然后夹紧工件，如果工件定位不准确或欠定位，在加工过程中，工件会出现偏转松动现象，甚至出现安全事故。

1.错误的定位装夹

工件夹紧部分很小，工件的两个转动自由度没有限制，即使装夹工件时夹得很紧，加工时也会出现工件偏转现象，出现安全事故。此定位装夹是欠定位，只限制了工件两个移动自由度，是错误的定位装夹方法（如图1-1-42所示）。

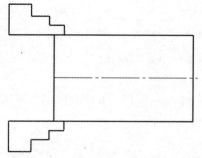

图1-1-42　三爪卡盘错误的定位装夹

2.三爪卡盘正确定位装夹工件

三爪卡盘定位装夹工件时，工件应大部分安装在三爪卡盘内，虽然是不完全定位，但完全能满足工件的加工要求，此种定位装夹方法限制了工件四个自由度，安全可靠，能满足工件的加工要求（如图1-1-43所示）。

（二）一夹一顶装夹工件

一夹一顶定位装夹工件时，应注意三爪卡盘夹紧部分不能夹持太长，如果夹持太长则出现过定位，不能保证零件的加工精度要求（如图1-1-44所示）；正确的定位装夹应该是，夹持的长度在10~20mm最佳（如图1-1-45所示）。

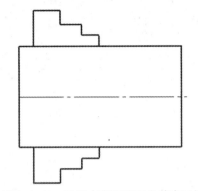

图 1-1-43　三爪卡盘正确定位装夹工件

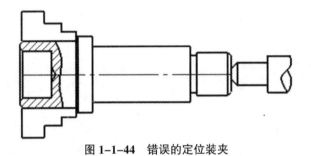

图 1-1-44　错误的定位装夹

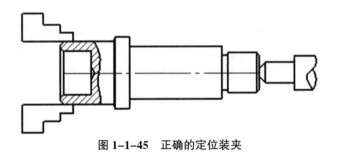

图 1-1-45　正确的定位装夹

项目二　光轴零件的车削加工

任务一　切削用量的选择及调整

任务要求

了解车削的基本概念

掌握切削用量的基本概念

会选用、计算切削用量

会正确调整主轴转速和进给量

一、相关理论知识

切削用量是衡量主运动和进给运动大小的参数，也是切削前操作者调整机床的依据，合理选择切削用量能够提高劳动生产率、提高工件加工质量，延长刀具的使用寿命。

（一）车削的基本概念

1. 车削运动

在切削过程中，为了切除多余的金属，必须使工件和刀具作相对的工作运动。按其作用，工作运动可分为主运动、进给运动和快速进给运动三种。

（1）主运动。主运动是机床的主要运动，它消耗机床的主要动力。车削时，主轴的旋转运动是主运动，即工件的旋转运动。

（2）进给运动。进给运动是切除工件多余材料的运动，是工作进给运动。车床上的进给运动有纵向进给运动和横向进给运动；大托板和小托板的运动是纵向进给运动，中托板的运动是横向进给运动。

（3）快速进给运动。刀具离工件很远需要快速进刀或工件加工完毕需快速退出的运动称快速进给运动。大托板可实现纵向快速进给运动，中托板可实现横向快速进给运动。

2. 车削时形成的三个表面

工件在切削过程中形成了三个不断变化的表面，即待加工表面、已加工表面和过渡表面。

（1）待加工表面。待加工表面是工件上有待切除的表面。

（2）已加工表面。已加工表面是工件上经刀具切削后形成的表面。

（3）过渡表面。过渡表面是工件上由切削刃切除的那部分正在进行加工的表面。

图 1-2-1 集中了车削加工时，工件上形成的三个表面。

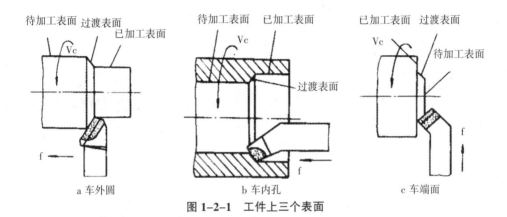

图 1-2-1　工件上三个表面

（二）切削用量三要素

切削用量是表示主运动及进给运动大小的参数。它包括切削深度、进给量和切削速度三要素。合理选择切削用量与提高加工质量和生产效率有着密切的联系。

1. 背吃刀量（a_p）

工件上已加工表面和待加工表面间的垂直距离，也就是每次进给时车刀切入工件的深度（单位为 mm）（如图 1-2-2 所示）。车削外圆时的背吃刀量可按下式计算：

$$a_p = \frac{d_w - d_m}{2}$$

式中，a_p——背吃刀量，mm。

　　　　d_w——工件待加工表面直径，mm。

　　　　d_m——工件已加工表面直径，mm。

2. 进给量（f）

工件每转一转，车刀沿进给方向移动的距离（单位为 mm/r），如图 1-2-2 中的 f。

纵向进给量是指沿车床床身导轨方向的进给量；横向进给量是指垂直于车床床身导轨方向的进给量。

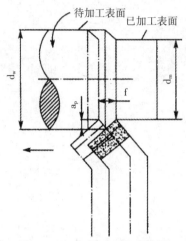

图 1-2-2　切削深度和进给量

3. 切削速度（V_c）

在进行切削加工时，刀具切削刃上的某一点相对于待加工表面在主运动方向上的瞬时线速度，也可以理解为车刀在一分钟内车削工件表面的理论展开长度（单位为 m/min）。

切削速度（如图 1-2-3 所示）的计算公式为：

$$V_c = \frac{\pi \cdot d \cdot n}{1000} \tag{1-1}$$

$$n = \frac{1000V_c}{\pi \cdot d} \tag{1-2}$$

式中，v_c——切削速度，m/min。

　　　　d——工件待加工表面圆的直径，mm。

　　　　n——车床主轴转速，r/min。

在实际应用中，一般根据工件材料、加工性质、刀具材料等选定切削速度 v_c 的大小，再计算出转速 $n = \frac{1000V_c}{\pi \cdot d}$，进而调整机床主轴转速。

车削加工时，由于刀刃上各点所对应的工件回转直径不同，因而切削速度也不同，在计算时，应以最大直径的切削速度为准。如车削外圆时，应将工件待加工表面直接代入式（1–2）中计算；车削内孔时，应将工件已加工表面直径代入式（1–2）中计算；车削端面时，应将工件端面最大直径代入式（1–2）中计算。

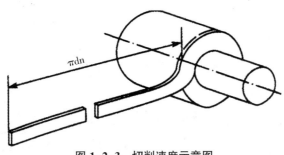

图 1–2–3 切削速度示意图

（三）切削用量的选用及主轴转速的确定

1. 切削用量的选用

合理地选择切削用量，能够保证工件的加工质量，提高切削效率，延长刀具使用寿命和降低刀具成本。根据不同的加工性质对切削加工的要求，切削用量选择不一样。粗加工时，应尽量保证较高的金属切除率和必要的刀具寿命，一般优先选择大的背吃刀量，其次选择较大的进给量，最后根据刀具寿命，确定合适的切削速度。精加工时，应保证工件的加工质量，一般选用较小的进给量和背吃刀量，尽可能选用较高的切削速度。

（1）背吃刀量的选择。背吃刀量是根据工件的加工余量来确定的。

粗加工时，背吃刀量应根据工件的加工余量确定，应尽量用一次进给来切除全部加工余量。当加工余量过大、机床功率不足、工艺系统刚度较低、刀具强度不够以及断续切削或冲击振动较大时，可分多次走刀，但也应将第一次走刀的吃刀量取得大些，一般为总加工余量的 2/3~3/4。

当切削表面层有硬皮的铸、锻件时，应尽量使背吃刀量大于硬皮的厚度，以保护刀尖。

当冲击负荷较大（如断续切削时），或工艺系统的刚性较差时，应适当减小背吃刀量。

半精加工和精加工的加工余量一般较小，可一次切除。有时为了保证工件的加工质量，也可二次走刀。

在中等功率的机床上，粗加工时的背吃刀量可达 8~10mm，半精加工（表面粗糙度 Ra 为 6.3~3.2μm）时，背吃刀量为 0.5~2mm，精加工（表面粗糙度 Ra 为 1.6~0.8μm）时，背吃刀量为 0.1~0.4mm。

（2）进给量的选择。通常限制进给量的主要因素是切削力和加工表面粗糙度。

粗加工时，进给量的选择主要受切削力的限制。在工艺系统刚度和强度良好的情况下，可选用较大的进给量（如表 1-2-1 所示）。

半精加工和精加工时，由于进给量对工件的已加工表面粗糙度值影响很大，进给量一般取得较小。通常按照工件加工表面粗糙度值的要求，根据工件材料、刀尖圆弧半径、切削速度等条件来选择合理的进给量（如表 1-2-2 所示）。

当切削速度提高，刀尖圆弧半径增大，刀具磨有修光刃时，可以选择较大的进给量，以提高生产效率。

表 1-2-1　硬质合金及高速钢车刀粗车外圆和端面时的进给量

加工材料	刀杆尺寸 B×H	工件直径 (mm)	背吃刀量 a_p(mm)				
			≤3	>3~5	>5~8	>8~12	>12
			进给量 f (mm/r)				
碳素结构钢、合金钢、耐热钢	16×25	20	0.3~0.4				
		40	0.4~0.5	0.3~0.4			
		60	0.5~0.7	0.4~0.6	0.3~0.5		
		100	0.6~0.9	0.5~0.7	0.5~0.6	0.4~0.5	
		400	0.8~1.2	0.7~1.0	0.6~0.8	0.5~0.6	
	20×30 25×25	20	0.3~0.4				
		40	0.4~0.5	0.3~0.4			
		60	0.6~0.7	0.5~0.7	0.4~0.6		
		100	0.8~1.0	0.7~0.9	0.5~0.7	0.4~0.7	
		600	1.2~1.4	1.0~1.2	0.8~1.0	0.6~0.9	0.4~0.6
	25×40 30×45 40×60	60	0.6~0.9	0.5~0.8	0.4~0.7		
		100	0.8~1.2	0.7~1.1	0.6~0.9	0.5~0.8	
		1000	1.2~1.5	1.1~1.5	0.9~1.2	0.8~1.0	0.7~0.8
		500	1.1~1.4	1.1~1.4	1.0~1.2	0.8~1.0	0.7~1.1
		2500	1.3~2.0	1.3~1.8	1.2~1.6	1.1~1.5	1.0~1.5
铸铁、铜合金	16×25	40	0.4~0.5				
		60	0.6~0.8	0.5~0.8	0.4~0.6		
		100	0.8~1.2	0.7~1.0	0.6~0.8	0.5~0.7	
		400	1.0~1.4	1.0~1.2	0.8~1.0	0.6~0.8	
	20×30 25×25	40	0.4~0.5				
		60	0.6~0.9	0.5~0.8	0.4~0.7		
		100	0.9~1.3	0.8~1.2	0.7~1.0	0.5~0.8	
		600	1.2~1.8	1.2~1.6	1.0~1.3	0.9~1.1	0.7~0.9
	25×40 30×45	60	0.6~0.8	0.5~0.8	0.4~0.7		
		100	1.0~1.4	0.9~1.2	0.8~1.0	0.6~0.9	
		1000	1.5~2.0	1.2~1.8	1.0~1.4	1.0~1.2	0.8~1.0

加工材料	刀杆尺寸 B×H	工件直径 (mm)	背吃刀量 a_p (mm)				
			≤3	>3~5	>5~8	>8~12	>12
			进给量 f (mm/r)				
铸铁、铜合金	40×60	500	1.4~1.8	1.2~1.6	1.0~1.4	1.0~1.3	0.9~1.2
		2500	1.6~2.4	1.6~2.0	1.4~1.8	1.3~1.7	1.2~1.7

注：1. 加工断续表面及有冲击时，表内的进给量应乘以系数 0.75~0.85。

2. 加工耐热钢及合金钢时，不采用大于 1mm/r 的进给量。

3. 加工淬硬钢时，表内进给量应乘以系数 0.8（当材料硬度为 44~56HRC 时）或 0.5（当材料硬度为 57~62HRC 时）。

表 1-2-2　按表面粗糙度选择进给量

表面粗糙度 Ra （μm）	零件材料	K_r' (°)	切削速度 v_c (m/min)	刀尖圆弧半径 $r_ε$ （mm）		
				0.5	1.0	2.0
				进给量 f （mm/r）		
12.5	钢和铸铁	5	不限制		0.55~0.70	0.70~0.85
		5~10			0.45~0.60	0.60~0.70
6.3	钢	5	<50	0.22~0.30	0.25~0.35	0.30~0.45
			50~100	0.23~0.35	0.35~0.40	0.40~0.55
			>100	0.35~0.40	0.40~0.50	0.50~0.60
		10~15	<50	0.18~0.25	0.25~0.30	0.30~0.45
			50~100	0.25~0.30	0.30~0.35	0.40~0.55
			>100	0.30~0.35	0.35~0.40	0.50~0.55
	铸铁	5	不限制		0.30~0.50	0.45~0.65
		5~10			0.25~0.40	0.40~0.60
3.2	钢	≥5	30~50		0.11~0.15	0.14~0.22
			50~80		0.14~0.20	0.17~0.25
			80~100		0.16~0.25	0.23~0.35
			100~130		0.20~0.30	0.25~0.39
			>130		0.25~0.35	0.35~0.39
	铸铁	≥5	不限制		0.15~0.25	0.20~0.35
1.6	钢	≥5	100~110		0.12~0.17	0.14~0.17
			110~130		0.13~0.18	0.17~0.23
			>130		0.17~0.20	0.21~0.27
零件材料强度 sb MPa				<122	122~686	686~882	882~1078
修正系数				0.7	0.75	1.0	1.25

注：半精车、精车内孔进给量可参考本表数据，并取较小值。

（3）切削速度的选择。在吃刀量和进给量选定以后，可在保证刀具合理寿命的条件下，确定合适的切削速度。粗加工时，吃刀量和进给量都较大，切削速度受刀具寿命和机床功率的限制，一般较低。

精加工时，吃刀量和进给量都取得较小，切削速度主要受工件加工质量和刀具寿命限制，一般取得较高。

选择切削速度时，还应考虑工件材料的切削加工性等因素。加工合金钢、高锰钢、不锈钢、铸铁等的切削速度应比加工普通中碳钢的切削速度低 20%~30%；加工有色金属时，则应提高 1~3 倍。在断续切削和加工大件、细长件、薄壁件时，应选用较低的切削速度。

切削速度的参考值可在表 1-2-3、表 1-2-4 中查找。

表 1-2-3　硬质合金车刀车外圆时切削速度的参考数值

零件材料	热处理状态	硬度 HBS	$a_p = 0.3{\sim}2mm$ $f = 0.08{\sim}0.3mm/r$	$a_p = 2{\sim}6mm$ $f = 0.3{\sim}0.6mm/r$	$a_p = 6{\sim}10mm$ $f = 0.6{\sim}1mm/r$
			切削速度 v_c (m/min)		
低碳钢、易切钢	热轧	143~207	140~180	100~120	70~90
中碳钢	热轧	179~255	130~160	90~110	60~80
	调制	200~250	100~130	70~90	50~70
	淬火	347~547	60~80	40~60	
合金结构钢	热轧	212~269	100~130	70~90	50~70
	调制	200~293	80~110	50~70	40~60
工具钢	退火	90~120	60~80	50~70	
不锈钢			70~80	60~70	50~70
灰铸铁		< 190	90~120	60~80	50~70
		190~225	80~110	50~70	40~60
高锰钢（13%锰）			10~20		
铜及铜合金			200~250	120~180	90~120
铝及铝合金			300~600	200~400	150~300
铸造合金（7%~13%Si）			100~180	80~150	60~100

注：1. 刀具寿命约为 60~90min。a_p、f 选大值时，v_c 取小值，反之，v_c 取大值。

2. 车孔切削速度要比车外圆低 10%~20%。孔径大，v_c 取大值。

表 1-2-4　高速钢车刀车外圆时切削速度的参考数值

零件材料	抗拉强度 σb（MPa）	进给量 f（mm/r）	切削速度 v_c（m/min）
钢	≤500	0.2	30~50
		0.4	20~40
		0.8	15~25
	500~700	0.2	20~30
		0.4	15~25
		0.8	10~15

零件材料	抗拉强度 σb（MPa）	进给量 f（mm/r）	切削速度 v_c（m/min）
灰铸铁	180~280	0.2	15~30
		0.4	10~15
		0.8	10~15
铝合金	100~300	0.2	55~130
		0.4	35~80
		0.8	25~55

注：①刀具寿命为 60~90min。粗加工时最大背吃刀量 a_p≤5mm；精加工时，f 取小值，v_c 取大值。
②车孔切削速度要比车外圆低 10%~20%。孔径大，v_c 取大值。

2. 车削用量的选用及计算

车削用量的选用及计算以一个具体例子说明。在 CD6140 型卧式车床车削直径为 60mm 的外圆至 Φ50mm，工件材料为 45#，刀具材料为硬质合金，刀杆大小为 25×25mm。

（1）粗加工时的切削用量。粗加工时的切削用量选用及计算如下：

1）背吃刀量 a_p。根据工件尺寸可加工 4mm，留 1mm 的加工余量。

2）进给量 f。根据表 1-2-1 进给量 f 取：0.5~0.7mm/r。

3）切削速度 v_c。根据表 1-2-3 可取切削速度 90~110m/min。

则：　　　　　　n = 1000 × 90/（3.14 × 60）

　　　　　　　　= 477r/min

（2）精加工时的切削用量。精加工时的切削用量选用及计算如下：

1）背吃刀量 a_p。根据粗加工所留的 1mm 的加工余量，加工 1mm。

2）进给量 f。根据表 1-2-2 进给量 f 取：0.14~0.20mm/r。

3）切削速度 v_c。根据表 1-2-3 可取切削速度 90~110m/min。

则：　　　　　　n = 1000 × 110/（3.14 × 52）

　　　　　　　　= 673r/min

二、技能操作——主轴转速及进给量调整操作

在 CD6140 型卧式车床上车削直径为 60mm 的外圆至 Φ50mm，工件材料为 45#，刀具材料为硬质合金，刀杆大小为 25×25mm。

（一）粗加工时主轴转速及进给量调整

粗加工时的切削用量：

背吃刀量 a_p：根据工件尺寸可加工 4mm，留 1mm 的加工余量。

进给量 f：根据表 1-2-1 进给量 f 取：0.5~0.7mm/r。

切削速度 v_c：根据表 1–2–3 可取切削速度 90~110m/min。

则： $n = 1000 \times 90/(3.14 \times 60)$

   $= 477\text{r/min}$

粗加工的进给量选取后，可将进给变速手柄调整至标牌上对应的 0.5~0.7mm/r 位置。

主轴转速没有 477r，选择与主轴转速比较接近的 475r。

（二）精加工时主轴转速及进给量调整

精加工时的切削用量：

背吃刀量 a_p：根据粗加工所留的 1mm 的加工余量，加工 1mm。

进给量 f：根据表 1–2–2 进给量 f 取：0.14~0.20mm/r。

切削速度 v_c：根据表 1–2–3 可取切削速度 90~110m/min

则： $n = 1000 \times 110/(3.14 \times 52)$

   $= 673\text{r/min}$

精加工的进给量选取后，可将进给变速手柄调整至标牌上对应的 0.14~0.20mm/r 位置。

主轴转速没有 673r，选择与主轴转速比较接近的 560r 或 700r。

任务二　切削液的选用及使用

任务要求

了解切削液的作用

掌握冷却液的种类与选用

会正确使用浇注冷却液的方法

一、相关理论知识

切削液对切削热、切削温度、积屑瘤、刀具寿命都有很大影响。在生产加工中要根据加工性质、工艺特点、工件和刀具材料等具体条件来合理选用。

（一）切削液的作用

切削液进入切削区，可以改善切削条件，提高工件加工质量和切削效率。

1. 冷却作用

切削液的冷却作用主要是靠从切削区域带走大量切削热，从而降低切削温度，延长刀具寿命，减少刀具、工件的热变形，提高加工精度。切削液冷却性能的好坏，取决于它的热导性、比热容、汽化热、汽化速度、流量和流速等。

2. 润滑作用

切削金属时，切屑、刀具与工件的摩擦分为杆摩擦、流体摩擦和边界摩擦三种。如果不用切削液，则会形成金属与金属表面的干摩擦，此时摩擦因数较大，磨损严重。若使用冷却液，则工件、切屑与刀具表面形成润滑油膜，变为流体润滑摩擦，此时摩擦因数会大大降低。在很多情况下，由于工件、切屑与刀具承受载荷，在温度较高的情况下，流体油膜大部分被破坏，造成部分金属直接接触，这种状态称为边界润滑摩擦。边界润滑摩擦的摩擦因数大于流体润滑的摩擦因数，但小于干摩擦的摩擦因数。在切削过程中使用切削液，切削液渗入到工件、切屑和刀具表面之间，形成一层润滑膜或化学吸附膜，其摩擦状态大都属于边界润滑摩擦，减小工件、切屑和刀具表面之间的摩擦。切削液润滑的效果主要取决于切削液的渗透能力、吸附成膜的能力和润滑膜的强度。

3. 清洗作用

切削液可以冲走切削区域和机床上的细碎切屑和脱落的磨粒。清洗性能的好坏，主要取决于切削液的渗透性、流动性、使用压力和切削液的油性。

4. 防锈作用

在切削液中加入缓蚀剂，可在金属表面形成一层保护膜，对工件、机床、刀具和夹具等起到防锈作用。防锈作用的强弱，取决于切削液本身的作用和添加剂的作用。

（二）切削液添加剂

为改善切削液的各种性能，常在其中加入添加剂。常用的添加剂有以下几种：

1. 油性添加剂

油性添加剂含有极性分子，能在金属表面形成牢固的吸附膜，在较低的切削速度下起到较好的润滑作用。常用的油性添加剂有动物油、植物油、脂肪酸、胶类、醇类和脂类等。

2. 极压添加剂

极压添加剂是含有硫、磷、氯、碘等元素的有机化合物，在高温下与金属表面起化学反应，形成耐较高温度和压力的化学吸附膜，能防止金属表面直接接触，从而减小摩擦。

3. 表面活性剂

表面活性剂是使矿物油和水乳化，形成稳定乳化液的添加剂。常用的表面活性剂有石油硫酸钠、油酸钠皂等。

4. 防锈添加剂

防锈添加剂是一种极性很强的化合物，对金属表面有很强的附着力，吸附在金属表面上形成保护膜，或与金属表面化合形成钝化膜，起到防锈作用。常用的防锈添加剂有碳酸钠、三乙醇胺、石油硫酸钡等。

（三）常用切削液的种类与选用

1. 水溶液

水容液的主要成分是水，其中加入少量的有防锈和乳化作用的添加剂。水溶液的冷却效果好，多用于普通磨削和其他精加工。

2. 乳化液

乳化液是将乳化油（由矿物油、表面活性剂和其他添加剂配成）用水稀释而成，其用途广泛。低浓度的乳化液冷却效果较好，主要用于磨削、粗车、钻孔加工等。高浓度的乳化液润滑效果较好，主要用于精车、攻螺纹、铰孔、插齿加工等。

3. 切削油

切削油主要是矿物油（如机油、轻柴油、煤油等），少数采用动物油和复合油。普通车削、攻螺纹时，可选用机油。精加工有色金属或铸铁时，可选用煤油。加工螺纹时，可选用植物油。在矿物油中加入一定量的油性添加剂和极压添加剂，能提高在高温、高压下的润滑性能，可用于精铣、铰孔、攻螺纹及齿轮加工。

常用切削液的种类如表 1-2-5 所示。

表 1-2-5　切削液的种类

种类		主要成分	冷却性	润滑性	应用
水基	合成切削液	水 + 缓蚀剂 + 添加剂	好 ↑ 差	好 ↓ 差	磨削常用
	乳化液	矿物油 + 乳化剂 + 添加剂			粗加工用
油基	切削油	矿物油 + 添加剂			精加工用

二、技能操作——切削液的使用

（一）使用切削液时的注意事项

使用切削液要注意：①油状乳化油必须用水稀释后才能使用。②乳化液会污染环境，应尽量选用环保型切削液。③切削液必须浇注在切削区域内，因为该区域是切削热源。④硬质合金车刀一般不加切削液，若使用须从加工开始就连续充分浇注，否则硬质合金刀片会因骤冷而产生裂纹。⑤控制好切削液的流量。流量太小或断续使用，起不到应有的作用；流量太大，则造成切削液的浪费，加工操作不便。⑥加注切削液可采用浇注法和高压冷却法。浇注法简便易行、应用广泛。高压冷却法一般用于半封闭加工和车削难加工的材料。

（二）正确浇注切削液

浇注切削液一般分两种情况：

1. 钻孔时冷却液浇注

钻孔时冷却液尽量向孔内浇注，使钻头充分冷却（如图1-2-4所示）。

图1-2-4 钻孔时浇注冷却液

2. 车削加工时冷却液浇注

车削加工时冷却液应加注在刀具和工件加工表面上，而且在加工开始时就要加注冷却液（如图1-2-5所示）。

图1-2-5 车削加工时加注冷却液

任务三 光轴零件的车削加工

一、相关理论知识

(一) 外圆车刀的选用

1. 外圆车刀的种类

车削外圆和端面时，常用 90°、75°偏刀和 45°弯刀，刀头的结构可以采用焊接的方法，有些采用机夹可转位的方式。

2. 外圆车刀的选择与应用

90°车刀也称 90°偏刀，其主偏角为 90°。按车削时进给方向不同可分为右偏刀和左偏刀两种（如图 1-2-6 所示），主要用于车削工件的外圆和台阶，有时也车削工件的端面（如图 1-2-7 所示）。

75°车刀的刀尖角>90°，刀头强度高，较耐用，因此适用于粗车轴类工件的外圆和强力车削铸件、锻件等余量较大的工件（如图 1-2-7 所示）。45°车刀又称45°弯刀，其刀尖角为 90°，所以它的刀体强度和散热条件都比 90°偏刀好，因此常用于车削工件的端面和 45°倒角，也可车削工件的外圆（如图 1-2-8 所示）。

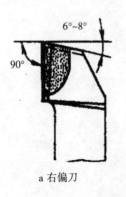
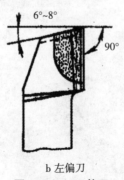
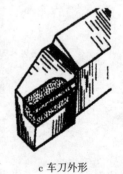

a 右偏刀 b 左偏刀 c 车刀外形

图 1-2-6 90°偏刀

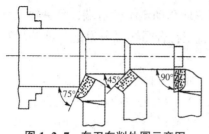

图1-2-7　车刀车削外圆示意图

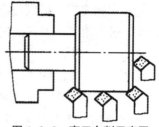

图1-2-8　弯刀车削示意图

（二）外圆零件的车削

车削外圆零件时一般先车削工件的端面，以便作为工件长度方向的测量基准，然后车削工件的外圆柱面，最后加工倒角。

1. 车削端面的方法

车削端面可选用45°弯刀或90°偏刀车削。

开动车床时工件旋转，对刀后移动大托板或小托板控制背吃刀量，然后均匀摇动中托板进给或横向自动进给，由工件外缘向中心或由工件中心向外缘进行端面车削，如图1-2-9和图1-2-10所示，选用90°偏刀车端面时应采用从工件中心向外缘车削，如图1-2-11所示。

具体过程为：开机（工件旋转）→端面纵向对刀（移动大托板或小托板）→横向退刀（纵向不动，中托板横向退刀）→吃刀（纵向进给一个背吃刀量约2~3mm）→横向进给（中托板手动或自动横向进给）→车至端面中心→退刀→停机。

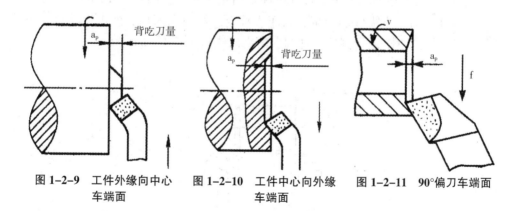

图1-2-9　工件外缘向中心　　图1-2-10　工件中心向外缘　　图1-2-11　90°偏刀车端面
　　　　　　车端面　　　　　　　　　　　车端面

2. 车削外圆柱面的方法

工件的外圆柱面可选用45°弯刀或90°、75°偏刀车削。

车削外圆柱面时，移动床鞍至工件右端，对刀后用中托板控制背吃刀量，摇动床鞍或小托板作纵向移动车削外圆，加工较长的外圆柱面可采用纵向自动进给，一次进给车削完毕，横向退出车刀，再纵向移动至工件右端，测量检验后根据加工余量，进行第二、第三次进给车削，直至符合图样要求为止，如图 1-2-12 所示。

具体过程为：开机（工件旋转）→横向对刀（移动中托板使刀具与工件相切）→纵向退刀（中托板不动，床鞍纵向退刀）→吃刀（中托板横向进给一个吃刀量）→纵向进给（大托板纵向手动或自动进给）→车削至长度值→退刀→停机→测量。

图 1-2-12　车削外圆操作步骤

3. 倒角车削方法

倒角可选用 45°弯刀或 90°偏刀。

当端面、外圆柱面车削完毕后，转动刀架，使车刀的切削刃与工件外圆柱面成 45°夹角，再移动车刀至工件外圆和端面相交处进行倒角；使用 45°弯刀加工完外圆柱面后，不需转动刀架，将车刀移至外圆与端面相交处进行倒角，如图 1-2-13 所示，C1 是指倒角在外圆上的纵向或横向长度 1mm。

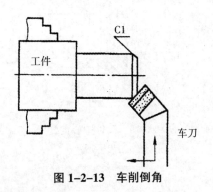

图 1-2-13　车削倒角

（三）外圆尺寸的控制方法

1. 外圆尺寸的控制

控制外圆尺寸时最常用的方法是试切削法。工件在车床上安装以后，要根据工件的加工余量决定进给次数和每次进给的吃刀量。半精车和精车时，为了准确地进给，保证工件加工的尺寸精度，只靠刻度盘来进给是不行的。因为刻度盘和丝杠都有误差，往往不能满足半精车和精车的要求，这就需要采用试切的方法。即根据直径余量的 1/2 作横向进给，当车刀在外圆上纵向移动 2~3mm 时，纵向快速退出车刀（横向不动），然后停机测量，如尺寸已符合要求，即可继续车削。否则按上述的方法继续进行试切削。

试切削的方法与步骤（如图 1-2-14 所示）：

（1）开车对刀。开车对刀使车刀与工件外圆表面轻轻接触并相切。

（2）纵向退刀。横向不动，向右纵向退出车刀。

（3）横向吃刀。根据工件加工余量，中托板横向进给 a_{p1}。

（4）试车削。纵向车削外圆长度 2~3mm。

（5）退刀测量。横向不动，向右纵向退出车刀，进行测量。

（6）车削加工。若尺寸没到，再根据余量加工 a_{p2}。

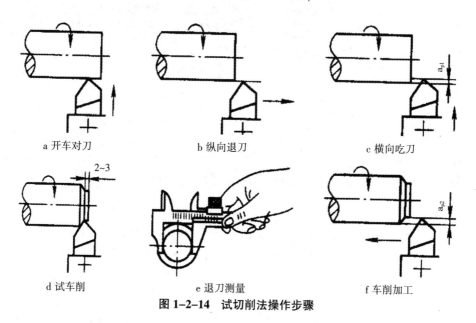

a 开车对刀   b 纵向退刀   c 横向吃刀

d 试车削   e 退刀测量   f 车削加工

图 1-2-14 试切削法操作步骤

2. 外圆尺寸的测量

外圆尺寸的测量方法有两种，外圆尺寸精度不高时可用游标卡尺测量（如图 1-2-15 所示），当外圆尺寸精度较高时可用外径千分尺测量（如图 1-2-16 所示）。

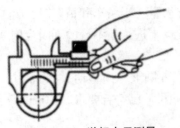

图 1-2-15　游标卡尺测量

图 1-2-16　千分尺测量

二、技能操作——光轴的车削加工

光轴的车削加工方法以图 1-2-17 为例来加以说明。

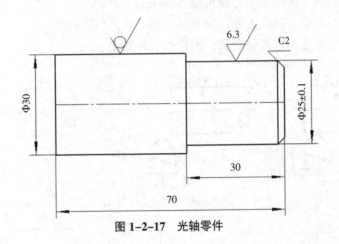

图 1-2-17　光轴零件

（一）图样分析

光轴零件（如图 1-2-17 所示），毛坯尺寸为 Φ30，一端加工为直径 Φ25±0.1，尺寸长度 30mm，表面粗糙度为 Ra 6.3，倒角为 2×45°。工件进行粗加工即可达到要求。

（二）加工准备

加工图样光轴需要的工具、设备、材料：机床选择卧式车床 CD6140A；刀具：90°、45°高速钢车刀、刀柄 25×25；夹具：三爪自定心卡盘；材料：45#钢，Φ30×75；工具：卡盘扳手、刀架扳手；量具：游标卡尺、钢板尺。

（三）加工实施

加工过程如下：

1. 安装车刀

按照车刀的安装方法正确安装车刀。

2. 工件的安装

按照三爪卡盘定位装夹工件的方法，正确定位装夹工件。

3. 调整切削用量

合理选取并计算调整切削用量。

4. 车削加工步骤

按照轴类零件的加工步骤首先车端面，然后车削外圆柱面，最后加工倒角（如表1-2-6所示）。

表 1-2-6 车削光轴工艺步骤

序号	工件加工面	工件定位、夹紧面	工件定位装夹	注意事项
1	车端面	Φ30 毛坯面		45°车刀注意对中心
2	车外圆柱面	Φ30 毛坯面		90°偏刀加工
3	车削倒角	Φ30 毛坯面		45°偏刀加工

（四）加工工艺卡片

加工光轴的工艺卡片如表1-2-7所示。

表 1-2-7 加工工艺卡片

工件名称：光轴				图纸编号：图 1-2-17			
毛坯材料：45# 钢				毛坯尺寸：Φ30×75			
序号	内容	要求	n (r/min)	f (mm/r)	a_p (mm)	工夹量具
---	---	---	---	---	---	---
1	安装车刀	90°、45°高速钢车刀正确安装				刀架扳手
2	装夹工件	工件正确定位装夹				卡盘扳手
3	切削用量	查表选切削用量	v_c = 20~40 (m/min)	f = 0.3~0.4 (mm/r)	a_p 2mm、0.5mm	
4	车端面		280	0.3	2	
5	车外圆		280	0.3	2 0.5	150mm 游标卡尺、钢板尺
6	倒角		280	0.3	2	
7	清理整顿现场					

（五）检查评价

光轴的加工评分标准如表 1-2-8 所示。

表 1-2-8　评分标准

班级：		姓名：		学号：	零件：光轴		工时：
项目	检测项目	赋分	评分标准	量具	扣分	得分
加工准备	工具、量具、刀具准备	5	准备不齐全不得分			
	工件定位、装夹正确	5	定位装夹不正确不得分			
	切削用量选择及调整	5	选择不合理不得分			
尺寸精度	Φ25±0.1	30	每超 0.02 扣 2 分	游标卡尺		
	30	20	每超 0.02 扣 2 分	钢板尺		
	2×45°	10	每超 0.02 扣 2 分	钢板尺		
表面粗糙度	表面 Ra 6.3	5	表面没达到粗糙度要求不得分	表面粗糙度对比样块		
量具使用	正确使用量具	5	使用不规范不得分			
操作规范	操作过程规范	5	不按安全操作规程操作不得分			
安全文明	文明生产	5	着装、工作纪律			
	安全操作	5	有安全问题不得分			
累计						
监考员		检查员			总分		

项目三　台阶轴类零件车削加工

任务一　单台阶轴的车削加工

一、相关理论知识

（一）车削台阶零件刀具的选用

车削台阶零件时，不仅要车削外圆柱面，还要车削工件的环形端面。因此，车削时既要保证外圆和台阶的长度尺寸，又要保证台阶面与工件轴线的垂直度。台阶轴类零件的台阶面大小各异，加工时刀具应采取不同的安装方法，加工台阶轴经常使用90°偏刀，但使用时稍有差异。

1.车削轴间较低的台阶轴

轴间较低的台阶轴零件，即相邻的两圆柱面的直径尺寸相差不大，可选用90°偏刀车削，这样既可以车削外圆，又可以车削端面，只要控制台间长度，就可得到台阶面。但在安装车刀时注意，车刀的主偏角必须是90°（如图1-3-1所示）。

2.车削轴间较高的台阶轴

轴间较高的台阶轴零件，即相邻的两圆柱面的直径尺寸相差较大，可先用一把主偏角小于90°的车刀粗车，可先选用75°或45°的偏刀粗车外圆（如图1-3-2所示），再把90°的偏刀主偏角装成93°~95°（如图1-3-3所示），分几次进给。

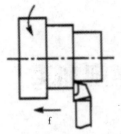
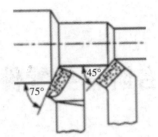
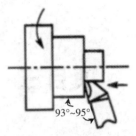

图1-3-1　90°偏刀车台阶轴　　图1-3-2　75°或45°偏刀粗　　图1-3-3　90°偏刀精车台阶轴
车台阶轴

(二) 台阶轴的车削方法

1. 台阶轴车削操作过程

台阶轴的车削与光轴车削基本相同，车削台阶轴时尤其应注意台阶长度尺寸。

具体过程为：开机（工件旋转）→对刀并车削工件端面→试切台阶轴→纵向进给→车削至接近终止长度时停止自动进给→手动进给车削至最终长度要求→退刀→停机→测量。

2. 车削台阶轴的方法

车削台阶轴的方法分以下两种：

（1）轴间较小的台阶轴。相邻两圆柱体直径差值小于2mm的低台阶，用90°车刀一次加工完成（如图1-3-4所示）。加工时，自动进给加工将至台阶长度方向尺寸时，停止自动进给改为手动进给，加工至长度尺寸，手动均匀横向退出。

（2）轴间较大的台阶轴。轴间较大的台阶轴工件，一般分粗、精车进行加工。粗车时可选用75°或45°的偏刀（如图1-3-5a所示）或主偏角85°~90°偏刀（如图1-3-5b所示），车削至台间处留精加工余量；精车时选用90°偏刀，车刀的主偏角应大于90°，一般为93°（如图1-3-5c所示），安装车刀时应注意刀具的主偏角。精车外圆到台阶长度后，停止纵向进给，手摇中托板手柄使车刀慢慢

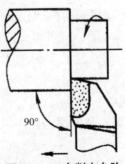

图1-3-4　车削小台阶

均匀退出，从而将工件端面车平，以保证台阶平面与工件轴线的垂直度要求，这样一个台阶即加工完成。

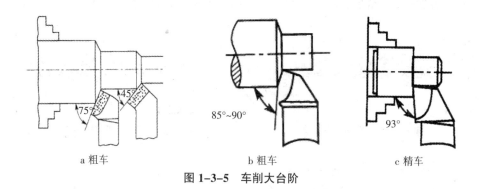

    a 粗车   b 粗车   c 精车

图 1-3-5　车削大台阶

3. 切削用量的选择

（1）粗车。粗车尽可能在较短的时间内车去大部分的加工余量，以提高生产率。在车床动力条件允许的条件下，通常采用大背吃刀量、大进给、低转速，以合理的时间尽快把工件余量加工掉。由于粗车切削力较大，要求车刀强度好，装夹 90°偏刀时主偏角最好小于 90°，余量很大时选用 45°或 75°偏刀，工件装夹必须牢固，以防工件飞出伤人。

（2）精车。精车是车削的最后一道工序，主要保证工件的尺寸精度和表面粗糙度要求，精车有两种方法：一是硬质合金刀具高速车削；二是高速钢外圆光刀低速慢进给。

1）硬质合金车刀。硬质合金车刀精车时，要求车刀锋利，车床转速高一些，进给量和背吃刀量小一些，以保证零件尺寸精度和表面粗糙度要求。精车时进给量的大小主要取决于零件表面粗糙度要求，表面粗糙度要求越高，进给量一般应越小。车刀装夹时主偏角要大于或等于 90°，精车外圆最后一刀行程终了时，中托板由里向外慢慢精车台阶平面，从而将台阶端面车平，并保证台阶平面与工件轴线垂直度要求。

2）高速钢外圆光刀。高速钢光刀精车时，要求车刀刀刃锋利，车床转速要低，车床转速一般为硬质合金刀具车削时的 1/3 左右，进给量和背吃刀量要小。车刀安装时，车刀的切削刃一定要平行于工件加工表面，使用切削油冷却。

（三）台阶轴尺寸的测量与控制方法

1. 外圆尺寸的测量方法

外圆尺寸的测量方法有两种，外圆尺寸精度不高时可用游标卡尺测量，当外圆尺寸精度较高时可用外径千分尺测量。

2. 台阶长度尺寸测量方法

台阶长度尺寸精度不高时通常使用钢板尺和游标卡尺测量（如图 1-3-6 所示）；台阶的长度精度要求较高时，使用游标深度卡尺测量（如图 1-3-7 所示）。

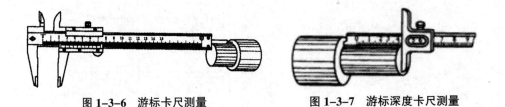

图 1-3-6　游标卡尺测量　　　　　图 1-3-7　游标深度卡尺测量

3. 台阶长度尺寸控制方法

台阶长度尺寸一般采用刻线法和刻度盘法。

（1）刻线法。采用刻线法，一般选用最小直径圆柱的端面作为统一测量基准。为了保证台阶的位置，可事先用卡钳（如图 1-3-8 所示）或钢板尺测量（如图 1-3-9 所示）出台阶的长度尺寸（大批量生产时，可使用样板），再用车刀刀尖在台阶的位置处刻出细线，车削时按线来控制各台阶的长度（如图 1-3-10 所示）。

（2）刻度盘法。台阶的长度尺寸可用床鞍上的刻度盘进行控制，车削时的精度一般在 0.10mm 左右。具体操作步骤如下：

1）端面对刀。启动机床将车刀刀尖对至与工件端面轻微接触相切。

2）床鞍刻度盘调零位。将床鞍的刻度盘调零，根据台阶长度计算行程。

3）吃刀车削。调整吃刀量，纵向自动进给车削加工。

4）车削至尺寸。当车削至接近长度尺寸时，改为手动进给，慢摇手柄至加工尺寸，横向慢慢退刀。

图 1-3-8　卡钳测量刻线　　　图 1-3-9　钢板尺测量刻线　　　图 1-3-10　按刻线控制长度

二、技能操作——单台阶轴的车削加工

单台阶轴的车削加工以图 1-3-11 为例来说明。

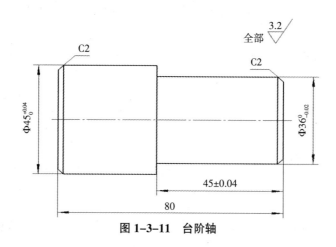

图 1-3-11　台阶轴

（一）图样分析

台阶轴零件（如图 1-3-11 所示），台阶轴的两端尺寸分别为 $\Phi45_0^{+0.04}$ 和 $\Phi36_{-0.02}^{0}$，尺寸精度较高，而且表面粗糙度 Ra3.2，因此需要粗加工和精加工，总长度尺寸为 80mm，保证自由公差，台阶长度尺寸 45±0.04，加工时应注意台阶长度尺寸，台阶轴的两端分别为两个 2×45°倒角。

（二）加工准备

加工图样台阶轴需要的工具、设备、材料：机床选择卧式车床 CD6140A；刀具：90°、45°硬质合金车刀、刀柄 25×25；夹具：三爪自定心卡盘；材料：45# 钢，$\Phi50×85$；工具：卡盘扳手、刀架扳手；量具：游标卡尺、游标深度卡尺、钢板尺。

（三）加工实施

加工过程如下：

1. 安装车刀

按照车刀的安装方法正确安装车刀。

2. 工件的安装

按照三爪卡盘定位装夹工件的方法，正确定位装夹工件。

3. 调整切削用量

合理选取并计算调整切削用量。

4. 车削加工步骤

按照轴类零件的加工步骤（如表 1-3-1 所示）：

(1) 一端粗基准定位装夹。车端面、车外圆柱面、加工倒角。

(2) 调头精基准定位装夹。车端面、车外圆柱面、加工倒角。

表 1-3-1　车削台阶轴工艺步骤

序号	工件加工面	工件定位、夹紧面	工件定位装夹	注意事项
1	粗车一个端面，粗车 $\Phi45_0^{+0.04}$ 长度 40mm	$\Phi50$ 毛坯面		45°车刀注意对中心，留精加工余量
2	精车一个端面，精车 $\Phi45_0^{+0.04}$ 长度 40mm			90°偏刀精车
3	车削 $2\times45°$ 倒角			45°偏刀加工
4	车端面至长度尺寸 80，粗车 $\Phi36_{-0.02}^{0}$ 端，留加工余量	$\Phi45_0^{+0.04}$ 已加工轴端		45°偏刀加工
5	车端面至长度尺寸 80，精车 $\Phi36_{-0.02}^{0}$ 至尺寸，长度至 45 ± 0.04			90°偏刀精车
6	车削 $2\times45°$ 倒角			45°偏刀加工

(四) 加工工艺卡片

加工台阶轴零件的工艺卡片如表 1-3-2 所示。

表 1-3-2　加工工艺卡片

工件名称：台阶轴				图纸编号：图 1-3-11			
毛坯材料：45# 钢				毛坯尺寸：$\Phi50\times85$			
序号	内容	要求	n (r/min)	f (mm/r)	a_p (mm)	工夹量具
1	安装车刀	90°、45°高速钢车刀正确安装				刀架扳手

序号	内容	要求	n (r/min)	f (mm/r)	a_p (mm)	工夹量具
2	装夹工件	工件按工艺顺序正确定位装夹				卡盘扳手
3	切削用量	查表选切削用量	$v_c = 90{\sim}110$ (m/min)	$f = 0.4{\sim}0.5$ (mm/r)	a_p	
4	粗车 $\Phi45_0^{+0.04}$ 外圆、端面		560	0.5	2	
5	精车 $\Phi45_0^{+0.04}$ 外圆、端面		700	0.4	0.5	150mm 游标卡尺、钢板尺
6	倒角		700	手动	2	
7	粗车 $\Phi36_{-0.02}^0$ 端，留加工余量		560	0.5	5	
8	精车 $\Phi36_{-0.02}^0$ 端至直径和长度尺寸		700	0.4	2	
9	倒角		700	手动		
10	清理整顿现场					

（五）检查评价

台阶轴加工的评分标准如表 1-3-3 所示。

表 1-3-3 评分标准

班级：			姓名：	学号：	零件：台阶轴	工时：	
项目	检测项目		赋分	评分标准	量具	扣分	得分
加工准备	工具、量具、刀具准备		5	准备不齐全不得分			
	工件定位、装夹正确		5	定位装夹不正确不得分			
	切削用量选择及调整		5	选择不合理不得分			
尺寸精度	$\Phi45_0^{+0.04}$		15	每超 0.02 扣 2 分	千分尺		
	$\Phi36_{-0.02}^0$		15	每超 0.02 扣 2 分	千分尺		
	45±0.04		15		深度卡尺		
	80		5		游标卡尺		
	2×45°		10	每超 0.02 扣 2 分	钢板尺		
表面粗糙度	表面 Ra 3.2		5	表面没达到粗糙度要求不得分	表面粗糙度对比样块		
量具使用	正确使用量具		5	使用不规范不得分			
操作规范	操作过程规范		5	不按安全操作规程操作不得分			

项目	检测项目	赋分	评分标准	量具	扣分	得分
安全文明	文明生产	5	着装、工作纪律			
	安全操作	5	有安全问题不得分			
累计						
监考员		检查员		总分		

任务二　零件的切槽与切断

任务要求
切槽、切断刀的种类及选用
掌握切槽刀的角度及安装
掌握切槽及切断的方法
切槽的尺寸测量
会选用合理车削用量，切槽加工

一、相关理论知识

（一）切槽、切断刀具及选用

1. 切槽刀的种类及选用

（1）切槽刀的种类。车削加工出的槽按所在工件的位置分为：外圆槽、内孔槽、端面槽，因此切槽刀可分为外圆切槽刀（如图 1-3-12 所示）、内孔切槽刀（如图 1-3-13 所示）、端面切槽刀（如图 1-3-14 所示）。

选用时需要根据工件的加工需要，选用加工不同位置的切槽刀。

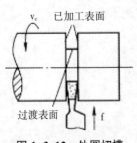

图 1-3-12　外圆切槽

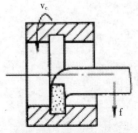

图 1-3-13　内孔切槽

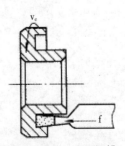

图 1-3-14　端面切槽

（2）切槽刀的选用。根据不同的加工需要可以车削出不同的槽的形状：直角沟槽（如图 1–3–16a 所示）、圆弧沟槽（如图 1–3–15 所示）、梯形沟槽（如图 1–3–16b 所示），因此根据加工时刀头的形状可分为直角头切槽刀（如图 1–3–16a 所示）、圆弧头切槽刀（如图 1–3–15 所示）、梯形头切槽刀（如图 1–3–16b 所示）。

需要根据沟槽形状选用。

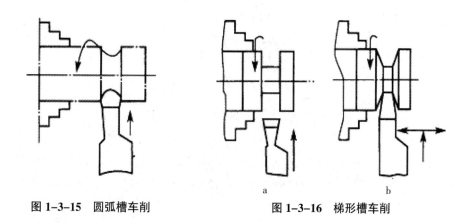

图 1–3–15　圆弧槽车削　　　　　　　a　　　　　　　　　　b
　　　　　　　　　　　　　　　　　　图 1–3–16　梯形槽车削

2. 切断刀的种类及选用

（1）高速钢切断刀。刀杆与切削部分是统一材料锻造而成，或者刀杆与刀头焊接而成，高速钢切断刀应用广泛。

（2）硬质合金切断刀。是由硬质合金焊接在刀体上的切断刀，应用于高速切削。

（3）反向切断刀。刀具能够反向安装在刀架上，实现反向切削。用于切削直径较大的工件。

（4）弹性切断刀。弹性切断刀是将高速钢做成刀片，装在弹性刀杆上，可避免切削时扎刀、刀具折断。适用于切断塑性材料的工件。

（二）切槽、切断刀的角度及安装

1. 切槽、切断刀的角度

轴、孔上的槽要用切槽刀车削加工；工件的切断需用切断刀进行。切槽刀与切断刀有相同的角度，切断刀具有较长的刀头，主切削刃较短。

轴上的槽要用切槽刀进行车削，切槽刀的几何形状和角度如图 1–3–17 所示。安装时应做到：刀尖要对准工件轴线；主切削刃平行于工件轴线；刀尖与工件轴线等高；两侧副偏角一定要对称相等（1°~2°），两侧刃副后角也要对称（0.5°~1°，切不可一侧为负值，以防刮伤槽的端面或折断刀头）。

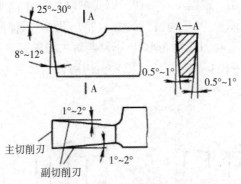

图 1-3-17　切槽刀角度

2. 切槽、切断刀的安装

切槽刀的安装（如图 1-3-18 所示）。切槽、切断刀装夹必须垂直于工件轴线，否则车出的槽壁可能不平，影响车槽质量。装夹车刀时，可用 90°角尺检查切槽、切断刀的副偏角（如图 1-3-19 所示）。

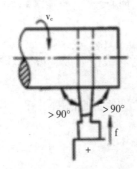

图 1-3-18　切槽刀安装

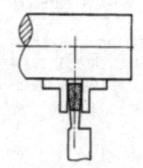

图 1-3-19　宽座角尺检查切槽刀安装

3. 切槽、切断刀安装注意事项

（1）安装时，切刀不宜伸出过长，同时切刀的中心线必须与工件中心线垂直，以保证两个副偏角对称，否则车出的槽面和切出的断面凹凸不平。

（2）切断实心工件时，切刀的主切削刃必须与工件中心等高，否则不能车到中心，而且易崩坏刀刃，甚至折断车刀。

（3）安装切刀时，其主切削刃应与工件轴线平行，主刀刃与工件轴线为同一高度。

（4）切刀的底平面应平整，以保证两个副后角对称。

（三）切槽及切断的方法

1. 直槽的车削方法

车削跨度较窄的外沟槽时，可用刀头宽度等于槽宽的切槽刀一次进给车削加工。车削较宽的外沟槽时，可以分几次车削，先用刀头宽度小于槽宽的切槽刀粗车，在槽的两侧留有精车余量，再用精车刀车削至尺寸。

（1）车削宽度为5mm以下的窄槽时，可使用主切削刃的宽度等于槽宽的切槽刀，一次横向进给切出窄槽（如图1-3-20所示）。

（2）车削宽度在5mm以上的较宽沟槽时，一般采用先分段横向粗车，最后一次横向切削后，再进行纵向精车的加工方法（如图1-3-21所示）。

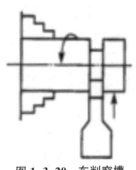
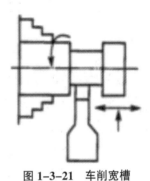

图1-3-20　车削窄槽　　　　　　图1-3-21　车削宽槽

2. 切断的方法

切断的方法有直进法、左右借刀法和反切法。

（1）直进法（如图1-3-22所示）。直进法是指垂直于工件轴线方向进给切断工件。车刀切削刃的宽度应与槽的宽度相等，且刀体的长度要略大于槽深。采用直进法切断效率高，由于切断刀的刀头强度比其他车刀低，在车削时应适当减小进给量。进给量太大，容易使刀头折断，进给量太小，切断刀的后刀面与工件产生强烈的摩擦，会产生振动。

（2）左右借刀法（如图1-3-23所示）。左右借刀法是指切断刀在工件的轴线方向上反复地移动，随着两侧径向进给，直至工件被切断。这种切削方法常在机床、刀具、工件刚度不足的情况下，用来对工件进行切断。

（3）反切法（如图1-3-24所示）。反切法是指工件反转，车刀反向装夹，这种切断方法适用于较大直径工件的切断。

3. 切槽、切断时切削用量的选择

切槽、切断时，进给量不能太大，否则刀具易崩刃、折断。应选择合适的进给量，进给量的参考值如表1-3-4所示。

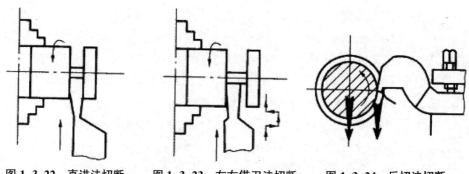

图 1-3-22　直进法切断　　　图 1-3-23　左右借刀法切断　　　图 1-3-24　反切法切断

表 1-3-4　切断及切槽的进给量参考值

工件直径 （mm）	切刀宽度 （mm）	加工材料	
		碳素结构钢、合金结构钢及钢铸件	铸铁、铜合金及铝合金
		进给量 f （mm/r）	
≤20	3	0.06~0.08	0.11~0.14
20~40	3~4	0.10~0.12	0.16~0.19
40~60	4~5	0.13~0.16	0.2~0.24
60~100	5~8	0.16~0.23	0.24~0.32
100~150	6~10	0.18~0.26	0.3~0.4
>250	10~15	0.28~0.36	0.4~0.55

（四）直角沟槽的测量

1. 槽宽尺寸的测量

槽宽尺寸可使用游标卡尺测量（如图 1-3-25 所示），较大的槽宽也可以使用样板测量检验（如图 1-3-26 所示）。

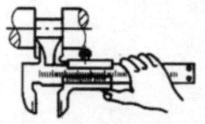

图 1-3-25　游标卡尺测量

图 1-3-26　样板测量

2. 槽深的测量

槽深使用游标卡尺或千分尺测量（如图 1-3-27 所示）。

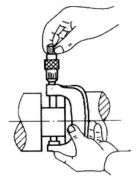

图 1-3-27　千分尺测量

二、技能操作——多台阶轴的车削加工

多台阶轴的车削加工方法以图 1-3-28 为例来说明。

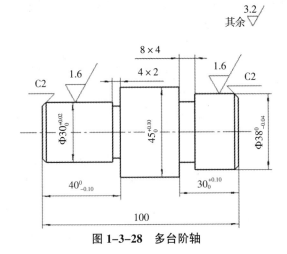

图 1-3-28　多台阶轴

（一）图样分析

多台阶轴零件（如图 1-3-28 所示），台阶轴的两端尺寸分别为 $\Phi38^{0}_{-0.04}$ 和 $\Phi30^{+0.02}_{0}$，尺寸精度较高，而且表面粗糙度 Ra 1.6，因此需要粗加工和精加工，总长度尺寸为 100mm，保证自由公差，台阶长度尺寸 $40^{0}_{-0.10}$ 和 $30^{+0.10}_{0}$，加工时应注意台阶长度尺寸，在两个台阶处分别有两个退刀槽，需要用切槽刀加工。台阶轴的两端分别为两个 $2\times45°$ 倒角。

（二）加工准备

加工图样所示多台阶轴需要的工具、设备、材料：机床选择卧式车床

CD6140A；刀具：90°、45°硬质合金车刀、切槽刀，刀柄大小 25×25；夹具：三爪自定心卡盘；材料：45# 钢，Φ50×105；工具：卡盘扳手、刀架扳手；量具：游标卡尺、游标深度卡尺、钢板尺、千分尺。

（三）加工实施

加工过程如下：

1. 安装车刀

按照车刀的安装方法正确安装车刀。

2. 工件的安装

按照三爪卡盘定位装夹工件的方法，正确定位装夹工件。

3. 调整切削用量

合理选取并计算调整切削用量。

4. 车削加工步骤（如表 1-3-5 所示）

（1）一端粗基准定位装夹。车削精基准端，车端面、车外圆。

（2）调头精基准定位装夹。车端面、车外圆柱面、切槽、加工倒角。

（3）调头加工好的一端定位装夹。车端面、车外圆柱面、切槽、加工倒角。

表 1-3-5　车削多台阶轴工艺步骤

序号	工件加工面	工件定位、夹紧面	工件定位装夹	注意事项
1	车削一个端面，车削 $Φ45_0^{+0.10}$ 长度 70mm	Φ50 毛坯面		45°车刀注意对中心 90°偏刀
2	粗车一个端面，粗车 $Φ30_0^{+0.02}$ 长度 40mm	调头装夹，$Φ45_0^{+0.10}$ 已加工圆柱面		45°偏刀加工
3	精车一个端面，精车 $Φ30_0^{+0.02}$ 长度 40mm，切槽			90°偏刀精车 切槽刀
4	倒角			45°偏刀加工
5	粗车另一端面及 $Φ38_{-0.04}^{0}$ 外径，长度 30 留精加工余量	调头装夹 $Φ30_0^{+0.02}$ 已加工轴端		45°偏刀加工

序号	工件加工面	工件定位、夹紧面	工件定位装夹	注意事项
6	精车另一端面及 $\Phi38^{0}_{-0.04}$ 外径，长度 30 至尺寸			90°偏刀精车切槽刀
7	车削 2×45°倒角			45°偏刀加工

（四）加工工艺卡片

加工多台阶轴的工艺卡片如表 1-3-6 所示。

表 1-3-6　加工工艺卡片

工件名称：多台阶轴				图纸编号：图 1-3-28			
毛坯材料：45# 钢				毛坯尺寸：$\Phi50 \times 105$			
序号	内容	要求	n (r/min)	f (mm/r)	a_p (mm)		工夹量具
1	安装车刀	90°、45°高速钢车刀正确安装					刀架扳手
2	装夹工件	工件按工艺顺序正确定位装夹					卡盘扳手
3	切削用量	查表选切削用量	$v_c = 90 \sim 110$ (m/min)	$f = 0.4 \sim 0.5$ (mm/r)	a_p		
4	车削一个端面，车削 $\Phi45^{+0.10}_{0}$ 长度 70mm		560	0.5	2		
5	粗车一个端面，粗车 $\Phi30^{+0.02}_{0}$ 长度 40mm		560	0.5	0.5		150mm 游标卡尺、钢板尺
6	精车一个端面，精车 $\Phi30^{+0.02}_{0}$ 长度 40mm，切槽		700	0.4	2		
7	倒角		700	手动	2		
8	粗车另一端面及 $\Phi38^{0}_{-0.04}$ 外径长度 30，留精加工余量		560	0.5	2		
9	精车另一端面及 $\Phi38^{0}_{-0.04}$ 外径，长度 30 至尺寸		700	0.3	0.5		

序号	内容	要求	n (r/min)	f (mm/r)	a_p (mm)	工夹量具
10	车削 2×45°倒角		700	手动	2	
11	清理整顿现场					

（五）检查评价

加工多台阶轴的评分标准如表 1-3-7 所示。

表 1-3-7　评分标准

班级:		姓名:		学号:	零件：多台阶轴		工时:
项目	检测项目	赋分	评分标准		量具	扣分	得分
加工准备	工具、量具、刀具准备	5	准备不齐全不得分				
	工件定位、装夹正确	5	定位装夹不正确不得分				
	切削用量选择及调整	5	选择不合理不得分				
尺寸精度	$\Phi45^{+0.10}_{0}$	10	每超 0.02 扣 2 分		游标卡尺		
	$\Phi38^{0}_{-0.04}$	10	每超 0.02 扣 2 分		千分尺		
	$\Phi30^{+0.02}_{0}$	10	每超 0.02 扣 2 分		千分尺		
	$30^{+0.10}_{0}$	5	每超 0.02 扣 2 分		深度卡尺		
	$40^{0}_{-0.10}$	5	每超 0.02 扣 2 分		深度卡尺		
	4×2	5	超 0.5 不得分		钢板尺		
	8×4	5	超 0.5 不得分		钢板尺		
	100	5	超 0.5 不得分		游标卡尺		
	2×45°	5	超标不得分		钢板尺		
表面粗糙度	表面 Ra 1.6	5	表面没达到粗糙度要求不得分		表面粗糙度对比样块		
量具使用	正确使用量具	5	使用不规范不得分				
操作规范	操作过程规范	5	不按安全操作规程操作不得分				
安全文明	文明生产	5	着装、工作纪律				
	安全操作	5	有安全问题不得分				
累计							
监考员		检查员			总分		

项目四　孔类零件的车削加工

任务一　通孔零件的车削加工

任务要求

了解通孔车刀的种类及结构

掌握通孔车刀的安装，通孔的加工方法

掌握通孔的测量检验方法

能合理制定通套零件的加工工艺并加工套类零件

一、相关理论知识

（一）通孔车刀的种类及结构

1. 通孔车刀种类

通孔车刀分为75°通孔车刀、45°通孔车刀和内孔光刀三类。通孔车刀切削部分的几何形状基本上与外圆车刀相似，为减小径向切削挤力，防止振动，主偏角应取得大一些，通孔粗车刀（如图1-4-1所示）的主偏角一般为 Kr = 60°~75°，有的主偏角为45°，副偏角一般取 15°~30°，为防止车孔刀后面和孔壁的摩擦又不使后角磨得太大，一般磨成两个后角，其中，α_{01} 取 6°~12°，α_{02} 取 30°左右；通孔精车刀（如图1-4-2所示）的主偏角一般为 92°~95°，与盲孔车刀相似；内孔精加工通常也使用高速钢内孔车刀，其主偏角一般为 90°。

2. 内孔车刀的结构

内孔车刀可以制成焊接式，也可制成机夹式。把高速钢和硬质合金做成较小的刀头，安装在碳素钢和合金结构钢制成的刀柄前端的方孔中，并在顶端或上面用螺钉紧固，以达到节省刀具材料、增加刀柄强度的目的。

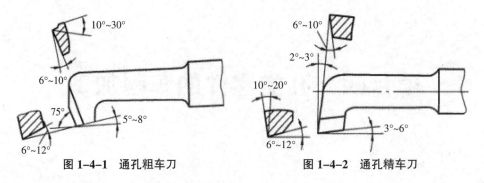

图 1-4-1　通孔粗车刀　　　　　　图 1-4-2　通孔精车刀

（二）通孔的加工方法

1. 车刀的装夹

（1）车孔刀的刀尖应与工件中心等高或略高一些，若刀尖低于工件中心，切削时，在切削抗力作用下，容易将刀柄压低而出现扎刀现象，并使孔径扩大。

（2）刀柄伸出刀架不宜过长，一般比被加工孔长 5~10mm 即可。

（3）车孔刀的刀柄与工件轴线应基本平行，否则在车削一定深度时，刀柄后半部容易与工件的孔壁相碰。

2. 车通孔的基本操作步骤

加工零件的孔径较大，而毛坯件为实体的零件时，首先应钻中心孔，再使用钻头钻底孔，孔径较大时，更换不同直径的钻头多次钻削，留车削余量；若用毛坯孔工件可直接车削内孔。

直通孔的车削基本上与车外圆相同，只是进刀与退刀方向相反。

车通孔操作：启动机床→对刀（横向对刀与孔壁相切）→退刀（刀具退至孔口）→吃刀量（横向进给一个吃刀量）→纵向进给（车削内孔完毕，刀头已伸出）→横向退刀（横向手动退刀）→纵向快速退刀（快速退刀至孔外）→测量（加工完毕）。

3. 孔径的控制方法

（1）车孔时的切削用量应比车外圆时小一些，尤其是车小孔或深孔时，其切削用量应更小。

（2）粗车或精车都要进行试切削，其横向进给量为径向余量的 1/2。当车刀纵向进给切削 2mm 长时快速退出车刀（横向不动），然后停车试测，如果尺寸未达到要求，则需微调横向进给，不断切削、测试，直到符合孔径精度要求为止。

（三）内孔的测量检验方法

内孔粗车时一般采用游标卡尺进行测量，精车时可以采用塞规或百分表测量。

孔径尺寸的测量，应根据工件孔径尺寸的大小、精度及工件数量，采用相应的量具进行测量。当孔的精度要求较低时，可采用钢板尺、游标卡尺测量，当孔的精度要求较高时，可采用下列测量方法。

1. 塞规测量

塞规（如图 1-4-3 所示）由通端、止端和手柄组成。测量方便，效率高，主要用于成批生产中。塞规的通端尺寸等于孔的最小极限尺寸，止端尺寸等于孔的最大极限尺寸。测量时，通端能塞入孔内，止端不能塞入孔内，则说明孔径尺寸合格（如图 1-4-4 所示）。

塞规通端的长度比止端的长度长，一方面便于修磨通端以延长塞规使用寿命，另一方面则便于区分通端和止端。

测量盲孔用的塞规，塞规轴线应与孔的轴线一致，不可倾斜，不允许将塞规硬塞，强行塞入孔内，不准敲击塞规。

不要在工件还未冷却到室温时用塞规检测，塞规是精密的界限量规，只能用来判断孔径是否合格，不能测量孔的实际尺寸。

图 1-4-3　塞规　　　　　　　　图 1-4-4　塞规测量

2. 内径千分尺测量

内径千分尺是千分尺的一种特殊形式，其量爪方向与外径量爪相反（如图 1-4-5 所示）。内径千分尺的测量范围为 5~30mm 和 25~50mm，其分度值为 0.01mm。内径千分尺的使用方法与使用Ⅲ型游标卡尺的内外测量爪测量内径尺寸的方法相同。

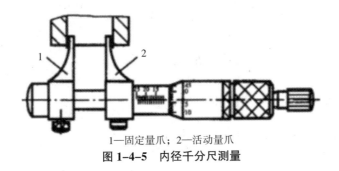

1—固定量爪；2—活动量爪
图 1-4-5　内径千分尺测量

3. 内径百分表测量

内径百分表结构如图1-4-6所示，百分表装在测架1上，触头（活动测量头）6通过摆动块7、杆3将测量值1：1地传递给百分表。测量头5可根据被测孔径大小更换，定心器4用于使触头自动停在被测孔的直径位置。

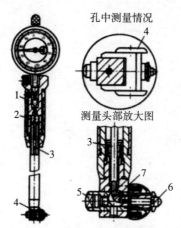

孔中测量情况

测量头部放大图

图1-4-6 内径百分表

内径百分表是用对比法测量孔径，因此使用时应根据被测量工件的内孔直径，用外径千分尺将内径表对准"零"位后，方可进行测量，其测量方法如图1-4-7所示，测量时，为得到准确尺寸，活动测量头应在径向方向摆动找正最小值，这个值即为孔径基本尺寸的偏差值，并由此计算出孔径的实际尺寸。内径百分表主要用于测量精度要求较高且又较深的孔。

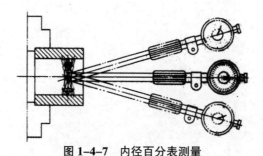

图1-4-7 内径百分表测量

二、技能操作——衬套的车削加工

衬套的车削加工以图1-4-8为例进行说明。

（一）图样分析

衬套零件（如图1-4-8所示），衬套的外径尺寸分别为 $\Phi 34_0^{+0.10}$ 和 $\Phi 40_0^{+0.10}$，

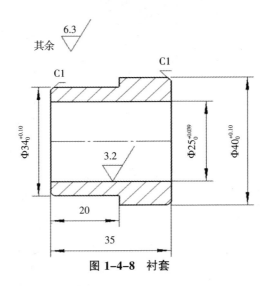

图 1-4-8 衬套

尺寸精度不高，而且表面粗糙度 Ra 6.3，长度尺寸分别为 20mm、35mm，因此按照轴的加工工艺方法粗加工即可，通孔的尺寸 $\Phi 25_0^{+0.039}$，表面粗糙度为 Ra3.2，精度较高，分粗精加工进行。台阶轴的两端分别为两个 $1 \times 45°$ 倒角。

（二）加工准备

加工图样的衬套需要的工具、设备、材料：机床选择卧式车床 CD6140A；刀具：90°、45°硬质合金车刀、内孔车刀、中心钻、$\Phi 22$ 麻花钻头，车刀刀柄大小 25×25；夹具：三爪自定心卡盘；材料：45# 钢，$\Phi 45 \times 40$；工具：卡盘扳手、刀架扳手；量具：游标卡尺、游标深度卡尺、钢板尺、内径千分尺、塞规。

（三）加工实施

加工过程如下：

1. 安装车刀

按照车刀的安装方法正确安装车刀，安装中心钻、麻花钻。

2. 工件的安装

按照三爪卡盘定位装夹工件的方法，正确定位装夹工件。

3. 调整切削用量

合理选取并计算调整切削用量。

4. 车削加工步骤（如表 1-1-4 所示）

（1）一端粗基准定位装夹。车削精基准端至尺寸、倒角。

（2）调头精基准定位装夹。车削台阶轴，车端面、车外圆柱面、加工倒角。

（3）调头台阶轴定位装夹。钻中心孔、钻底孔、粗精车内孔。

表 1-4-1　衬套车削工艺步骤

序号	工件加工面	工件定位、夹紧面	工件定位装夹	注意事项
1	车削一个端面，车削 $\Phi40_0^{+0.10}$ 长度 15mm，倒角	$\Phi45$ 毛坯面		$45°$车刀注意对中心 $90°$偏刀
2	车另一个端面，总长 25mm,车 $\Phi34_0^{+0.02}$ 长度 20mm	调头装夹，$\Phi40_0^{+0.10}$ 已加工圆柱面		$45°$偏刀加工 $90°$偏刀
3	钻中心孔，钻底孔	调头装夹，$\Phi34_0^{+0.10}$ 已加工圆柱面		中心钻 $\Phi22$ 钻头
4	粗车内孔			内孔车刀
5	精车内孔			内孔车刀

(四) 加工工艺卡片

衬套的切削加工工艺卡片如表 1-4-2 所示。

表 1-4-2　加工工艺卡片

工件名称：衬套			图纸编号：图 1-4-8			
毛坯材料：45# 钢			毛坯尺寸：$\Phi45\times40$			
序号	内容	要求	n (r/min)	f (mm/r)	a_p (mm)	工夹量具
1	安装车刀	$90°$、$45°$高速钢车刀正确安装，安装中心钻、麻花钻				刀架扳手
2	装夹工件	工件按工艺顺序正确定位装夹				卡盘扳手
3	切削用量	查表选切削用量	$v_c=90\sim110$ (m/min)	$f=0.4\sim0.5$ (mm/r)	a_p	
4	车削一个端面，车削 $\Phi40_0^{+0.10}$ 长度 15mm，倒角		560	0.5	2	150mm 游标卡尺、钢板尺
5	车另一个端面，总长 25mm，车 $\Phi34_0^{+0.02}$ 长度 20mm		560	0.5	0.5	150mm 游标卡尺、钢板尺

序号	内容	要求	n (r/min)	f (mm/r)	a_p (mm)	工夹量具
6	钻中心孔，钻底孔		450	手动	11	
7	粗车内孔		450	0.5	1	150mm 游标卡尺
8	精车内孔		560	0.4	0.5	150mm 游标卡尺、内径千分尺、塞规
9	清理整顿现场					

（五）检查评价

衬套车削加工的评分标准如表 1-4-3 所示。

表 1-4-3　评分标准

班级：		姓名：		学号：	零件：衬套	工时：	
项目	检测项目		赋分	评分标准	量具	扣分	得分
加工准备	工具、量具、刀具准备		5	准备不齐全不得分			
	工件定位、装夹正确		5	定位装夹不正确不得分			
	切削用量选择及调整		5	选择不合理不得分			
尺寸精度	$\Phi 40_0^{+0.10}$		10	每超 0.02 扣 2 分	游标卡尺		
	$\Phi 34_0^{+0.10}$		15	每超 0.02 扣 2 分	游标卡尺		
	$\Phi 25_0^{+0.039}$		20	每超 0.02 扣 2 分	千分尺		
	20		5	每超 0.02 扣 2 分	深度卡尺		
	35		5	每超 0.02 扣 2 分	深度卡尺		
	$1 \times 45°$		5	超标不得分	钢板尺		
表面粗糙度	表面 Ra 6.3、Ra 3.2		5	表面没达到粗糙度要求不得分	表面粗糙度对比样块		
量具使用	正确使用量具		5	使用不规范不得分			
操作规范	操作过程规范		5	不按安全操作规程操作不得分			
安全文明	文明生产		5	着装、工作纪律			
	安全操作		5	有安全问题不得分			
累计							
监考员		检查员			总分		

任务二 台阶孔类零件的车削加工

任务要求

了解车削台阶孔车刀的选用

台阶孔的加工方法

掌握台阶孔零件的加工

一、相关理论知识

（一）盲孔车刀的种类及结构

1. 盲孔车刀种类

盲孔车刀分为弯头盲孔车刀和直头盲孔车刀。盲孔车刀用于车削盲孔或台阶孔，其切削部分的几何形状基本上与 90°偏刀相似，盲孔车刀的主偏角大于 90°，一般 kr = 92°~95°（如图 1-4-9 所示）。后角要求与通孔车刀相同，盲孔车刀刀尖到刀柄外侧的距离 a 应小于孔的半径 R（如图 1-4-10 所示），否则无法车底面。

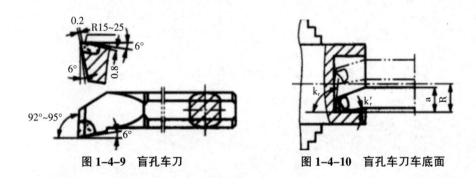

图 1-4-9 盲孔车刀　　　　　　图 1-4-10 盲孔车刀车底面

2. 内孔车刀的结构

内孔车刀可以制成焊接式，也可做成机夹式。把高速钢和硬质合金做成较小的刀头，安装在碳素钢和合金结构钢制成的刀柄前端的方孔中，并在顶端或上面用螺钉紧固，以达到节省刀具材料、增加刀柄强度的目的。

（二）盲孔、台阶孔的加工方法

1. 车刀的装夹

（1）车孔刀的刀尖应与工件中心等高或略高一些，若刀尖低于工件中心，切削时，在切削抗力作用下，容易将刀柄压低而出现扎刀现象，并使孔径扩大。

（2）刀柄伸出刀架不宜过长，一般比被加工孔长 5~10mm 即可。

（3）车孔刀的刀柄与工件轴线应基本平行，否则在车削一定深度时，刀柄后半部容易与工件的孔壁相碰。

（4）为了确保孔的加工安全，通常在车孔前用内孔车刀在孔内试走一遍，以保证车孔时的顺利进行。

（5）加工盲孔、台阶孔时，主刀刃应和端面成 3°~5°夹角，在车削内端面时，要求横向有足够的退刀空间。

2. 车削台阶孔的基本操作步骤

车削台阶孔的操作步骤与车削通孔基本相同，主要区别在于，台阶孔纵向进给到合适长度尺寸后要横向进给车削内台阶面。

车台阶孔操作：启动机床→对刀（横向对刀与孔壁相切）→退刀（刀具退至孔口）→吃刀量（横向进给一个吃刀量）→纵向进给（车削内孔完毕）→横向进给（车削内台阶面）→纵向快速退刀（快速退刀至孔外）→测量（加工完毕）。

3. 车削盲孔的基本操作步骤

车削盲孔与车削台阶孔基本相同，主要区别在于，纵向进给到一定长度尺寸后，要多次横向进给车削盲孔的孔底平面，而且要有足够的车削空间，否则会碰上已加工的孔壁。

车盲孔操作：启动机床→对刀（横向对刀与孔壁相切） →退刀（刀具退至孔口）→吃刀量（横向进给一个吃刀量）→纵向进给（车削内孔完毕）→横向进给（车削内孔底平面）→纵向快速退刀（快速退刀至孔外）→测量（加工完毕）。

4. 车削台阶孔的方法

（1）车削直径较小的台阶孔时，由于观察困难，尺寸精度不易控制，所以常采用先粗、精车小孔，再粗、精车大孔的顺序进行加工。

（2）车大的台阶孔时，在便于测量小孔尺寸且视线不受影响的情况下，一般先粗车大孔和小孔，再精车大孔和小孔。

（3）车大、小孔径相差很大的台阶孔时，最好先使用主偏角略小于 90°（kr = 85°~88°）的车刀进行粗车，然后用盲孔车刀精车。

5. 车孔深度的控制

加工盲孔、台阶孔与通孔不同的是，盲孔和台阶孔都会有孔深的尺寸要求，因此加工时必须控制孔深尺寸。控制孔深用以下方法。

粗加工时孔深控制方法：

（1）在刀柄上做记号（如图 1-4-11 所示）。在内孔车刀刀杆上测量长度，然后刻线或用粉笔画线做记号。

（2）限位铜片（如图 1-4-12 所示）。安装内孔车刀时，在刀架上安装限位铜片控制孔深尺寸。

（3）利用床鞍刻度盘的刻度线控制。对刀后可将刻度盘对至"零"位，观察刻度线，加工至长度相对应的刻度时，停止进给。

图 1-4-11　刀柄刻线控制孔深

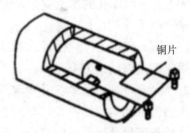

图 1-4-12　限位铜片控制孔深

二、技能操作——导向衬套的车削加工

导向衬套的车削加工以图 1-4-13 为例进行说明。

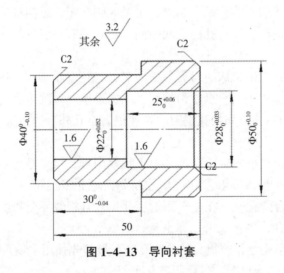

图 1-4-13　导向衬套

（一）图样分析

导向衬套零件（如图 1-4-13 所示），导向衬套的外径尺寸分别为 $\Phi50_{0}^{+0.10}$ 和 $\Phi40_{-0.10}^{0}$，尺寸精度不高，但表面粗糙度为 Ra3.2，长度尺寸分别为 $30_{-0.04}^{0}$ mm、$25_{0}^{+0.06}$ mm，因此需要按照轴的加工工艺方法粗、精加工以保证表面粗糙度要求，台阶孔的尺寸 $\Phi28_{0}^{+0.033}$、$\Phi22_{0}^{+0.052}$，表面粗糙度为 Ra1.6，精度较高，分粗、精加工进行。台阶轴的两端分别为两个 $2 \times 45°$ 倒角，台阶孔的一端倒角为 $2 \times 45°$。

（二）加工准备

加工图样的导向衬套需要的工具、设备、材料：机床选择卧式车床 CD6140A；刀具：90°、45°硬质合金车刀、内孔车刀、中心钻、Φ20 麻花钻头，车刀刀柄大小 25×25；夹具：三爪自定心卡盘；材料：45#钢，Φ55×55；工具：卡盘扳手、刀架扳手；量具：游标卡尺、游标深度卡尺、钢板尺、内径千分尺、塞规、内径百分表。

（三）加工实施

加工过程如下：

1. 安装车刀

按照车刀的安装方法正确安装车刀，安装中心钻、麻花钻。

2. 工件的安装

按照三爪卡盘定位装夹工件的方法，正确定位装夹工件。

3. 调整切削用量

合理选取并计算调整切削用量。

4. 车削加工步骤（如表 1-4-4 所示）

（1）一端粗基准定位装夹。粗车 Φ50 端长度 25mm。

（2）调头 Φ50 定位装夹。车削台阶轴 $Φ40^0_{-0.10}$，长度 $30^0_{-0.04}$ mm，加工倒角。

（3）调头台阶轴 $Φ40^0_{-0.10}$ 定位装夹。车削 $Φ50^{+0.10}_0$ 至尺寸、倒角，台阶孔钻孔、粗精车内台阶孔、加工倒角。

表 1-4-4 导向衬套车削工艺步骤

序号	工件加工面	工件定位、夹紧面	工件定位装夹	注意事项
1	粗车 Φ50 端，留加工余量，长度 25mm	Φ55 毛坯面		90°偏刀
2	粗、精车削台阶轴 $Φ40^0_{-0.10}$，长度 $30^0_{-0.04}$ mm，加工倒角	调头 Φ50 定位装夹		45°偏刀加工 90°偏刀
3	精车削 $Φ50^{+0.10}_0$ 至尺寸、倒角	调头台阶轴 $Φ40^0_{-0.10}$ 定位装夹		45°偏刀加工 90°偏刀
4	钻 Φ20 底孔			中心钻 Φ20 钻头孔车刀

序号	工件加工面	工件定位、夹紧面	工件定位装夹	注意事项
5	粗车内台阶孔			内孔车刀
6	精车内台阶孔 $\Phi28_0^{+0.033}$、$\Phi22_0^{+0.052}$ 长度 $25_0^{+0.06}$ mm，倒内角			内孔车刀

（四）加工工艺卡片

导向衬套的车削加工工艺卡片如表1-4-5所示。

表1-4-5 加工工艺卡片

工件名称：导向衬套			图纸编号：图1-4-13			
毛坯材料：$45^\#$ 钢			毛坯尺寸：$\Phi55 \times 55$			
序号	内容	要求	n (r/min)	f (mm/r)	a_p (mm)	工夹量具
1	安装车刀	90°、45°高速钢车刀正确安装，安装中心钻、麻花钻				刀架扳手
2	装夹工件	工件按工艺顺序正确定位装夹				卡盘扳手
3	切削用量	查表选切削用量	$v_c = 90{\sim}110$ (m/min)	$f = 0.4{\sim}0.5$ (mm/r)	a_p	
4	粗车 $\Phi50$ 端，留加工余量，长度 25mm		560	0.5	2	150mm 游标卡尺、钢板尺
5	粗车削台阶轴 $\Phi40_{-0.10}^{0}$		560	0.5	2	150mm 游标卡尺、钢板尺
6	精车车削台阶轴 $\Phi40_{-0.10}^{0}$，长度 $30_{-0.04}^{0}$ mm，加工倒角		700	0.4	0.5	150mm 游标卡尺，深度卡尺
7	精车削 $\Phi50_0^{+0.10}$ 至尺寸、倒角		700	0.4	0.5	150mm 游标卡尺
8	钻中心孔，钻底孔		450	手动	11	
9	粗车内台阶孔		450	0.5	1	150mm 游标卡尺

序号	内容	要求	n (r/min)	f (mm/r)	a_p (mm)	工夹量具
10	精车内台阶孔 $\Phi28_0^{+0.033}$、$\Phi22_0^{+0.052}$ 长度 $25_0^{+0.06}$mm		560	0.4	0.5	150mm 游标卡尺、内径千分尺、塞规
11	倒内角					
12	清理整顿现场					

（五）检查评价

导向衬套车削加工的评分标准如表 1-4-6 所示。

表 1-4-6　评分标准

班级：		姓名：		学号：	零件：导向衬套	工时：	
项目	检测项目	赋分	评分标准		量具	扣分	得分
加工准备	工具、量具、刀具准备	5	准备不齐全不得分				
	工件定位、装夹正确	5	定位装夹不正确不得分				
	切削用量选择及调整	5	选择不合理不得分				
尺寸精度	$\Phi50_0^{+0.10}$	5	每超 0.02 扣 2 分		游标卡尺		
	$\Phi40_{-0.10}^{0}$	5	每超 0.02 扣 2 分		游标卡尺		
	$\Phi28_0^{+0.033}$	10	每超 0.02 扣 2 分		千分尺		
	$\Phi22_0^{+0.052}$	10					
	$30_{-0.04}^{0}$	10	每超 0.02 扣 2 分		深度卡尺		
	$25_0^{+0.06}$	10					
	50	5	每超 0.02 扣 2 分		深度卡尺		
	$2\times45°$	5	超标不得分		钢板尺		
表面粗糙度	表面 Ra 3.2、Ra 1.6	5	表面没达到粗糙度要求不得分		表面粗糙度对比样块		
量具使用	正确使用量具	5	使用不规范不得分				
操作规范	操作过程规范	5	不按安全操作规程操作不得分				
安全文明	文明生产	5	着装、工作纪律				
	安全操作	5	有安全问题不得分				
累计							
监考员		检查员			总分		

项目五　圆锥类零件的车削加工

任务一　外圆锥类零件的车削加工

任务要求

掌握圆锥的基本参数及各部分尺寸计算

了解标准圆锥和常用标准锥度

掌握外圆锥的车削加工方法

掌握外圆锥的尺寸测量方法

能合理制定外圆锥零件的加工工艺

一、相关理论知识

(一) 圆锥的基本参数及各部分尺寸计算

圆锥是指由圆锥表面与一定尺寸所限定的几何体。圆锥又可分为外圆锥和内圆锥两种。圆锥的各部分尺寸如图 1-5-1 所示。

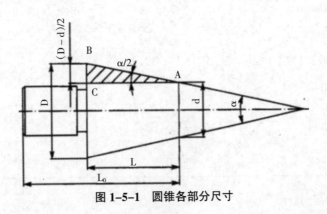

图 1-5-1　圆锥各部分尺寸

1. 圆锥的基本参数

（1）圆锥角 α，在通过圆锥轴线的截面内，两条素线间的夹角。车削时经常用的是：圆锥半角 α/2。

（2）最大圆锥直径 D，简称大端直径。

（3）最小圆锥直径 d，简称小端直径。

（4）圆锥长度 L，最大圆锥直径与最小圆锥直径之间的轴向距离，即圆锥大端与小端之间的距离。

（5）锥度 C，最大圆锥直径与最小圆锥直径之差对圆锥长度之比：C =（D - d）/L。

2. 圆锥各部分尺寸计算

由以上可知，圆锥有四个基本参数：圆锥半角 α/2 或锥度 C、最大圆锥直径 D、最小圆锥直径 d、圆锥长度 L，只要知道任意三个参数，其他一个未知参数就可求出。

（1）圆锥半角 α/2 与其他三个参数之间的关系。在图纸上一般标注有 D、d、L 三个尺寸。但是在车削圆锥时，往往需要转动小托板的角度加工圆锥面，所以必须计算出小托板要转动的圆锥半角 α/2。圆锥半角可按下面公式计算（见图 1-5-1），即：

$$D = d + 2L\tan(\alpha/2)$$
$$d = D - 2L\tan(\alpha/2)$$
$$L = (D - d)/2\tan(\alpha/2)$$

（2）锥度 C 与其他三个量的关系。有配合要求的圆锥，一般标注锥度符号。根据公式 C =（D - d）/L 中的 D、d、L 三个量与 C 的关系可导出圆锥半角 α/2 与锥度 C 的关系为：

$$\tan(\alpha/2) = C/2$$
$$C = 2\tan(\alpha/2)$$

（二）标准圆锥和常用标准锥度

为了制造和使用方便，常用的工具、刀具上的圆锥都已标准化，具有互换性，使用时只要号码相同，就能相互配合，常用的标准圆锥有莫氏圆锥和米制圆锥两种。

1. 莫氏圆锥

莫氏圆锥是机器制造业中应用最广泛的一种圆锥，如车床主轴锥孔、尾座锥孔、钻头柄、回转顶尖等都是莫氏锥度。莫氏圆锥分七个号码，即 0、1、2、3、4、5 和 6，最小为 0 号，最大为 6 号。莫氏圆锥的锥度是从英制换算过来的，当号数不同时，圆锥半角也不同，莫氏圆锥的锥度如表 1-5-1 所示。

表 1-5-1　莫氏圆锥锥度参数

号数	锥度 C	圆锥锥角 α	圆锥半角 α/2
0	1 : 19.212 = 0.05205	2°58′46″	1°29′23″
1	1 : 20.048 = 0.04988	2°51′20″	1°25′40″
2	1 : 20.020 = 0.04995	2°51′32″	1°25′46″
3	1 : 19.922 = 0.050196	2°52′25″	1°26′12″
4	1 : 19.254 = 0.051938	2°58′24″	1°29′12″
5	1 : 19.002 = 0.0526625	3°0′45″	1°30′22″
6	1 : 19.180 = 0.052138	2°59′4″	1°29′32″

2. 米制圆锥

米制圆锥有八个号码，即 4、6、80、100、120、140、160 和 200 号（其中 140 号尽可能不采用）。米制圆锥的号码是指大端的直径，锥度固定不变，即 C = 1 : 20，α/2 = 1°25′56″。

3. 其他专用的标准锥度

除了常用标准工具的圆锥外，还经常会遇到各种其他专用的标准锥度，如表 1-5-2 所示。

表 1-5-2　专用的标准圆锥锥度参数

锥度 C	圆锥锥角 α	应用实例
1 : 4	14°15′	车床主轴法兰及轴头
1 : 5	11°25′16″	易于拆卸的连接，砂轮主轴与砂轮法兰的结合，锥形摩擦离合器等
1 : 7	8°10′16″	管件的开关塞、阀等
1 : 12	4°46′19″	部分滚动轴承内环锥孔
1 : 15	3°49′6″	主轴与齿轮的配合部分
1 : 16	3°34′47″	圆锥管螺纹
1 : 20	2°51′51″	米制工具圆锥，锥形主轴颈
1 : 30	1°54′35″	装柄的铣刀和扩孔钻与柄的配合
1 : 50	1°8′45″	圆锥定位销及锥铰刀
7 : 24	16°35′39″	铣床主轴锥孔及刀杆的锥体
7 : 64	6°15′38″	刨齿机工作台的心轴孔

（三）外圆锥的车削方法

1. 转动小托板法

车较短的圆锥时，可以用转动小托板法。车削时只要把小托板按工件的要求转动一个圆锥半角，使车刀的运动轨迹与所要车削的圆锥素线平行即可。这种方法操作简单，调整范围大，能保证一定的精度。转动小托板车圆锥如图 1-5-2 所示。

转动小托板车圆锥的特点如下：

（1）能车削圆锥角度较大的工件。

（2）能车出整个圆锥体和圆锥孔，操作简单。

（3）只能手动进给，劳动强度大，但不易保证表面质量，只适用于单件、小批量生产。

（4）受行程限制只能加工锥面不长的工件。

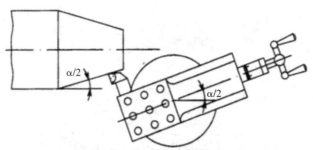

图 1-5-2 转动小托板法车圆锥

2. 转动小托板法车外圆锥的操作方法和步骤

（1）装夹工件和车刀。工件旋转中心必须与主轴旋转中心重合，车刀刀尖必须严格对准工件的旋转中心，否则车出的圆锥素线将不是直线，而是双曲线。

（2）确定小托板的转动角度。根据工件图样选择相应的公式计算出圆锥半角 $\alpha/2$，圆锥半角 $\alpha/2$ 是小托板应转动的角度。

（3）按工件上外圆锥面的倒、顺方向确定小托板的转动方向。车削正外圆锥（又称顺锥）面，即圆锥大端靠近主轴，小端靠近尾座方向，小托板应逆时针方向转动；车削反外圆锥（又称倒锥）面，小托板应顺时针方向转动。

（4）用扳手将小托板下面转盘上的两个螺母松开并转动小托板，使小托板的基准零线与圆锥半角 $\alpha/2$ 的刻线对齐，然后锁紧转盘上的螺母。

（5）圆锥半角的校正。圆锥半角的校正有以下几种方法：

1）试车削试测量法。当圆锥半角 $\alpha/2$ 不是整数值时，其小数部分用目测的方法估计，大致对准后通过试车削逐步找正，转动小托板时，可以使小托板转角略大于圆锥半角 $\alpha/2$，但不能小于 $\alpha/2$,，转角偏小会使圆锥素线车长，而难以修正圆锥长度尺寸。转动小托板试车到加工长度为锥长的 1/2~2/3，根据经验摆动锥度量规或采用涂色法检测，多次调整小托板半锥角，多次试车，多次检验，直到调准为止。

2）百分表验锥度法。利用百分表也可直接在已车削外圆上找正。如图 1-5-3 所示，装上工件，车好外圆，松开小托板并转动小托板约 $\alpha/2$，锁紧小托板，根据工件锥度，计算出轴向移动的距离 L、下托板移动的距离 S、圆锥半角 α/2 与百分表的变化量 d 之间的关系（$\sin\alpha/2 = (D-d)/2L1$）。装好百分表，小托板和百分表刻度调零。用手转动小托板刻度盘手柄来移动刀架，小托板移动距离为 L1，百分表的刻度正好是（D-d)/2 时，说明锥度已找正，锁紧转盘，此种方法一般不需试切削，而且找正精度较高。但需要注意的是，用该方法找正时，不可超过百分表测量杆的行程，以免百分表损坏。

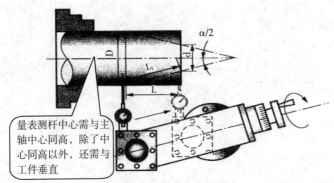

量表测杆中心需与主轴中心同高，除了中心同高以外，还需与工件垂直

图 1-5-3　百分表验锥度法

　　3）空对刀找正锥度法。装上工件，车好外圆。松开小托板并转动小托板 α/2，锁紧小托板，小托板刻度调零，移动中托板使 90°车刀刀尖接触 A 点（如图 1-5-4 所示），记住 A 点中托板的刻度，退中托板。移动小托板距离为 L1，此时为 B 点，再移动中托板对刀。若 B 点中托板的刻度与 A 点的中托板的刻度相差（D-d)/2，说明锥度已找正，锁紧转盘，此种方法一般不需试切削，找正精度不高。

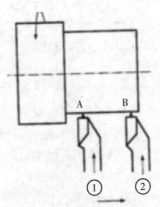

图 1-5-4　空对刀找正锥度法

（四）外圆锥的尺寸控制及测量方法

1. 外圆锥的尺寸控制方法

外圆锥的尺寸的控制方法是按圆锥大端直径（增加 1mm）和圆锥长度将圆锥部分先粗车成圆锥体。

（1）转动小托板圆锥半角 α/2。根据图纸计算出工件的圆锥半角并转动小托板。

（2）横向对刀。移动中、小托板，使车刀刀尖与轴右端外圆面轻轻接触，如图 1-5-5 所示。然后将小托板向后退出，中托板刻度调至零位，作为粗车外圆锥面的起始位置。

（3）按刻度移动中托板向前进给，并调整切削深度，启动机床，双手交替转动小托板手柄，手动进给速度应保持均匀一致，不能间断。当车至终端，将中托板退出，小托板快速后退复位。

（4）重复上一步的操作，调整切削深度，手动进给车削外圆锥面，并测量检验调整，直至加工完成。

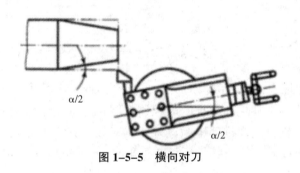

α/2

α/2

图 1-5-5 横向对刀

2. 外圆锥的测量检验方法

常用的外圆锥检测方法有游标万能角度尺、角度样板检测。对于精度较高的圆锥面，常用圆锥套规涂色法检验，其精度以接触面大小来评定。

（1）万能角度尺测量。用游标万能角度尺可测量 0°~320° 范围的任意角度。用游标万能角度尺测量圆锥角度时，应根据角度的大小不同，选择不同的测量方法。用万能角度尺测量，先将万能角度尺调整到需要测量的角度，然后，将基尺通过工件中心靠在端面上，刀口尺靠在圆锥面上，用透光法检测，如图 1-5-6 所示。

（2）角度样板检测。用角度样板透光法测量，常用于成批和大批量生产，以减少辅助时间。用角度样板检测快捷方便，但精度较低，且不能测得实际角度，如图 1-5-7 所示。

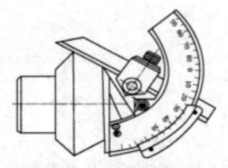

图1-5-6　万能角度尺检测

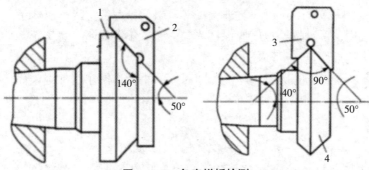

图1-5-7　角度样板检测

（3）圆锥套规涂色法检测。对于标准圆锥面或配合精度要求较高的圆锥工件，一般可以用圆锥套规和圆锥塞尺检测。圆锥套规用于检测外圆锥，圆锥塞尺用于检测内圆锥。用圆锥套锥检测外圆锥时，首先在工件表面顺着圆锥面上薄而均匀地涂上周向均等的三条显示剂（印油、红丹粉、机油的调和物等），如图1-5-8所示，然后手握圆锥套规轻轻地套在工件表面上，稍加轴向推力，并将圆锥套规转动半圈，如图1-5-9所示，最后取下圆锥套规，观察工件表面显示剂擦去的情况。若三条显示剂全长擦痕均匀，则表面圆锥接触良好，说明锥度正确，如图1-5-10所示。若小端擦去，大端没有擦去，说明圆锥角小了。若大端擦去，小端没有擦去，说明圆锥角大了。

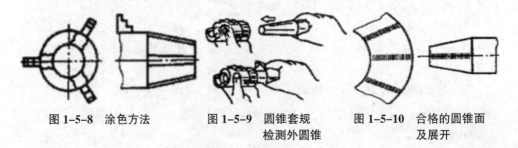

图1-5-8　涂色方法　　　　图1-5-9　圆锥套规　　　图1-5-10　合格的圆锥面
　　　　　　　　　　　　　　　　检测外圆锥　　　　　　　　及展开

3. 精车外圆锥

小托板转角调整好后，精车外圆锥面主要是提高工件的表面质量和控制外圆锥面的尺寸精度，因此，精车外圆锥面时，车刀必须锋利、耐磨，进给必须均匀、连续。其切削深度的控制方法有以下两种：

（1）先测量出工件小端端面至套规过端界的距离 a，如图 1-5-11 所示，用下式计算出切削深度 a_p：

$$a_p = a \tan\alpha/2 \text{ 或 } a_p = ac/2$$

然后移动中、小托板，使刀尖轻轻接触工件圆锥小端外圆表面后，退出小托板，中托板按 a_p 值进给切削，小托板手动进给精车外圆面至尺寸，如图 1-5-12 所示。

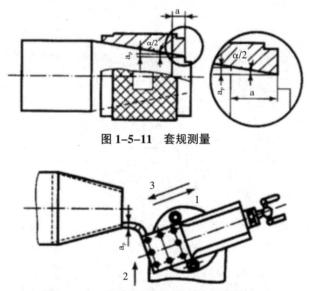

图 1-5-11　套规测量

图 1-5-12　移动中托板调整精车切削深度 a_p

（2）根据量出距离法控制 a，用移动床鞍的方法控制切削深度 a_p，使车刀刀尖轻轻接触工件圆锥小端外圆锥面，向后退出小托板使车刀沿轴向离开工件端面一个距离 a，调整前应先消除小托板丝杠间隙，如图 1-5-13 所示。然后移动床鞍使车刀与工件端面接触，如图 1-5-14 所示，此时，虽然没有移动中托板，但车刀已经切入工件一个所需的切削深度 a_p。

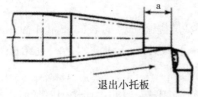

退出小托板

图 1-5-13　退出小托板距离 a

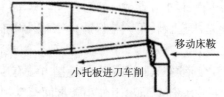

移动床鞍

小托板进刀车削

图 1-5-14　移动床鞍完成 a_p 调整

二、技能操作——外圆锥零件车削加工

外圆锥零件车削加工以图 1-5-15 为例进行说明。

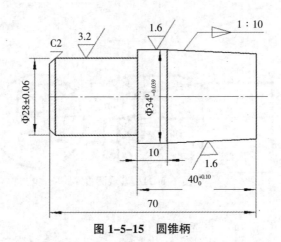

图 1-5-15　圆锥柄

（一）图样分析

圆锥柄零件（如图 1-5-15 所示），圆锥柄的台阶轴尺寸分别为 $\Phi 34^{0}_{-0.039}$ 和 $\Phi 28\pm 0.06$，尺寸精度较高，而且圆锥面一端的表面粗糙度为 Ra 1.6，因此需要粗加工和精加工，总长度尺寸为 70mm，保证自由公差，圆锥柄台阶长度尺寸为 $40^{+0.10}_{0}$ mm，加工时应注意台阶长度尺寸，台阶轴的一端为 $2\times 45°$ 倒角。加工时应先加工台阶轴，然后加工外圆锥。

（二）加工准备

加工图样的圆锥柄零件需要的工具、设备、材料：机床选择卧式车床 CD6140A；刀具：90°、45°硬质合金车刀、高速钢光刀，刀柄 25×25；夹具：三爪自定心卡盘；材料：45# 钢，$\Phi 40\times 75$；工具：卡盘扳手、刀架扳手；量具：游标卡尺、游标深度卡尺、钢板尺、千分尺、1:10 锥度套规。

（三）加工实施

加工过程如下：

1. 安装车刀

按照车刀的安装方法正确安装车刀。

2. 工件的安装

按照三爪卡盘定位装夹工件的方法，正确定位装夹工件。

3. 调整切削用量

合理选取并计算调整切削用量。

4. 车削加工步骤（如表 1-5-3 所示）

（1）一端粗基准定位装夹。粗车 Φ36 精基准端，长度 45mm。

（2）调头精基准定位装夹。车 Φ28±0.06 端面、外圆柱面、长度至尺寸，加工倒角。

（3）调头以加工好的 Φ28±0.06 一端定位装夹。车端面、外圆柱面至尺寸，粗、精加工外圆锥面。

表 1-5-3 车削圆锥柄零件工艺步骤

序号	工件加工面	工件定位、夹紧面	工件定位装夹	注意事项
1	粗车 Φ36，长度 45mm	Φ40 毛坯面		90°车刀粗车，留精加工余量
2	粗车 Φ28 台阶面端，加工端面、外圆面，留 1mm 加工余量	Φ36 圆柱面		45°偏刀粗车
3	精车 Φ28 台阶面、外圆、长度至尺寸，车削 2×45°倒角			90°偏刀精车 45°偏刀加工
4	精车 $\Phi34^{0}_{-0.039}$ 端面至长度尺寸 70，精车 $\Phi34^{0}_{-0.039}$ 至尺寸	Φ28±0.06 已加工台阶轴		90°偏刀、光刀精车
5	粗车圆锥端，小托板转动圆锥半角 2°51′44″			90°偏刀、光刀精车
6	精车圆锥端			光刀

（四）加工工艺卡片

圆锥柄零件车削加工工艺卡片如表 1-5-4 所示。

表 1-5-4　加工工艺卡片

工件名称：圆锥柄			图纸编号：图 1-5-15			
毛坯材料：45# 钢			毛坯尺寸：Φ40×75			
序号	内容	要求	n (r/min)	f (mm/r)	a_p (mm)	工夹量具
1	安装车刀	90°、45°高速钢车刀正确安装				刀架扳手
2	装夹工件	工件按工艺顺序正确定位装夹				卡盘扳手
3	切削用量	查表选切削用量	$v_c = 90\sim110$ (m/min)	$f = 0.4\sim0.5$ (mm/r)	a_p	
4	粗车 Φ36，长度 45mm		560	0.5	2	150mm 游标卡尺、钢板尺
5	粗车 Φ28 台阶面端，加工端面、外圆面，留 1mm 加工余量		560	0.5	2	150mm 游标卡尺、钢板尺
6	精车 Φ28±0.06 台阶面、外圆、长度至尺寸，车削 2×45°倒角		700	0.2~0.3	0.5	150mm 游标卡尺、钢板尺
7	精车 $\Phi34^0_{-0.039}$ 端面至长度尺寸 70mm，精车 $\Phi34^0_{-0.039}$ 至尺寸		700	0.2~0.3	2	千分尺、150mm 游标卡尺
8	粗车圆锥端，小托板转动圆锥半角 2° 51′44″		560	手动	2	150mm 游标卡尺、锥度套规
9	切削用量	查表选切削用量	$v_c = 15\sim25$ (m/min)	$f = 0.1\sim0.15$ (mm/r)	a_p	
10	精车圆锥端（光刀）		90	0.15	0.2	150mm 游标卡尺、锥度套规
11	清理整顿现场					

（五）检查评价

圆锥柄零件车削加工的评分标准如表 1-5-5 所示。

表 1-5-5　评分标准

班级：			姓名：	学号：	零件：圆锥柄	工时：	
项目	检测项目		赋分	评分标准	量具	扣分	得分
加工准备	工具、量具、刀具准备		5	准备不齐全不得分			
	工件定位、装夹正确		5	定位装夹不正确不得分			

项目	检测项目	赋分	评分标准	量具	扣分	得分
加工准备	切削用量选择及调整	5	选择不合理不得分			
尺寸精度	$\Phi 28\pm0.06$	10	每超 0.02 扣 2 分	游标卡尺		
	$\Phi 36^{0}_{-0.039}$	10	每超 0.02 扣 2 分	钢板尺		
	$40^{+0.10}_{0}$	10				
	10	5				
	70	5				
	锥度 1 : 10	15				
	$2\times45°$	5	每超 0.02 扣 2 分	钢板尺		
表面粗糙度	表面 Ra 3.2、Ra 1.6	5	表面没达到粗糙度要求不得分	表面粗糙度对比样块		
量具使用	正确使用量具	5	使用不规范不得分			
操作规范	操作过程规范	5	不按安全操作规程操作不得分			
安全文明	文明生产	5	着装、工作纪律			
	安全操作	5	有安全问题不得分			
累计						
监考员		检查员		总分		

任务二 内锥孔零件的车削加工

任务要求
掌握转动小托板车削圆锥孔的方法步骤
掌握车削内外配合圆锥方法
圆锥孔的检测方法
能够熟练掌握加工圆锥孔类零件

一、相关理论知识

（一）转动小托板车内圆锥面

车削内圆锥面比车削外圆锥面困难，因为车削时车刀在孔内切削不易观察和测量，为了便于观察和测量，装夹工件时应使锥孔大端直径的位置在外端，小端直径的位置则靠近车床主轴。

1. 车削方法

（1）钻孔。车削内锥孔前，应先车平工件端面，然后钻中心孔，选择比锥孔小端直径小 1~2mm 的麻花钻头钻孔。

（2）锥孔车刀的选择与装夹。锥孔车刀刀柄尺寸受锥柄小端尺寸的限制，为增大刀柄刚度，宜选用圆锥形刀柄，且刀尖应与刀柄中心对称平面等高，车刀装夹时，应使刀尖严格对准工件回转中心。刀柄伸出长度应保证其切削行程，刀柄与工件锥孔间应留有一定空隙。车刀装好后应在停车状态，全程检查是否产生碰撞。

车刀对中心的方法与车端面时对中心方法相同，在工件端面有预制孔时，可采用以下方法对中心：先初步调整车刀高低位置并夹紧，然后移动床鞍中托板使车刀与工件端面轻轻接触，摇动中托板使车刀刀尖在工件端面上轻轻划出一条刻线 AB，如图 1-5-16a 所示。将卡盘扳转 180° 左右，使刀尖再划出一条刻线 CD，若刻线 CD 与 AB 重合，说明刀尖对准工件回转中心，若 CD 在 AB 下方，如图 1-5-16b 所示，说明车刀装低了，若 CD 在 AB 上方，如图 1-5-16c 所示，说明车刀装高了。此时，可根据 BC 间距离的 1/2 左右增减车刀垫片，使刀尖对准工件回转中心。

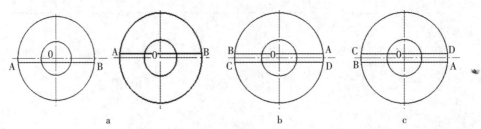

图 1-5-16 车刀对工件回转中心方法

（3）转动小托板车内圆锥面。转动小托板的方法与车削外圆锥面时相同，只是方向相反，应顺时针方向偏转 α/2 角。车削前也必须调整好小托板导轨镶条的配合间隙，并确定小托板的行程。当粗车到圆锥塞规能塞进孔的 1/2 长度时，应检查和校正锥面，然后粗、精车内圆锥面至尺寸要求，如图 1-5-17 所示。

精车内圆锥面控制尺寸的方法与精车外圆锥面控制尺寸的方法相同，也可以采用计算法或移动床鞍法确定切削深度 a_p，如图 1-5-18 和图 1-5-19 所示。

2. 切削用量的选择

（1）粗车进给量、切削速度应比车外圆锥面时低 10%~20%，精车时采用低速精车。

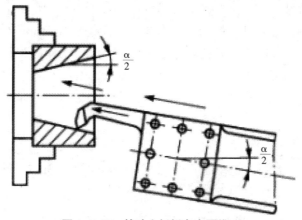

图 1-5-17 转动小托板车内圆锥面

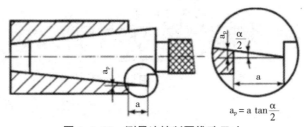

图 1-5-18 测量法控制圆锥孔尺寸

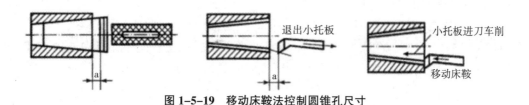

图 1-5-19 移动床鞍法控制圆锥孔尺寸

（2）手动进给应始终保持均匀，不能出现停顿或快慢不均匀现象，最后一刀的精车切削深度 a_p 一般为 0.1~0.2mm。

（3）精车钢件时，加注切削液，以减小表面粗糙度值，提高表面质量。

（二）车削内外配合圆锥的方法

内外配合圆锥是先将外圆锥车好，不变动小托板角度，通过车刀反装法或车刀正装法车削内圆锥面。

1. 车刀反装法

将锥孔车刀反装，使车刀前刀面向下，刀尖应对准工件的回转中心，车床主轴仍正转，然后车内圆锥面，如图 1-5-20 所示。

2. 车刀正装法

使用一把与一般内孔车刀弯头方向相反的锥孔车刀，如图 1-5-21 所示。车刀正装使车刀前刀面向上，刀尖对准工件回转中心。车床主轴反向旋转，然后车削内圆锥孔。车刀相对工件的切削位置与车刀反装法的切削位置相同。

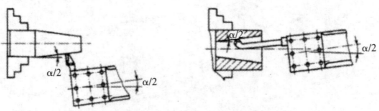

图 1-5-20　车刀反装车配套内圆锥面

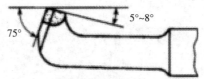

图 1-5-21　弯头方向相反的锥孔车刀

（三）圆锥孔的检查

1. 用游标卡尺测量锥孔直径

2. 用锥度塞规涂色检查接触面积，并控制尺寸

当圆锥的尺寸合格时，圆锥端面应处于锥度塞规的台阶内或两条刻线之间，如图 1-5-22 所示。在测内锥时，如果两条刻线都进入工件孔内，则说明内圆锥太大；如果两条刻线都在工件孔外，则说明内圆锥太小；只有第一条线进入，第二条线未进入，内圆锥的尺寸才是合格的。

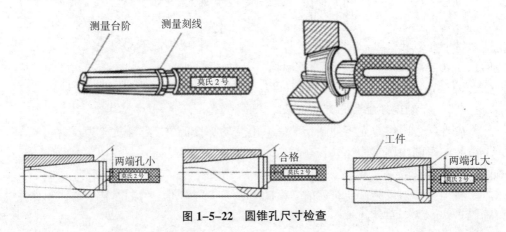

图 1-5-22　圆锥孔尺寸检查

二、技能操作——锥孔零件车削加工

锥孔零件车削加工以图 1-5-23 为例进行说明。

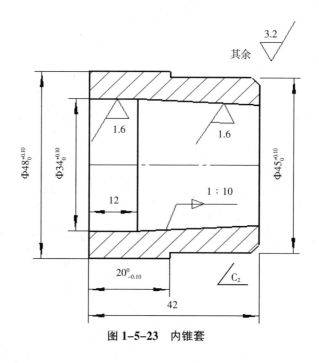

图 1-5-23 内锥套

（一）图样分析

内锥套零件（如图 1-5-23 所示），外台阶的两端尺寸分别为 $\Phi45_0^{+0.10}$ 和 $\Phi48_0^{+0.10}$，尺寸精度不高，但表面粗糙度为 Ra 3.2，因此需要粗加工和精加工，总长度尺寸为 42mm，保证自由公差，台阶长度尺寸 $20_{-0.10}^0$ mm，加工时应注意台阶长度尺寸，台阶轴的一端为 $2\times45°$ 倒角；内锥孔的大端尺寸为 $\Phi34_0^{+0.10}$，内锥孔的表面粗糙度为 Ra1.6，需粗、精车削加工。

（二）加工准备

加工图样的锥孔零件需要的工具、设备、材料：机床选择卧式车床CD6140A；刀具：90°、45°硬质合金车刀、内孔车刀、内孔光刀，刀柄大小 25×25，中心钻，$\Phi28$ 钻头；夹具：三爪自定心卡盘；材料：45# 钢，$\Phi50\times45$；工具：卡盘扳手、刀架扳手；量具：游标卡尺、游标深度卡尺、钢板尺、1：10 锥度塞规。

（三）加工实施

加工过程如下：

1. 安装车刀

按照车刀的安装方法正确安装车刀。

2. 工件的安装

按照三爪卡盘定位装夹工件的方法，正确定位装夹工件。

3. 调整切削用量

合理选取并计算调整切削用量。

4. 车削加工步骤（如表1-5-6所示）

（1）一端粗基准定位装夹。粗、精车 $\Phi45_0^{+0.10}$，加工倒角 2×45°。

（2）调头精基准 $\Phi45_0^{+0.10}$ 定位装夹。粗、精车 $\Phi48_0^{+0.10}$，长度 $20_{-0.10}^{0}$ mm；钻内孔，粗、精车内圆柱孔；粗、精车内锥孔。

表1-5-6　车削内锥套工艺步骤

序号	工件加工面	工件定位、夹紧面	工件定位装夹	注意事项
1	粗车 $\Phi45_0^{+0.10}$，留精加工余量	$\Phi50$ 毛坯面		45°车刀注意对中心，车端面、外圆，留精加工余量
2	精车 $\Phi45_0^{+0.10}$，长度尺寸 22mm，倒角			90°偏刀精车 45°车刀倒角
3	粗车 $\Phi48_0^{+0.10}$ 长度 21	$\Phi45_0^{+0.10}$ 圆柱面		45°偏刀加工端面 90°偏刀粗车圆柱面
4	精车 $\Phi48_0^{+0.10}$ 长度 $20_{-0.10}^{0}$ mm			90°偏刀加工
5	钻中心孔，钻内孔 $\Phi28$			90°偏刀精车
6	粗车内圆柱孔 $\Phi34_0^{+0.10}$，留精加工余量			内孔车刀
7	精车内圆柱孔 $\Phi34_0^{+0.10}$，长度 12mm			内孔光刀

续表

序号	工件加工面	工件定位、夹紧面	工件定位装夹	注意事项
8	粗车内锥孔			内孔车刀
9	精车内锥孔			内孔光刀

（四）加工工艺卡片

内锥套零件车削加工工艺卡片如表 1-5-7 所示。

表 1-5-7 加工工艺卡片

工件名称：内锥套			图纸编号：图 1-5-23			
毛坯材料：45# 钢			毛坯尺寸：Φ50×45			
序号	内容	要求	n (r/min)	f (mm/r)	a_p (mm)	工夹量具
1	安装车刀	90°、45°高速钢车刀、内孔车刀正确安装				刀架扳手
2	装夹工件	工件按工艺顺序正确定位装夹				卡盘扳手
3	切削用量	查表选切削用量	v_c = 90~110 (m/min)	f = 0.4~0.5 (mm/r)	a_p	
4	粗车 $\Phi45_0^{+0.10}$，留精加工余量		560	0.5	2	150mm 游标卡尺、钢板尺
5	精车 $\Phi45_0^{+0.10}$，长度尺寸 22mm，倒角		700	0.4	0.5	150mm 游标卡尺
6	粗车 $\Phi48_0^{+0.10}$ 长度21mm，留精加工余量		560	0.5	2	150mm 游标卡尺、钢板尺
7	精车 $\Phi48_0^{+0.10}$ 长度 $20_{-0.10}^0$ mm		700	0.4	0.5	150mm 游标卡尺
8	钻中心孔，钻内孔 Φ28		220	0.3	14	
9	粗车内圆柱孔 $\Phi34_0^{+0.10}$，留精加工余量		450	0.4	2	150mm 游标卡尺
10	精车内圆柱孔 $\Phi34_0^{+0.10}$，长度 12mm（光刀）		90	0.2	0.5	150mm 游标卡尺
11	粗车内锥孔		450	0.4	1	塞规
12	精车内锥孔（光刀）		90	0.2	0.5	塞规
13	清理整顿现场					

（五）检查评价

内锥套零件车削加工的评分标准如表 1-5-8 所示。

表 1-5-8　评分标准

班级：		姓名：		学号：	零件：内锥套	工时：	
项目	检测项目	赋分	评分标准	量具	扣分	得分	
加工准备	工具、量具、刀具准备	5	准备不齐全不得分				
	工件定位、装夹正确	5	定位装夹不正确不得分				
	切削用量选择及调整	5	选择不合理不得分				
尺寸精度	$\Phi45_0^{+0.10}$	5	每超 0.02 扣 2 分	游标卡尺			
	$\Phi48_0^{+0.10}$	5	每超 0.02 扣 2 分	游标卡尺			
	$\Phi34_0^{+0.10}$	5	每超 0.02 扣 2 分	游标卡尺			
	锥度 1：10	20	接触面积低于 50% 不得分	塞规			
	12	5		游标卡尺			
	42	5		游标卡尺			
	$20_{-0.10}^{0}$	10	每超 0.02 扣 2 分	游标卡尺			
	$2 \times 45°$	5					
表面粗糙度	表面 Ra1.6、Ra3.2	5	表面没达到粗糙度要求不得分	表面粗糙度对比样块			
量具使用	正确使用量具	5	使用不规范不得分				
操作规范	操作过程规范	5	不按安全操作规程操作不得分				
安全文明	文明生产	5	着装、工作纪律				
	安全操作	5	有安全问题不得分				
累计							
监考员		检查员			总分		

项目六　螺纹类零件的车削加工

任务一　螺纹基础知识及三角螺纹的车削加工

> **任务要求**
>
> 掌握螺纹的形成原理，螺纹的种类
>
> 掌握螺纹的尺寸计算，螺纹的测量检验方法
>
> 掌握三角螺纹车刀特点及选用，掌握三角螺纹车削加工方法
>
> 会使用量具检验三角螺纹尺寸，会分析误差产生原因

一、相关理论知识

（一）螺纹的基础知识

螺纹在各种机器中应用非常广泛，如车床方刀架上用四个螺钉实现对刀架的装夹，在车床丝杠与开合螺母之间利用螺柱进行动力传递。螺纹的加工方法有多种，在一般的机械加工中，通常采用车螺纹的方法加工。螺纹的种类很多，其中普通螺纹是我国应用最广泛的一种螺纹。

1. 螺纹的形成

螺旋线的形成原理如图 1-6-1 所示。直角三角形 ABC 围绕圆柱的直径 d_2 旋转一周，斜边 AC 在圆柱表面上所形成的曲线，就是螺旋线。

各种螺纹都是根据螺旋线原理加工而成的。当工件旋转时，车刀沿工件轴线方向作等速移动即可形成螺旋线，经多次进给后便成为螺纹。所以螺纹就是在内、外圆柱（或圆锥）表面上，沿螺旋线所形成的具有相同剖面的连续凸起和沟槽。由于车刀切削刃形状不同，在工件表面切掉部分的截面形状也不同，因而可得到各种不同的螺纹。

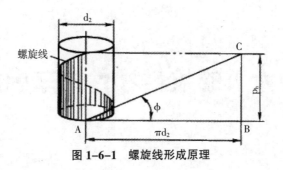

图 1-6-1 螺旋线形成原理

2.普通螺纹的主要参数

普通螺纹和其他螺纹除牙型不同外，其他要素定义大致相同，因此主要以普通螺纹说明螺纹要素，这对其他螺纹也适用。普通螺纹的各部分名称如表 1-6-1 所示。

表 1-6-1　螺纹的主要参数

名称	代号		定义	图示
	外螺纹	内螺纹		
牙型角	α		在螺纹牙型上，两相邻牙侧间的夹角。普通三角螺纹 α = 60°	
牙型高度	h₁		在螺纹牙型上，牙顶到牙底在垂直于螺纹轴线方向上的距离	
大径	d	D	与外螺纹牙顶或内螺纹牙底相重合的假想圆柱面的直径，一般为螺纹的公称直径	
中径	d₂	D₂	一个假想圆柱体的直径，该圆柱的母线上牙型沟槽和凸起宽度相等	
小径	d₁	D₁	与外螺纹牙底或内螺纹牙顶相重合的假想圆柱面的直径	
线数	n		螺纹的螺旋线数目，一条螺旋线称单线，两条以上称多线	
螺距	P		相邻两牙在中径线上对应两点间的轴向距离	
导程	Pₕ		在同一条螺旋线上的相邻两牙在中径线上对应两点之间的轴向距离，即 $P_h = nP$	
螺纹升角	Ψ		在中径圆柱或中径圆锥上，螺旋线的切线与垂直于螺纹轴线的平面间的夹角，即 $\tan\Psi = P/\pi d_2$	

3.螺纹的分类

（1）按螺纹截面形状，螺纹可分为三角形螺纹、梯形螺纹、矩形螺纹、锯齿形螺纹等。

（2）按用途不同，螺纹可分为紧固螺纹、管螺纹、传动螺纹和专门用途螺纹等。

（3）按螺旋线绕行方向，螺纹可分为右旋螺纹和左旋螺纹。顺时针旋入的螺纹称为右旋螺纹，逆时针旋入的螺纹称为左旋螺纹。判定螺纹旋向的方法是：将外螺纹轴线铅垂放置，观察螺纹的可见部分，左低右高者为右旋螺纹，右低左高者为左旋螺纹，如图 1-6-2 所示。

（4）按螺旋线的数目，螺纹分为单线螺纹和多线螺纹。单线螺纹一般用于连接，多线螺纹多用于传动。如图 1-6-3 所示。

（5）按形成螺纹的母体形状不同，螺纹分为圆柱螺纹和圆锥螺纹。

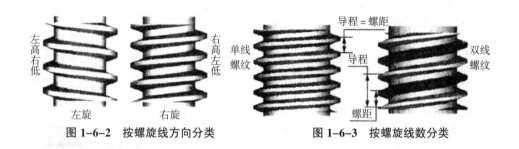

图 1-6-2　按螺旋线方向分类　　　　图 1-6-3　按螺旋线数分类

4. 螺纹基本尺寸计算

普通螺纹牙型和尺寸计算如图 1-6-4 和表 1-6-2 所示。

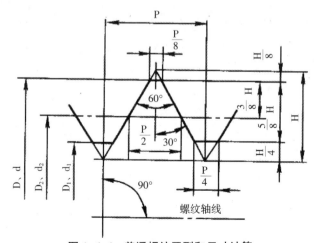

图 1-6-4　普通螺纹牙型和尺寸计算

表 1-6-2 普通螺纹的尺寸计算

名称		代号	计算公式
外螺纹	牙型角	α	60°
	原始三角形高度	H	H = 0.886P
	牙型高度	h	h = 5/8H = 5/8 × 0.886P = 0.5413P
	中径	d_2	$d_2 = d - 2 \times (3/8)H = d - 0.6495P$
	小径	d_1	$d_1 = d - 2h = d - 1.0825P$
内螺纹	中径	D_2	$D_2 = d_2$
	小径	D_1	$D_1 = d_1$
	大径	D	D = d = 公称直径

5. 普通螺纹的标记

普通螺纹标记的规定格式如下：

螺纹特征代号　公称直径×螺距　旋向—中径公差带　顶径公差带—螺纹旋合长度

普通螺纹代号为 M。粗牙普通螺纹不标注螺距，细牙普通螺纹标注螺距。螺纹有左旋和右旋之分，左旋螺纹以"LH"表示，右旋螺纹不标注旋向。

公差带代号由中径公差带和顶径公差带（对外螺纹指大径公差带、对内螺纹指小径公差带）组成。大写字母代表内螺纹，小写字母代表外螺纹。若两组公差带相同，则只写一组。

旋合长度分为短（S）、中等（N）、长（L）三种旋合长度。采用中等旋合长度时，"N"可省略不注。

例如：螺纹标记 M16 × 1LH—5g6g—S

含义：公称直径（即大径）为 16mm、螺距为 1mm、左旋、中径公差带为 5g、顶径公差带为 6g、短旋合长度的细牙普通外螺纹。

例如：螺纹标记 M16—6H

含义：公称直径（即大径）为 16mm、右旋、中径公差带和顶径公差带均为 6H、中等旋合长度的粗牙普通内螺纹。

6. 螺纹的测量检验方法

标准螺纹应具有互换性，特别是螺距、中径尺寸要严格控制，否则螺纹副无法配合。应根据不同的质量要求和生产批量的大小，相应地选择不同的三角螺纹的测量方法，常用的测量方法有单项测量法和综合测量法。

（1）单项测量法。单项测量法是选择合适的量具来测量螺纹的某一项参数的精度。常见的有测量螺纹的大径、螺距、中径。

1）大径的测量。螺纹的大径公差值一般较大，所以采用游标卡尺测量。

2）螺距的测量。在车削螺纹螺旋线第一刀时，就要检测螺距是否正确。可以用钢直尺或游标卡尺同时测量几个螺距后取平均值。螺纹车削完成后可以用螺距规检测螺距大小，检测时，应将螺距规沿着工件轴线的平面方向嵌入牙槽中，如螺距规与牙槽能完全吻合，则说明被测螺距是正确的（如图1-6-5所示）。

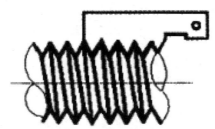

图1-6-5　用螺距规检测螺距

3）中径的测量。三角螺纹的中径可用螺纹千分尺测量。它的结构与外径千分尺基本相同，只是它的两个测量头不是平的，而是与螺纹牙型相吻合的一个圆锥体（和牙谷配合）和一个凹槽（和牙尖配合）。一把螺纹千分尺可根据牙型角（公制为60°，英制为55°）的不同和螺距的大小而配备一套大小不同的测量头。测量各种不同的螺纹，只需选用合适的测量头装上即可。测量时，应先校对零点，然后把两个触头卡在螺纹的牙型上，所测得的百分尺的读数便是该螺纹中径的实际尺寸（如图1-6-6所示）。

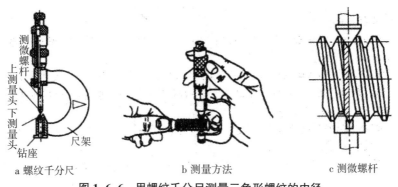

测微螺杆
上测量头
下测量头
钻座
尺架

a　螺纹千分尺　　　　　b　测量方法　　　　　c　测微螺杆

图1-6-6　用螺纹千分尺测量三角形螺纹的中径

（2）综合测量法。综合测量法就是采用螺纹量规对螺纹各部分主要尺寸同时进行综合检验的一种测量方法。螺纹量规分套规和塞规两种。如图1-6-7a所示的螺纹套规是检验外螺纹的；图1-6-7b所示的螺纹塞规是检验内螺纹的。

螺纹量规是一种综合性的检验量具，测量方便、准确。它由通规和卡规组

a 螺纹套规　　　　　　　　　　b 螺纹塞规

图 1-6-7　螺纹量规

成一副，共同使用。一个螺纹工件只有当通规通过了，而卡规不能通过时，才表示这个工件合格；如果通规不能通过，或卡规通过了，这两种情况都表示工件不合格。

在使用螺纹量规时，不能开动车床测量，拧试时不得用力过大，更不能用扳手等工具硬拧，以免损坏量规。测量时应注意工件的热胀冷缩，避免产生测量误差。

（3）三针测量。三针测量是测量外螺纹的一种比较精密的方法，它不仅可以精确地测量外螺纹的实际中径，而且还可以测量螺纹在整段长度上的实际中径变化。

测量时，根据不同的牙型角和螺距的大小，选用三根直径相等的钢针，放在要测量的螺纹工件两面对应的螺旋槽内。用外径千分尺测出钢针之间的距离 M，根据 M 值可以计算出螺纹中径的实际尺寸（如图 1-6-8 所示）。

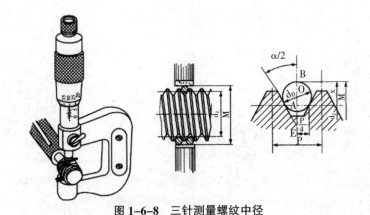

图 1-6-8　三针测量螺纹中径

三针测量不仅用于测量三角形螺纹，而且还可广泛用来测量一些精度要求比较高的梯形螺纹和蜗杆等。

（二）三角螺纹的特点、刀具的种类及选用

1. 三角螺纹的特点及应用

三角螺纹是连接螺纹的基本形式，其牙型基本呈三角形，又被称为普通螺纹，牙型角60°。普通螺纹按螺纹分为粗牙和细牙两种，细牙普通螺纹比同一公称直径的粗牙螺纹强度更高，自锁性能较好。

普通螺纹应用广泛，一般连接多用粗牙。细牙用于薄壁零件或受变载、振动及冲击载荷的连接，还可用于微调机构的调整。

2. 普通螺纹车刀的种类及其选用

（1）种类。普通螺纹车刀按用途分为普通内螺纹车刀（如图1-6-11所示）和普通外螺纹车刀（如图1-6-9和图1-6-10所示）；按车刀材料分为高速钢螺纹车刀和硬质合金螺纹车刀。

（2）选用。低速车削螺纹时，应选用高速钢车刀，如图1-6-9所示。因为高速钢螺纹车刀容易磨得锋利，而且韧性较好，刀尖不易崩裂，车出的螺纹表面粗糙度值较小。但高速钢的耐热性较差。高速车削螺纹时，用硬质合金刀，如图1-6-10所示。因为硬质合金螺纹车刀的硬度高，耐热性好，但韧性较差。如果工件材料是有色金属、铸钢或橡胶，可选用高速钢或K类硬质合金；如果工件材料是钢料，则选用P类或M类硬质合金。

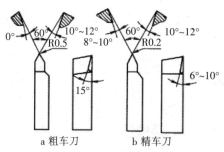

图1-6-9 高速钢普通外螺纹车刀

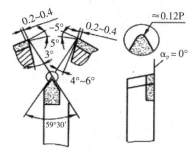

图1-6-10 硬质合金普通外螺纹车刀

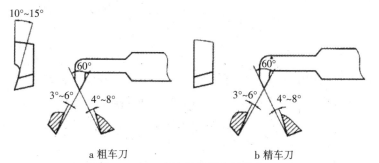

a 粗车刀　　　　b 精车刀

图1-6-11 高速钢普通内螺纹车刀

3. 普通螺纹车刀的几何角度

（1）车刀的刀尖角。刀尖角应该等于牙型角，普通螺纹车刀刀尖角为 60°。

（2）车刀的径向前角。普通螺纹车刀的径向前角一般为 0~15°，这样可使切削顺利并减小加工后工件的表面粗糙度值。但普通螺纹车刀的径向前角会使加工出的螺纹牙型角产生误差（< 60°），这种误差对一般要求不高的螺纹可以忽略不计，而对于精度要求高的螺纹，此误差的影响不能忽略，刃磨时需对刀尖角进行修正。所以精车时或车精度要求高的螺纹时，径向前角应取得小些，约 0~5°时，才能达到较好的效果。

（3）车刀的后角。车刀两侧的工作后角一般为 3°~5°。因受螺纹升角的影响，进给方向一侧的刃磨后角应等于工作后角加上螺纹升角，另一侧的刃磨后角应等于工作后角减去螺纹升角。普通螺纹升角一般比较小，影响也较小。

（4）车刀的刀尖圆弧半径，粗车时一般为 0.5mm，精车时一般为 0.2mm。

4. 普通外螺纹车刀的刃磨

（1）粗磨两主后刀面，初步形成刀尖角。先磨进给方向侧切削刃，再磨背离进给方向的切削刃，磨后需用样板检查牙型角，如图 1-6-12 所示。

（2）粗磨前刀面。

（3）精磨前刀面，形成径向前角。

（4）精磨两主后刀面，用螺纹对刀样板控制刀尖角。

（5）修磨刀尖，形成宽度约为 0.1P（P 为螺距）的刀尖倒棱。

（6）研磨切削刃处前刀面和刀尖圆弧，确保刃口锋利。

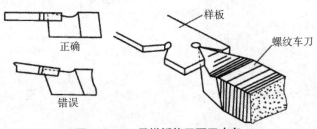

图 1-6-12　用样板修正两刃夹角

5. 普通内螺纹车刀的刃磨

内螺纹车刀的刃磨方法和外螺纹车刀基本相同。但是刃磨刀尖时要注意它的平分线必须与刀杆垂直，否则车内螺纹时会出现刀杆碰伤内孔的现象，刀尖宽度应符合要求，一般等于 0.1P（P 为螺距）。如图 1-6-13 所示。

6. 螺纹车刀的检查

刀具在刃磨过程中可通过目测法观察其角度是否符合要求，刀刃是否锋利，

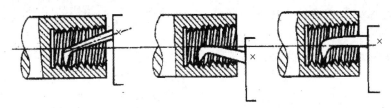

图 1-6-13　内螺纹车刀刀尖平分线不垂直刀杆时对加工的影响

表面是否有裂痕或其他不符合要求的缺陷。对角度要求高的车刀，通常采用角度尺或样板进行测量。根据车刀两切削刃与对刀样板的贴合情况反复修正，直到符合要求为止。

　　修正后的刀尖角，其测量比较麻烦，较简便的方法是用一块较厚的螺纹样板进行测量。测量时，样板应与车刀基面平行放置，再用透光法检查，如图 1-6-12 所示。

　　7. 车削普通外螺纹的加工方法及步骤

　　普通外螺纹的车削方法有低速车削和高速车削两种。

　　（1）低速车削普通外螺纹的方法。低速车削普通外螺纹的进刀法有直进法、斜进法和左右切削法三种，这三种进刀方式特点及场合如表 1-6-3 所示。

表 1-6-3　低速车削普通外螺纹的进刀法

进刀方式	方法	特点	应用场合	图示
直进法	操作中滑板上的手柄，使车刀直接横向进刀	车刀的双面切削刃同时参与切削，切削力较大，容易产生扎刀现象，允许的切削深度很小	适用于车削螺距小的螺纹（P < 2.5mm）	
斜进法	除中滑板横向进刀外，还用小滑板向一个方向作微量进刀	车刀只有一个刀刃参与加工，使排屑容易，切削省力，切削深度可以大一些	适用于车削螺距较大的螺纹（P > 2.5mm）的粗车	
左右切削法	在横向进刀的同时，操作小滑板，使其在纵向向左或向右微量进刀，多次重复进行	加工特点与斜进法相似，操作相对比较复杂	适用于车削螺距较大的螺纹（P > 2.5mm）的粗车、精车	

　　（2）低速车削普通外螺纹的步骤。低速车削普通外螺纹的步骤如下：

　　1）车削螺纹前要检查搭配挂轮的间隙是否适当。把主轴变速手柄放在空挡位置，用手旋转主轴（正、反），是否有过重或空转量过大的现象。

2）由于初学车螺纹，操作不熟练，一般宜采用较低的切削速度，并特别注意在练习操作过程中思想要集中。

3）在车螺纹之前，先进行退刀和开合螺母的起、合动作练习。

4）车螺纹时，开合螺母必须闸到位，如感到未闸好，应即起闸，重新进行。

5）第一刀车削螺纹时吃刀要少，应先检查螺距是否正确。

6）车削铸铁螺纹时，吃刀深度不宜过大，否则会使螺纹牙尖爆裂，成为废品。在最后几刀精车时，可用光刀方法把螺纹车光。

7）车削无退刀槽的螺纹时，特别注意螺纹的收尾最好在 1/2 圈左右。要达到这个要求，必须先退刀，后起开合螺母。且每次退刀要均匀一致，否则会撞掉刀尖。

8）车削螺纹，应始终保持刀刃锋利。如中途换刀或磨刀后，必须对刀，以防破牙，并重新调整拖板刻度。

9）粗车螺纹时，要留适当的精车余量。

10）车削时应防止螺纹小径不清、侧面不光、轮廓线不直等不良现象出现。

使用套规检查时，不能用力过大或用扳手硬拧，以免套规严重磨损或使工件走动。更不能在开动机床时，使用套规检查。

（3）高速车削普通外螺纹的步骤。用硬质合金刀调整车削普通外螺纹时，切削速度比低速车削螺纹提高 15~20 倍，而且车削次数可减少 2/3 以上，如低速切削 $P = 2mm$ 的中碳钢材料的螺纹时，一般需要进刀 12 次左右；而高速车削仅需 3~4 次，因此可大大提高生产率，在工厂中已被广泛采用。

1）高速切削螺纹前，要先作空刀练习，转速可以逐步加快，有一个适应过程。

2）高速切削螺纹时，由于工件材料受车刀挤压使外径胀大，因此，工件外径应比螺纹大径的公称尺寸小 0.2~0.4mm。

3）高速切削时切削力较大，必须将工件夹紧，同时小拖板应紧一些好，否则容易走动造成破牙。

4）控制螺纹牙深高度，车刀作垂直移动切入工件，由横向进给手柄刻度盘来控制吃刀深度，经几次吃刀切至螺纹牙深高度为止。几次吃刀深度的总和应比 0.54P（P 为螺距）大 0.05~0.1mm。

5）高速切削螺纹时，为了防止闷车，可稍放松主轴轴承，使它与主轴之间的间隙增大，并收紧摩擦片。

6）发现刀尖处有刀瘤，要及时清除。

7）用螺纹套规检查前，应修去牙顶毛刺。

8）高速切削螺纹时切屑流出很快，而且多数是整条锋利的带状切屑，不能用手去拉，应停车后及时清除。

9）一旦刀尖扎入工件引起崩刃或螺纹侧面有伤痕时，应停止高速切削，清除嵌入工件的硬质合金碎粒。然后用高速钢螺纹车刀低速修整有伤痕的侧面。

10）因高速切削螺纹时操作比较紧张，加工时必须思想集中，胆大心细，眼准手快。特别是进刀时，要注意中拖板不要多摇一圈。否则容易造成刀尖崩刃，工件顶弯或工件飞出等事故。

8. 车削普通内螺纹的加工方法及步骤

（1）车通孔内螺纹的步骤。车通孔内螺纹的步骤如下：

1）内螺纹车刀的两刀刃要刃磨平直，否则会使车出的螺纹牙型侧面相应不直，影响螺纹精度。

2）车刀的刀头宽度不能太窄，否则虽然螺纹已车到规定深度，但牙槽宽尚未达到要求尺寸。

3）由于车刀刃磨不正确或由于装刀歪斜，会出现车出的内螺纹一面正好用塞规拧进，另一面则拧不进或配合过松现象。

4）车刀刀尖一定要对准工件中心，不能偏高或偏低，如果车刀装得高，它的后角就增大，前角会减小，这时车刀的刀刃不是在切削，而是在刮削，引起振动，使工件表面产生鱼鳞斑现象。如果车刀装得低，它的后角减小，刀头下部就会与工件发生摩擦，车刀吃不进去。

5）内螺纹车刀刀杆不能选择得太细，否则，由于切削力的作用，引起震颤和变形，出现扎刀、啃刀、让刀和发出不正常声音及振纹等现象。

6）装刀时，要用角度样板对准，以防牙型不正。

7）小拖板宜调整得紧一些，以防车刀走动乱扣。

8）中途换刀或磨刀后，必须对刀，以防破牙。

9）车内螺纹目测困难，要仔细观察排屑情况，判断车削是否正常。

10）进刀量不宜过多，以防精车时没有余量。

11）车削内螺纹时，如发现车刀有碰撞现象，应及时对刀，以防车刀走动而损坏牙型。

12）当车削的内螺纹要与已车好的外螺纹配合时，要求螺纹能全部拧进，感觉松紧适当。

13）车削内螺纹过程中，当工件旋转时，不可用手摸，更不可用棉纱去擦，以防造成事故。

（2）车盲孔或台阶孔的内螺纹。车盲孔或台阶孔的内螺纹步骤如下：

1）车退刀槽，它的直径应大于内螺纹大径，槽宽为2~3个螺距，并与台阶平面切平。

2）选择盲孔车刀。

3）根据螺纹长度加上 1/2 槽宽，作为螺纹刀进刀长度，如图 1-6-14 所示。

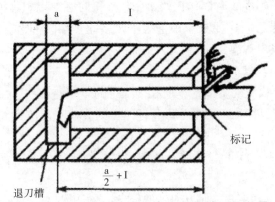

图 1-6-14 车盲孔或台阶孔内螺纹时刀杆退刀位置

4）车削前，手动运行车刀到刀长度，保证刀尖在槽中退刀，而不发生干涉。

9. 车削左旋螺纹的方法

加工左旋螺纹时，车刀是从主轴箱向尾座方向进给进行螺纹车削。在刃磨左旋螺纹车刀时，其角度与右旋螺纹车刀相同，只是右侧切削刃后角（进给方向）应稍大于左侧切削刃后角，大螺距应加上螺纹升角。车削左旋螺纹时应变换丝杠进给方向，车刀应由退刀槽处进行横向进给，向车床尾座方向进行车削。

（三）三角螺纹的车削加工

1. 车削螺纹零件的加工准备

（1）螺纹大径一般应车的比基本尺寸小 0.2~0.4mm（约 0.1P），保证车好螺纹后牙顶处有 0.125P 的宽度（P 是工件的螺距）。

（2）外圆端面处倒角小于螺纹小径。

（3）有退刀槽的螺纹，应先切退刀槽，槽底直径应小于螺纹底径，槽宽应为 5~6mm。

（4）车脆性材料时，螺纹车削前的外圆表面，其表面粗糙度值要小，以免在车削螺纹时，牙顶发生崩裂。车铸铁件时，车刀一般选用 YG6 或 YG8 硬质合金螺纹车刀。

2. 螺纹车刀的装夹

（1）装夹车刀时，刀尖位置一般应对准工件中心。

（2）车刀刀尖角的对称中心必须与工件轴线垂直，装刀时可用样板来对刀，如把车刀装歪，就会产生牙型歪斜。

（3）刀头伸出不要过长，一般为 20~25mm（约为刀杆厚度的 1.5 倍）。

3．切削用量的选择

（1）车削普通外螺纹时切削用量的选择原则。切削用量的选择原则如下：

1）工件材料。加工塑性金属，切削用量应相应增大；加工脆性金属，切削用量应相应减小。

2）加工性质。粗车螺纹时，切削用量可选得较大；精车时切削用量应选得小些。

3）螺纹车刀的刚度。车外螺纹时，切削用量可选得较大；车内螺纹时，由于刀柄刚度低，切削用量应选小些。

4）进刀方式。采用直进法车削时，切削用量可选得小些；采用斜进法和左右切削法车削时，切削用量可选得大些。

（2）车削普通外螺纹时切削用量的值。切削用量的推荐值如下：

1）车削普通外螺纹时切削用量的推荐值，如表 1-6-4 所示。

表 1-6-4　车削普通外螺时切削用量

工件材料	刀具材料	螺距（mm）	切削速度（m·min⁻¹）	背吃刀量（mm）
45 钢	P10	2	60~90	余量 2~3 次完成
45 钢	W18Cr4V	1.5	粗车：15~30 精车：5~7	粗车：0.15~0.30 精车：0.05~0.08

2）精车时切削速度因车刀两刃夹角小，散热条件差，故切削速度应比车外圆时低。粗车时选 100~180r/min，精车选 44~72r/min。

4．中途对刀的方法

中途换刀和车刀刃磨后须重新对刀，即车刀不切入工件而按下开合螺母，待车刀移到工件表面处主轴停车，摇动中、小滑板，使车刀刀尖对准螺旋槽，然后再开车，观察刀尖是否在槽内，直至对准再开始车削。

5．车螺纹时乱牙的预防

车削螺纹时，一般要经过几次进给才能完成。当一次进给结束后，应快速退出车刀，提起开合螺母，使之脱离丝杠，并将中滑板退回到原来的位置，退完刀后再合上开合螺母进行第二次进给。若在第二次进给车削时，车刀未能切入原来的螺旋槽内，就会把螺旋槽车乱，称为乱牙（或乱扣）。

（1）产生乱牙的原因。产生乱牙的原因是：当丝杠转过一转时，工件未转过整数转而造成的。

车削螺纹时，工件和丝杠都在旋转，车刀沿工件轴线方向进给，当开合螺母提起之后，车刀停止自动进给，若要再次进给，至少要等丝杠转过一转后才能重新合上开合螺母。当丝杠转过一转时，工件转过整数转，车刀刀尖刚好在原来切削过的螺旋槽内，即不会产生乱牙。若丝杠转过一转，而工件未转过整数转时，车刀刀尖不在切削过的螺旋槽内，就会产生乱牙。如在丝杠螺距 6mm 的车床上，车削螺距为 3mm 的单线螺纹，当丝杠转一转时，工件转了两转，则不会产生乱牙；同样，在丝杠螺距为 6mm 的车床上，车削螺距为 12mm 的单线螺纹，当丝杠转一转时，工件只转了 1/2 转，就可能会产生乱牙。

（2）预防乱牙的方法。预防车螺纹时产生乱牙的方法一般是采用开倒顺车法，即在一次行程结束时，不提起开合螺母，而是把车刀沿径向退出后，开倒车让主轴反转，使螺纹车刀沿纵向退回，再进行第二次车削。这样在反复车削螺纹的过程中，因主轴、丝杠和刀架之间的传动没有分离，车刀刀尖始终在原来的螺旋槽中，所以就不会产生乱牙。

二、技能操作——普通三角螺纹零件的车削加工

（一）车削螺纹的基本技能练习

螺纹加工时动作不熟练容易发生碰撞，模拟练习低速空车螺纹，刚开始可以采用无刀具、无工件的方式，刀架在导轨中间附近位置，主要掌握加工螺纹的基本动作。

以 CD6140A 型普通车床为例，加工螺距为 2mm 的普通三角螺纹，练习正确调整好各手柄。先根据车床上的铭牌表螺距标准调整手柄挡位（如图 1-6-15 所示）。

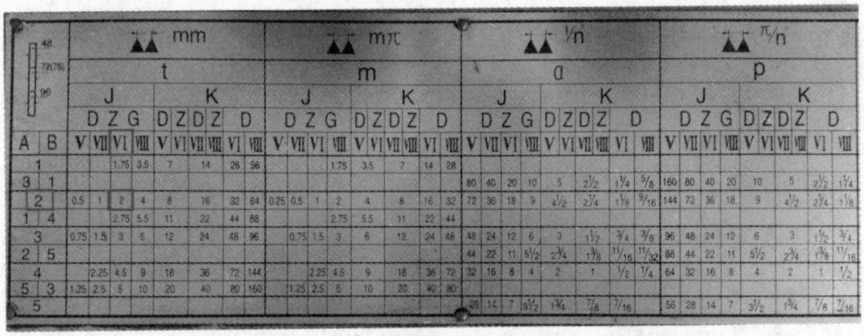

图 1-6-15　CD6140A 型普通车床螺距铭牌表

车螺纹动作练习的实施步骤如表 1-6-5 所示。

表 1-6-5　车螺纹实施步骤

实施步骤	要求	图示
（1）进给量调整	根据铭牌表螺距标准调整手柄挡位，加工螺纹螺距为 2mm 的普通三螺纹	将主轴箱内外叠装手柄放到右旋正常螺距位置 

实施步骤	要求	图示
（1）进给量调整	根据铭牌表螺距标准调整手柄挡位，加工螺纹螺距为2mm的普通三螺纹	将进给箱最左边的手柄"t"的位置对准"▼"表示加工螺纹为公制螺纹
		根据图1-6-15所示的铭牌表，将进给箱中间的内外叠装手柄分别扳到"2"的位置上
		根据图1-6-15所示的铭牌表，将进给箱最右边的手轮"Ⅵ"的位置对准"▼"
（2）调整主轴转速	将主轴转速手柄调整到100r/min左右	
（3）调整床鞍和刀架的位置	将床鞍和刀架调整到导轨中间位置	
（4）正/反转操作	观察各手柄的位置是否正确，向上提起操纵杆，观察光标是否正确旋转，如果不转，说明手柄位置没有调整到位，应停止机床重新调整，如果正常旋转，则可以用右手压下开合螺母，床鞍将按一个螺距或导程做纵向移动。当刀架移动到指定退刀位置，右手快速退出中滑板，左手同时压下操纵杆，使机床停止，再继续往下压操纵杆，机床反转，床鞍向后退。回到起点位置，向上提起操纵杆	
（5）把主轴箱手柄放到左旋正常螺距位置	先将床鞍和刀架调整到导轨中间位置，向上提操作杆，观察刀架的移动方向，并按前面的步骤进行正/反转操纵练习	
（6）把主轴箱手柄放到左旋加大螺距位置	先将床鞍和刀架调整到导轨中间位置，向上提操作杆，观察刀架的移动方向及移动速度，并按前面的步骤进行正/反转操作练习	
（7）结束练习	通过多次车螺纹练习后，结束练习。结束分三步：提开合螺母，把进给手柄的丝杠转变为光杠位置；移动床鞍，观察床鞍是否能移动；退刀	
（8）真实条件下的车螺纹模拟练习	安装工件—安装螺纹车刀—调整进给量—机床转速—调整刀架位置，使车刀刀尖离开工件横向、纵向各15mm，进行正/反转操作练习—结束练习	

（二）螺纹车削基本操作步骤

正反转法车螺纹，是通过控制主轴的正反转实现进刀和退刀加工螺纹的方法。这种方法适用于加工各种螺纹，其操作步骤如图1-6-16所示。

（1）开车，使车刀与工件轻微接触，记下刻度盘数（刻度盘调至"零"位），向右退出车刀，如图1-6-16a所示。

（2）合上开合螺母，在工件表面上车出一条螺旋线，横向退出车刀，如图1-6-16b所示。

（3）开反车把车刀退到工件右端，停车，用钢板尺或游标卡尺测量螺距是否正确，如图 1-6-16c 所示。

（4）利用刻度盘调整背吃刀量，进行车削加工，如图 1-6-16d 所示。

（5）车刀快到行程末端时，应做好退刀准备，先快速退出车刀，然后开反车退回刀架，如图 1-6-16e 所示。

（6）再次横向吃刀，继续切削，其切削过程的路线如图 1-6-16f 所示。

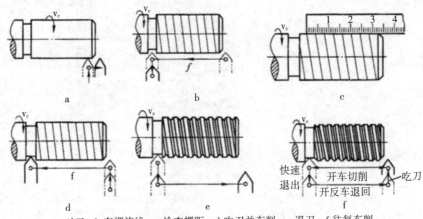

a 对刀；b 车螺旋线；c 检查螺距；d 吃刀并车削；e 退刀；f 往复车削

图 1-6-16 正反转法车螺纹步骤

（三）普通三角螺纹零件的车削加工

普通三角螺纹零件的车削加工以图 1-6-17 为例进行说明。

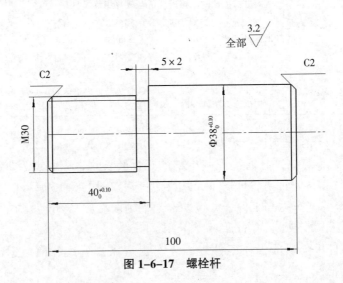

图 1-6-17 螺栓杆

1. 图样分析

螺栓杆零件（如图 1-6-17 所示），台阶轴的两端、一端尺寸分别为 $\Phi38_0^{+0.10}$，尺寸精度不高，但表面粗糙度为 Ra3.2，因此需要粗加工和精加工，另一端为 M30 的普通三角螺纹，M30 的普通三角螺纹的螺距为 3.5mm，车削螺纹大径应比基本尺寸小 0.1P，即螺纹大径应为 30 − 0.35 = 29.65，控制切削深度 0.54P + 0.05~0.10mm = 1.90mm~1.99mm，总长度尺寸为 100mm，保证自由公差，台阶长度尺寸 $40_0^{+0.10}$ 和 5×2 的退刀槽，加工螺纹前应将倒角和退刀槽加工好，需要用切槽刀加工。台阶轴的两端分别为两个 2×45° 倒角。

2. 加工准备

加工图样的螺栓杆需要的工具、设备、材料：机床选择卧式车床 CD6140A；刀具：90°、45° 硬质合金车刀、切槽刀，三角螺纹车刀，刀柄大小 25×25；夹具：三爪自定心卡盘；材料：45# 钢，$\Phi42×105$；工具：卡盘扳手、刀架扳手；量具：游标卡尺、游标深度卡尺、钢板尺、M30 螺纹环规。

3. 加工实施

加工过程如下：

（1）安装车刀。按照车刀的安装方法正确安装车刀。

（2）工件的安装。按照三爪卡盘定位装夹工件的方法，正确定位装夹工件。

（3）调整切削用量。合理选取并计算调整切削用量。

（4）车削加工步骤（如表 1-6-6 所示）。

1）一端粗基准定位装夹。车削粗精加工 $\Phi38_0^{+0.10}$ 一端、倒角。

2）调头精基准定位装夹。车螺纹一端，车端面、车外圆柱面、切槽、加工倒角；车削 M30 螺纹。

表 1-6-6　车削螺栓杆工艺步骤

序号	工件加工面	工件定位、夹紧面	工件定位装夹	注意事项
1	粗车 $\Phi38_0^{+0.10}$ 长度 63mm	$\Phi42$ 毛坯面		45°车刀注意对中心 90°偏刀
2	精车 $\Phi38_0^{+0.10}$ 长度 63mm、倒角			90°偏刀精车
3	车削螺纹一端的端面、外圆柱面，长度 $40_0^{+0.10}$mm	调头装夹 $\Phi38_0^{+0.10}$ 已加工轴端		45°偏刀 90°偏刀

序号	工件加工面	工件定位、夹紧面	工件定位装夹	注意事项
4	螺纹端切槽、倒角			切槽刀 45°偏刀
5	粗精车螺纹			三角螺纹车刀

4. 加工工艺卡片

普通三角螺纹螺栓杆零件的车削加工工艺卡片如表1-6-7所示。

表1-6-7　加工工艺卡片

工件名称：螺栓杆			图纸编号：图1-6-17			
毛坯材料：45#钢			毛坯尺寸：$\Phi42 \times 105$			
序号	内容	要求	n (r/min)	f (mm/r)	a_p (mm)	工夹量具
1	安装车刀	90°、45°高速钢车刀正确安装				刀架扳手
2	装夹工件	工件按工艺顺序正确定位装夹				卡盘扳手
3	切削用量	查表选切削用量	$v_c = 90{\sim}110$ (m/min)	$f = 0.4{\sim}0.5$ (mm/r)	a_p	
4	粗车 $\Phi38_0^{+0.10}$ 长度63mm		560	0.5	2	
5	精车 $\Phi38_0^{+0.10}$ 长度63mm、倒角		700	0.4	2	
6	车削螺纹一端的端面、外圆柱面，长度 $40_0^{+0.10}$ mm		560	0.5	2	
7	螺纹端切槽、倒角		450	手动	5	
8	切削用量	查表选切削用量	$v_c = 15{\sim}25$ (m/min)	$f = 0.1{\sim}0.15$ (mm/r)	a_p	
9	粗车螺纹		110	3.5	0.3	
10	精车螺纹		90	3.5	0.1	
11	清理整顿现场					

5. 检查评价

普通三角螺纹螺栓杆零件车削加工的评分标准如表1-6-8所示。

表 1-6-8　评分标准

班级：		姓名：		学号：	零件：螺栓杆		工时：
项目	检测项目	赋分	评分标准		量具	扣分	得分
加工准备	工具、量具、刀具准备	5	准备不齐全不得分				
	工件定位、装夹正确	5	定位装夹不正确不得分				
	切削用量选择及调整	5	选择不合理不得分				
尺寸精度	$\Phi38_0^{+0.10}$	13	每超 0.02 扣 2 分		游标卡尺		
	M30	20	牙形正确，松紧适当		螺纹环规		
	$40_0^{+0.10}$	12	每超 0.02 扣 2 分		深度卡尺		
	5×2	5	超 0.5 不得分		钢板尺		
	100	5	超 0.5 不得分		游标卡尺		
	$2 \times 45°$	5	超标不得分		钢板尺		
表面粗糙度	表面 Ra3.2	5	表面没达到粗糙度要求不得分		表面粗糙度对比样块		
量具使用	正确使用量具	5	使用不规范不得分				
操作规范	操作过程规范	5	不按安全操作规程操作不得分				
安全文明	文明生产	5	着装、工作纪律				
	安全操作	5	有安全问题不得分				
累计							
监考员		检查员			总分		

任务二　梯形螺纹的车削加工

任务要求

掌握三角螺纹车刀特点及选用，掌握梯形螺纹车削加工方法

会使用量具检验梯形螺纹尺寸，会分析误差产生原因

一、相关理论知识

（一）梯形螺纹的特点、刀具的种类及选用

1. 梯形螺纹的特点及应用

梯形螺纹是应用很广泛的传动螺纹。车床上的长丝杠和中、小滑板的丝杠等都是梯形螺纹，它们的工作长度较长，使用精度要求较高，因此车削时比普通螺

纹困难。

梯形螺纹分为牙型角为 30°的公制梯形螺纹和牙型角为 29°的英制梯形螺纹。我国常采用牙型角为 30°的公制梯形螺纹。

2. 梯形螺纹的标记

梯形螺纹的标记由螺纹代号、公差带代号及旋合长度代号组成，具体标记方法如表 1-6-9 所示。

表 1-6-9　梯形螺纹的标记方法

螺纹种类	标记示例	说明
梯形螺纹	Tr45×14(P7)-7h Tr—梯形螺纹；45—公称直径；14—导程；P7—螺距为 7mm；7h—中径公差带代号；右旋，双线，中等旋合长度	梯形螺纹代号用字母 Tr 及公称直径×螺距与旋向表示，左旋螺纹旋向为 LH，右旋不标。梯形螺纹公差带代号仅标注中径公差带，如 7H、7e，大写为内螺纹，小写为外螺纹。梯形螺纹的旋合长度代号分 N、L 两组，N 表示中等旋合长度，L 表示长旋合长度

3. 梯形螺纹车刀的种类及其角度

（1）梯形螺纹车刀的种类。

梯形螺纹车刀一般分为高速钢车刀和硬质合金车刀两大类。低速车削时选用高速钢车刀，加工一般精度的梯形螺纹时可采用硬质合金车刀进行高速切削。

（2）梯形螺纹车刀的几何角度。梯形螺纹车刀的几何角度如图 1-6-18 所示。

1）两刃夹角：粗车刀应小于螺纹牙型角，精车刀应等于牙型角。

2）刀头宽度：粗车刀的刀头宽度为 1/3 螺距宽，精车刀的刀头宽度应等于牙底槽宽减去 0.05mm。

3）前角：粗车刀一般为 15°左右，精车刀为了保证牙型角，前角应等于 0°，但实际上生产时取 5°~10°。

4）主后角：一般为 6°~8°。

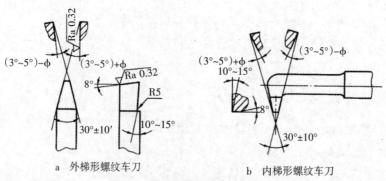

a　外梯形螺纹车刀　　　　　　b　内梯形螺纹车刀

图 1-6-18　梯形螺纹车刀的角度

5）两侧刃后角：车右旋螺纹时，左侧为（3°~5°）+螺纹角 Φ；右侧为（3°~5°）–螺纹角 Φ。

4. 车削梯形螺纹的基本方法

对于传动用的梯形螺纹，加工精度要求较高。因此车削梯形螺纹普遍采用低速车削。低速车削的进刀方法有车直槽法、左右切削法、车阶梯槽法等（如表 1-6-10 所示）。

表 1-6-10 梯形螺纹的车削方法

进刀方式	图示	车削说明
车直槽法		螺距小于 4mm 和精度要求不高的梯形螺纹可用一把梯形螺纹车刀，并用少量的左右进给法车削。由于车刀的左右两侧刀刃同时参加车削，排屑困难，车刀所受切削力有所增加，受热比较严重，刀容易磨损，进刀量过大时，还可能产生"扎刀"现象
左右车削法		螺纹 4~8mm 或精度要求高的梯形螺纹，一般采用左右切削法，可以防止因为三个切削刃同时参加切削而产生扎刀现象
车阶梯槽法		螺纹大于 8mm 的梯形螺纹，一般采用切阶梯槽的方法。用刀头宽度小于 P/2 的切槽刀直进法粗车螺纹接近中径处，再用刀头宽度略小于槽底宽的切槽刀直进法粗车螺纹，槽底直径等于螺纹小径，从而形成阶梯状的螺旋槽。采用左右切削法精车螺纹两侧面

5. 梯形螺纹的刃磨要求

梯形螺纹车刀的刃磨要达到以下要求：

（1）用样板检测。如图 1-6-19 所示，用梯形螺纹车刀样板校对螺纹车刀两刃夹角。

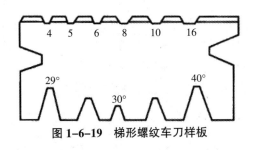

图 1-6-19 梯形螺纹车刀样板

（2）径向前角不为零的螺纹车刀，两刃的夹角应修正，其修正方法与三角形螺纹车刀修正方法相同。

（3）螺纹车刀各切削刃要光滑、平直、无裂口，两侧切削刃对称，刀体不能歪斜。

（4）梯形内螺纹车刀两侧切削刃对称线应垂直于刀柄。

6. 梯形螺纹的测量方法

（1）梯形螺纹的大径、螺距和牙型角的测量。梯形螺纹的大径用千分尺进行测量，螺距用螺距规测量，牙型角用角度样板或者万能角度尺进行测量。

（2）梯形螺纹中径的测量。梯形螺纹中径测量有三针测量法和单针测量法两种（如表 1-6-11 所示）。

表 1-6-11　梯形螺纹中径的测量方法

测量法	图示	说明
三针测量		三针测量是测量外螺纹中径的一种比较精密的方法。常用于精度较高的螺纹的中径测量。测量时，将三根直径相等且尺寸大小有一定要求的量针放在两侧相对应的螺旋槽中，用千分尺量出两边量针外缘处的距离 M，量针测量距离 M 可用下式计算：$M = d_2 + 4.864d_D - 1.866P$ 式中，d_2 为中径尺寸；d_D 为量针直径
单针测量		在测量时，只使用一根量针，另一侧利用螺纹大径作为基准的一种测量方法，称为单针测量。它常用于螺纹直径较大，不便用三针测量的情况。用单针测量时，必须先测量出螺纹大径的实际尺寸 d，千分尺测量应得的尺寸 L 可用下式计算：$L = (M + d)/2$

（二）梯形螺纹的车削加工

1. 工件的装夹

为了提高效率，大吃刀量地车削梯形螺纹，在满足工件技术要求的前提下，一般粗、精车都用一夹一顶装夹，个别对中径跳动要求高，不适合一夹一顶加工的工件，也应在粗车时选择一夹一顶装夹，精车时用两顶尖装夹来保证工件的技术要求。装夹工件的时候，卡盘一定要夹紧，防止产生切削力大于工件夹紧力的情况。

2. 车刀的装夹

（1）车刀主切削刃必须与工件轴线等高（用弹性刀杆应高于轴线约 0.2mm），

同时应和工件轴线平行。

（2）刀头的角平分线要垂直于工件的轴线。用样板找正装夹，以免产生螺纹半角误差（如图1-6-20所示）。

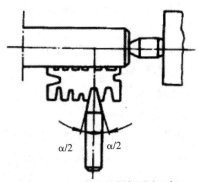

图1-6-20　用螺纹样板进行对刀

3. 梯形螺纹技术工艺要求

（1）梯形螺纹中径必须与基准轴颈同轴，其大径尺寸应小于基本尺寸。

（2）车削梯形螺纹必须保证中径尺寸公差。

（3）梯形螺纹的牙型角要正确。

（4）梯形螺纹牙型两侧面的表面粗糙度较小。

4. 梯形螺纹车削操作要点

（1）车削梯形螺纹时，工件往往较长，而且精度要求较高，所以在车削过程中，为了增加工件的强度和刚性，要尽量将车削螺纹的工序放在最前面。另外，除切削螺纹所需的进刀或退刀处加工至螺纹小径外，其他各加工面的尺寸要尽量大于螺纹大径。而螺纹大径一般比公称直径大0.3~0.5mm，所以要在螺纹半精车后，再将螺纹大径精车到符合图纸要求。

（2）加工螺纹部分时，可根据螺距的大小及精度要求，采用一把、二把或三把刀具，分粗、精车两步进行。粗车时，刀尖适当窄一些，采用左右切削法；精车时，刀尖必须与螺纹槽底宽相等，采用直进法，微量进刀，低速切削，并要有充足的润滑液，以提高螺纹表面质量。

（3）车削梯形螺纹的特点是螺距大、吃刀深，所以在切削梯形内螺纹时，虽然在切削方法上与普通螺纹相同，但是"让刀"现象严重。因此，在最后精车时应该使中拖板在原来刻度上多光几刀（即不吃刀），以便消除螺纹的锥形误差。另外，在车削梯形内螺纹时，因其内径不好测量，进刀深度就不易正确掌握，故在加工好螺纹孔后，在工件端面上车出一个轴向深0.2~0.3mm、孔径正好等于螺纹内径的小台阶孔，当加工内螺纹内径吃刀到这个小台阶时，则说明已车到螺纹内径。

5. 梯形螺纹的车削方法

（1）螺距小于 4mm 和精度要求不高的梯形螺纹可用一把梯形螺纹车刀，并用少量的左右进给法车削。

（2）螺距 4~8mm 或精度要求高的梯形螺纹，一般采用左右切削法或切直槽法车削，具体操作步骤如下：

1）粗车、半精车螺纹大径，留精车余量 0.3~0.5mm，倒角与端面成 15°。

2）粗车梯形螺纹，用左右切削法粗、半精车螺纹，每边留精车余量 0.1~0.2mm，螺纹小径精车至尺寸要求，或选用刀头宽度稍小于槽底的切槽刀，用直进法粗车螺纹，槽底直径等于螺纹小径。

3）精车螺纹大径至图纸要求。用两侧切削刃有卷屑槽的梯形螺纹车刀精车。

（3）螺距大于 8mm 的梯形螺纹，一般采用车阶梯槽法，车削方法如下：

1）粗、半精车螺纹大径，留 0.3~0.5mm 精加工余量，倒角与端面成 15°。

2）粗车阶梯状螺旋槽，用刀头宽度小于 P/2 的切槽刀直进法粗车螺纹至接近中径处，再用刀头宽度略小于槽底宽的切槽刀直进法粗车螺纹，槽底直径等于螺纹小径，从而形成阶梯形状的螺旋槽。

3）半精车螺纹两侧面，用梯形螺纹粗车刀，采用左右切削法半精车螺纹两侧面，每面留精车余量 0.1~0.2mm。

4）精车螺纹大径至图纸尺寸，用切槽刀或光刀精车螺纹大径。

5）精车两侧面，用梯形螺纹精车刀精车两侧面，控制中径尺寸完成螺纹加工。

二、技能操作——梯形螺纹零件车削加工

（一）梯形螺纹车削基本操作步骤

车削梯形螺纹的操作步骤与车削三角形螺纹基本相同，主要区别是梯形螺纹螺距较大，车削梯形螺纹时，螺纹精车完毕，最后需要精车螺纹外圆柱面。

车削螺纹的方法有正反转法与抬闸法。正反转法在任务一的技能操作中已做叙述，在此仅介绍抬闸法。

车削螺纹的抬闸法就是利用开合螺母手柄的抬起或压下来车削螺纹，这种方法操作简单，但易乱扣，只适于加工车床丝杠螺距（CD6140A 车床的丝杠螺距为 12mm）是工件螺距整数倍的螺纹。此方法与正反转法的主要不同之处是车刀行至终点时，横向退刀后不用开反车纵向退刀，只要抬起开合螺母手柄使丝杠与螺母脱开，然后手动纵向退回，即可再次吃刀车削。

（二）传动丝杠的车削加工

传动丝杠的车削加工以图 1-6-21 为例进行说明。

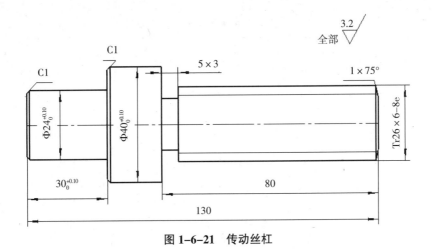

图 1-6-21　传动丝杠

1. 图样分析

传动丝杠零件（如图 1-6-21 所示），台阶轴的两端、一端尺寸分别为
$\Phi 24_0^{+0.10}$、$\Phi 40_0^{+0.10}$，尺寸精度不高，但表面粗糙度为 Ra3.2，因此需要粗加工和精
加工，另一端为 Tr26×6-8e 的大径尺寸为 26mm，螺距为 6mm 的右旋梯形螺纹，
螺纹中径的尺寸公差精度为 8e，梯形螺纹需粗、精加工，粗车螺纹大径留 0.5mm
左右精加工余量，梯形螺纹长度 80mm，总长度尺寸为 130mm，保证自由公差，
台阶长度尺寸 $30_0^{+0.10}$ mm 和 5×3 的退刀槽，加工螺纹前应将 1×75°倒角和退刀槽
加工好，需要用切槽刀加工。台阶轴的两端分别为两个 1×45°倒角。

2. 加工准备

加工图样的传动丝杠需要的工具、设备、材料：机床选择卧式车床
CD6140A；刀具：90°、45°硬质合金车刀、切槽刀、光刀，梯形螺纹粗车刀，梯
形螺纹精车刀，刀柄大小 25×25；夹具：三爪自定心卡盘刀；材料：45# 钢，
$\Phi 45 \times 135$；工具：卡盘扳手、刀架扳手；量具：游标卡尺、游标深度卡尺、钢
板尺、螺纹环规。

3. 加工实施

加工过程如下：

（1）安装车刀。按照车刀的安装方法正确安装车刀。

（2）工件的安装。按照三爪卡盘定位装夹工件的方法，正确定位装夹工件。

（3）调整切削用量。合理选取并计算调整切削用量。

（4）车削加工步骤（如表 1-6-12 所示）。车削加工步骤如下：

1）一端粗基准定位装夹。车削粗精加工 $\Phi 24_0^{+0.10}$、$\Phi 40_0^{+0.10}$ 一端、倒角。

2）调头精基准定位装夹。车端面、钻中心孔。

表 1-6-12　车削传动丝杠工艺步骤

序号	工件加工面	工件定位、夹紧面	工件定位装夹	注意事项
1	粗车 $\Phi24_0^{+0.10}$ 长度 29mm，粗车 $\Phi40_0^{+0.10}$ 长度 60mm	$\Phi45$ 毛坯面		45°车刀 90°偏刀
2	精车 $\Phi24_0^{+0.10}$、$\Phi40_0^{+0.10}$ 长度 $30_0^{+0.10}$ mm 倒角			45°车刀 90°偏刀精车
3	车端面、钻中心孔	调头 $\Phi40_0^{+0.10}$ 的圆柱面定位装夹		45°车刀 中心钻
4	粗车削螺纹一端的端面、外圆柱面，长度 80mm，留 0.5mm 左右加工余量	调头一夹一顶定位装夹		45°偏刀 90°偏刀
5	螺纹端切槽、倒角			切槽刀 75°偏刀
6	粗车螺纹			梯形螺纹粗车刀
7	精车螺纹			梯形螺纹精车刀
8	精车螺纹大径			光刀

3）调头一夹一顶定位装夹。车螺纹一端，车端面、车外圆柱面、切槽、加工倒角；粗精车 Tr26×6-8e 螺纹；精车螺纹大径。

4. 加工工艺卡片

传动丝杠的车削加工工艺卡片如表 1-6-13 所示。

5. 检查评价

传动丝杠车削加工的评分标准如表 1-6-14 所示。

表 1-6-13 加工工艺卡片

工件名称: 传动丝杠				图纸编号: 图 1-6-21			
毛坯材料: 45# 钢				毛坯尺寸: $\Phi 45 \times 135$			
序号	内容	要求	n (r/min)	f (mm/r)	a_p (mm)	工夹量具	
1	安装车刀	90°、45° 高速钢车刀正确安装				刀架扳手	
2	装夹工件	工件按工艺顺序正确定位装夹				卡盘扳手	
3	切削用量	查表选切削用量	$v_c = 90\sim110$ (m/min)	$f = 0.4\sim0.5$ (mm/r)	a_p		
4	粗车 $\Phi 24_0^{+0.10}$ 长度 29mm,粗车 $\Phi 40_0^{+0.10}$ 长度 60mm		560	0.5	2		
5	精车 $\Phi 24_0^{+0.10}$、$\Phi 40_0^{+0.10}$ 长度 $30_0^{+0.10}$mm 倒角		700	0.4	1		
6	车端面、钻中心孔		560	0.4			
7	粗车削螺纹一端的端面、外圆柱面,长度 80mm,留 0.5mm 左右加工余量		560	0.5	2		
8	螺纹端切槽、倒角		450	手动	5		
9	切削用量	查表选切削用量	$v_c - 15\sim25$ (m/min)	$f = 0.1\cdot0.15$ (mm/r)	a_p		
10	粗车梯形螺纹		72	6	0.5		
11	精车梯形螺纹		56	6	0.1		
12	精车螺纹大径		72	0.10	0.1		
13	清理整顿现场						

表 1-6-14 评分标准

班级:		姓名:		学号:	零件: 传动丝杠		工时:
项目	检测项目		赋分	评分标准	量具	扣分	得分
加工准备	工具、量具、刀具准备		5	准备不齐全不得分			
	工件定位、装夹正确		5	定位装夹不正确不得分			
	切削用量选择及调整		5	选择不合理不得分			
尺寸精度	$\Phi 24_0^{+0.10}$		10	每超 0.02 扣 2 分	游标卡尺		
	$\Phi 40_0^{+0.10}$		10				
	Tr26×6-8e		20	牙型正确,松紧适当	螺纹环规		
	$30_0^{+0.10}$		10	每超 0.02 扣 2 分	深度卡尺		
	5×3		3	超 0.5 不得分	钢板尺		

续表

项目	检测项目	赋分	评分标准	量具	扣分	得分
尺寸精度	130	2	超 0.5 不得分	游标卡尺		
	80	3				
	$1 \times 45°$、$1 \times 75°$	2	超标不得分	钢板尺		
表面粗糙度	表面 Ra3.2	5	表面没达到粗糙度要求不得分	表面粗糙度对比样块		
量具使用	正确使用量具	5	使用不规范不得分			
操作规范	操作过程规范	5	不按安全操作规程操作不得分			
安全文明	文明生产	5	着装、工作纪律			
	安全操作	5	有安全问题不得分			
累计						
监考员			检查员		总分	

项目七　综合类零件的车削加工

任务一　圆锥拉杆加工

任务要求

掌握较复杂零件的加工工艺及加工方法

正确定位装夹工件，会选择车刀、切削用量

使用量具测量检验工件

一、相关理论知识

零件的定位装夹方法

在车床上加工较短的工件通常使用三爪自定心卡盘装夹工件，若在车床上加工较长的工件，而且工件的形位公差要求较高，如同轴度、圆跳动度精度较高，这时需要用双顶尖或一夹一顶的定位装夹方式。

1. 一夹一顶装夹工件

用双顶尖装夹车削轴类工件的优点很多，但其刚性较差，尤其对粗大笨重的工件安装时的稳定性不够，切削用量的选择受到限制，此时，选用卡盘夹住工件一端，另一端用顶尖支撑装夹工件，即一夹一顶安装工件（如图1-7-1所示）。

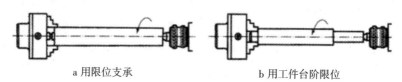

a 用限位支承　　　　　　　b 用工件台阶限位

图1-7-1　一夹一顶装夹工件

2. 工件的车削方法

（1）当用一夹一顶的方式安装工件时，为了防止工件轴向窜动，通常在卡盘内装一个轴向限位支承或在工件的被夹持部位车削一个 10~20mm 的台阶，作为轴向限位支承。在工件的另一端需要钻中心孔，作为顶尖支撑装夹的中心孔。

（2）调整尾座，以校正车削过程中产生的锥度。

（3）一夹一顶安装工件比较安全、可靠，能承受较大的轴向切削力，这种方法对于加工相对位置精度较高的工件是常用的装夹方法。

二、技能操作——圆锥拉杆零件车削加工

圆锥拉杆零件车削加工以图 1-7-2 为例进行说明。

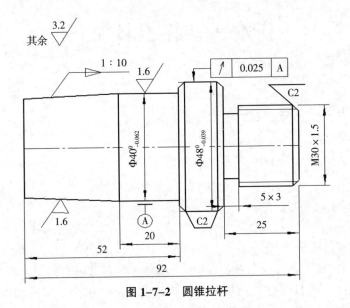

图 1-7-2　圆锥拉杆

（一）图样分析

圆锥拉杆零件（如图 1-7-2 所示），圆锥柄的台阶轴尺寸分别为 $\Phi40^0_{-0.062}$ 和 $\Phi48^0_{-0.039}$，尺寸精度较高，而且圆锥面一端的表面粗糙度为 Ra1.6，因此需要粗加工和精加工，总长度尺寸为 92mm，圆锥柄台阶长度尺寸为 52mm、20mm，螺纹长度尺寸为 25mm，保证自由公差，加工时应注意台阶长度尺寸，台阶轴的一倒角为 2×45°倒角，一端的螺纹为 M30×1.5。$\Phi48^0_{-0.039}$ 的外圆相对于基准 A 的圆跳动为 0.025，相对位置精度较高，而且工件长度较长，因此采用一夹一顶的定位装夹方式。加工时应先在螺纹端车削 10~20mm 定位台阶，在圆锥端的端面加工顶尖孔。

（二）加工准备

加工图样的圆锥拉杆零件需要的工具、设备、材料：机床选择卧式车床 CD6140A；刀具：90°、45°硬质合金车刀、高速钢光刀、螺纹车刀，刀柄大小 25×

25；夹具：三爪自定心卡盘、活顶尖；材料：45#钢，Φ50×95；工具：卡盘扳手、刀架扳手；量具：游标卡尺、游标深度卡尺、钢板尺、千分尺、1：10锥度套规。

（三）加工实施

加工过程如下：

1. 安装车刀

按照车刀的安装方法正确安装车刀。

2. 工件的安装

三爪卡盘定位和顶尖装夹工件的一夹一顶方法和三爪自定心卡盘定位装夹工件。

3. 调整切削用量

合理选取并计算调整切削用量。

4. 车削加工步骤（如表1-7-1所示）

（1）粗基准定位装夹。车削螺纹端10~20mm长的夹头。

（2）调头粗基准定位装夹。车端面、钻中心孔。

（3）一夹一顶定位装夹。粗车 $Φ48^0_{-0.039}$、$Φ40^0_{-0.062}$；外圆光刀精车 $Φ48^0_{-0.039}$、$Φ40^0_{-0.062}$保证长度尺寸、倒角；粗车外圆锥面，调整好1：10锥度；外圆光刀精车外圆锥面。

（4）三爪卡盘定位装夹 $Φ40^0_{-0.062}$ 圆柱面。车螺纹端端面、螺纹外径Φ30，切槽刀车削退刀槽，加工倒角，车螺纹。

表1-7-1 车削圆锥拉杆零件工艺步骤

序号	工件加工面	工件定位、夹紧面	工件定位装夹	注意事项
1	车削端面、外圆柱面10~20mm长的夹头	Φ50毛坯面		90°车刀粗车，留加工余量
2	车端面、钻中心孔	Φ50毛坯面		45°偏刀车端面钻中心孔
3	粗车 $Φ48^0_{-0.039}$、$Φ40^0_{-0.062}$，留精加工余量	一夹一顶		90°偏刀粗车
4	外圆光刀精车 $Φ48^0_{-0.039}$、$Φ40^0_{-0.062}$保证长度尺寸、倒角			90°偏刀、光刀精车

序号	工件加工面	工件定位、夹紧面	工件定位装夹	注意事项
5	粗车圆锥端，小托板转动圆锥半角 2°51′44″			90°偏刀
6	外圆光刀精车外圆锥面			光刀
7	车螺纹端端面、车螺纹外径 Φ30	$Φ40^{0}_{-0.062}$ 圆柱面		90°偏刀
8	切槽刀车削退刀槽，加工倒角			切槽刀 45°偏刀
9	车螺纹			螺纹车刀

(四) 加工工艺卡片

圆锥拉杆零件车削加工工艺卡片如表 1-7-2 所示。

表 1-7-2 加工工艺卡片

工件名称：圆锥拉杆				图纸编号：图 1-7-2			
毛坯材料：45# 钢				毛坯尺寸：Φ50×95			
序号	内容	要求	n (r/min)	f (mm/r)	a_p (mm)	工夹量具	
1	安装车刀	90°、45° 车刀、高速钢光刀正确安装				刀架扳手	
2	装夹工件	工件按工艺顺序正确定位装夹				卡盘扳手	
3	切削用量	查表选切削用量	v_c = 90~110 (m/min)	f = 0.4~0.5 (mm/r)	a_p		
4	车削端面、外圆柱面 10~20mm 长的夹头		560	0.5	2	150mm 游标卡尺、钢板尺	
5	车端面、钻中心孔		220	0.10			
6	粗车 $Φ48^{0}_{-0.039}$、$Φ40^{0}_{-0.062}$，留精加工余量		560	0.5	2	150mm 游标卡尺、钢板尺	

序号	内容	要求	n (r/min)	f (mm/r)	a_p (mm)	工夹量具
7	切削用量	查表选切削用量	$v_c = 15\sim25$ (m/min)	$f = 0.1\sim0.15$ (mm/r)	a_p	
8	外圆光刀精车 $\Phi48^0_{-0.039}$、$\Phi40^0_{-0.062}$ 保证长度尺寸、倒角		90	0.15	0.2	千分尺、150mm 游标卡尺
9	粗车圆锥端，小托板转动圆锥半角 2°51′44″		560	手动	1	150mm 游标卡尺、锥度套规
10	切削用量	查表选切削用量	$v_c = 15\sim25$ (m/min)	$f = 0.1\sim0.15$ (mm/r)	a_p	
11	精车圆锥端（光刀）		90	0.15	0.2	150mm 游标卡尺、锥度套规
12	车螺纹端端面、车螺纹外径 $\Phi30$		560	0.5	2	150mm 游标卡尺
13	切槽刀车削退刀槽，加工倒角		220	手动	3	
14	车螺纹		72	1.5	0.2	螺纹环规
15	清理整顿现场					

（五）检查评价

圆锥拉杆零件车削加工的评分标准如表 1-7-3 所示。

表 1-7-3 评分标准

班级：	姓名：		学号：		零件：圆锥拉杆	工时：	
项目	检测项目	赋分	评分标准		量具	扣分	得分
加工准备	工具、量具、刀具准备	5	准备不齐全不得分				
	工件定位、装夹正确	5	定位装夹不正确不得分				
	切削用量选择及调整	5	选择不合理不得分				
尺寸精度	$\Phi48^0_{-0.039}$	10	每超 0.02 扣 2 分		游标卡尺		
	$\Phi40^0_{-0.062}$	10	每超 0.02 扣 2 分		钢板尺		
	M30 × 1.5	10					
	20	2					
	25	3					
	52	2					
	92	3					
	锥度 1：10	10					
	2 × 45°	5	每超 0.02 扣 2 分		钢板尺		
位置精度	圆跳动 0.025	5			百分表		

续表

项目	检测项目	赋分	评分标准	量具	扣分	得分
表面粗糙度	表面 Ra 3.2、Ra 1.6	5	表面没达到粗糙度要求不得分	表面粗糙度对比样块		
量具使用	正确使用量具	5	使用不规范不得分			
操作规范	操作过程规范	5	不按安全操作规程操作不得分			
安全文明	文明生产	5	着装、工作纪律			
	安全操作	5	有安全问题不得分			
累　计						
监考员		检查员		总　分		

任务二　锥体连杆零件车削加工

技能操作——锥体连杆零件车削加工

锥体连杆零件车削加工以图 1-7-3 为例进行说明。

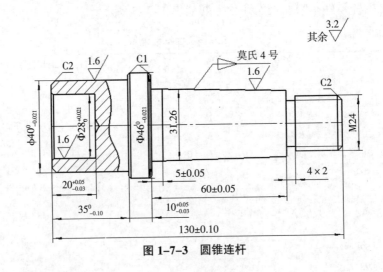

图 1-7-3　圆锥连杆

（一）图样分析

圆锥连杆零件（如图 1-7-3 所示），台阶轴直径尺寸分别为 $\Phi40^0_{-0.021}$ 和 $\Phi46^0_{-0.021}$，尺寸精度较高，而且台阶面和圆锥面一端的表面粗糙度为 Ra1.6，因此需要粗加工和精加工，总长度尺寸为 130±0.10mm，台阶长度尺寸 $35_{-0.10}^{0}$、$10_{-0.03}^{+0.05}$、5±0.05、60±0.05，加工时应注意台阶长度尺寸，轴的两端一倒角为 2×45° 倒角，一端的螺纹为 M24。内孔的精度较高 $\Phi28_{0}^{+0.021}$ 和长度尺寸 $20_{0}^{+0.05}$，精度较高，也要分粗、精加工。工件较长，为了保证工件的同轴度，加工时采用一夹一顶的定位装夹方式。加工时应先在台阶端车削 10~20mm 定位台阶，在圆锥的螺纹端加工顶尖孔。

（二）加工准备

加工图样的圆锥连杆零件需要的工具、设备、材料：机床选择卧式车床 CD6140A；刀具：90°、45°硬质合金车刀、高速钢光刀、内孔车刀、内孔光刀、切槽刀、螺纹车刀，刀柄大小 25×25、中心钻、Φ26 钻头；夹具：三爪自定心卡盘、活顶尖；材料：45# 钢，Φ50×135；工具：卡盘扳手、刀架扳手；量具：游标卡尺、游标深度卡尺、钢板尺、千分尺、内径千分尺、深度卡尺、莫氏 4 号锥度套规、M24 螺纹环规。

（三）加工实施

加工过程如下：

1. 安装车刀

按照车刀的安装方法正确安装车刀。

2. 工件的安装

三爪卡盘定位和顶尖装夹工件的一夹一顶和三爪自定心卡盘定位装夹工件两种定位装夹方法。

3. 调整切削用量

合理选取并计算调整切削用量。

4. 车削加工步骤（如表 1–7–4 所示）

（1）粗基准定位装夹。车削台阶端 10~20mm 长的夹头。

（2）调头粗基准定位装夹。车端面、钻中心孔。

（3）一夹一顶定位装夹。粗车螺纹及圆锥直台阶，留 1mm 加工余量。

（4）调头三爪自定心卡盘装夹台阶面。粗车 $\Phi40_{-0.021}^{0}$ 和 $\Phi46_{-0.021}^{0}$ 台阶面，留精加工余量；钻中心孔，Φ26 钻头钻底孔；粗车内孔，留 1mm 加工余量；精车台阶面、倒角；精车内孔、倒角。

（5）调头一夹一顶定位装夹。精车螺纹外圆柱面、倒角、切槽；车螺纹；粗车圆锥面莫氏 4 号锥度，圆锥半角 1°29′12″；光刀精车圆锥面。

表 1-7-4 车削圆锥连杆工艺步骤

序号	工件加工面	工件定位、夹紧面	工件定位装夹	注意事项
1	车削台阶端端面、外圆柱面 10~20mm 长的夹头	Φ50 毛坯面		45°偏刀车端面，90°车刀粗车夹头，留加工余量
2	车端面、钻中心孔	Φ50 毛坯面		45°偏刀车端面，钻中心孔
3	粗车螺纹及圆锥直台阶，留 1mm 加工余量	一夹一顶		45°偏刀，90°偏刀粗车
4	粗车 $\Phi40^{0}_{-0.021}$ 和 $\Phi46^{0}_{-0.021}$ 台阶面，留精加工余量	调头三爪自定心卡盘装夹台阶面		45°偏刀、90°偏刀粗车
5	钻中心孔，Φ26 钻头钻底孔			中心钻、Φ26 钻头
6	粗车内孔，留 1mm 加工余量			内孔车刀
7	精车台阶面、倒角			光刀 45°偏刀
8	精车内孔、倒角			内孔光刀 45°偏刀
9	精车螺纹外圆柱面、倒角、切槽	调头一夹一顶定位装夹		90°偏刀 45°偏刀 切槽刀
10	车螺纹			螺纹车刀
11	粗车圆锥面莫氏 4 号锥度，圆锥半角 1°29′12″			90°偏刀

续表

序号	工件加工面	工件定位、夹紧面	工件定位装夹	注意事项
12	精车圆锥面			光刀

（四）加工工艺卡片

圆锥连杆零件车削加工工艺卡片如表 1-7-5 所示。

表 1-7-5　加工工艺卡片

工件名称：圆锥连杆								图纸编号：图 1-7-3
毛坯材料：45[#]钢								毛坯尺寸：$\Phi50\times135$

序号	内容	要求	n (r/min)	f (mm/r)	a_p (mm)	工夹量具
1	安装车刀	90°、45°车刀、高速钢光刀正确安装				刀架扳手
2	装夹工件	工件按工艺顺序正确定位装夹				卡盘扳手
3	切削用量	查表选切削用量	$v_c = 90\sim110$ (m/min)	$f = 0.4\sim0.5$ (mm/r)	a_p	
4	车削台阶端端面、外圆柱面 10～20mm 长的夹头		560	0.5	2	150mm 游标卡尺、钢板尺
5	车端面、钻中心孔		220	0.10		
6	粗车螺纹及圆锥直台阶，留 1mm 加工余量		560	0.5	2	150mm 游标卡尺、钢板尺
7	粗车 $\Phi40^{0}_{-0.021}$ 和 $\Phi46^{0}_{-0.021}$ 台阶面，留精加工余量		560	0.5	2	150mm 游标卡尺、钢板尺
8	钻中心孔，$\Phi26$ 钻头钻底孔		220	0.2（手动）	13	钢板尺
9	粗车内孔，留 1mm 加工余量		450	0.3	1	150mm 游标卡尺
10	切削用量	查表选切削用量	$v_c = 15\sim25$ (m/min)	$f = 0.1\sim0.15$ (mm/r)	a_p	
11	外圆光刀精车台阶面、倒角		90	0.15	0.2	千分尺 游标卡尺
12	内孔光刀精车内孔、倒角		72	0.10	0.2	内径千分尺、游标卡尺
13	精车螺纹外圆柱面、倒角、切槽		700 220	0.3 手动	0.2 4	游标卡尺

序号	内容	要求	n (r/min)	f (mm/r)	a_p (mm)	工夹量具
14	车螺纹		72	1.5	0.2	螺纹环规
15	粗车圆锥面莫氏4号锥度，圆锥半角1°29′12″		560	手动	1	150mm 游标卡尺、锥度套规
16	切削用量	查表选切削用量	$v_c=15\sim25$ (m/min)	$f=0.1\sim0.15$ (mm/r)	a_p	
17	精车圆锥端（光刀）		90	0.15	0.2	150mm 游标卡尺、锥度套规
18	清理整顿现场					

（五）检查评价

圆锥连杆零件车削加工的评分标准如表1-7-6所示。

表 1-7-6 评分标准

班级：		姓名：		学号：	零件：圆锥连杆	工时：	
项目	检测项目	赋分	评分标准		量具	扣分	得分
加工准备	工具、量具、刀具准备	5	准备不齐全不得分				
	工件定位、装夹正确	5	定位装夹不正确不得分				
	切削用量选择及调整	5	选择不合理不得分				
尺寸精度	$\Phi46^{0}_{-0.021}$	8	每超0.02扣2分		游标卡尺		
	$\Phi40^{0}_{-0.021}$	8	每超0.02扣2分		钢板尺		
	$\Phi28^{+0.021}_{0}$	8					
	$20^{+0.05}_{-0.03}$	8					
	$35^{0}_{-0.10}$	2					
	$10^{+0.05}_{-0.03}$	2					
	5 ± 0.05	2					
	60 ± 0.05	2					
	130 ± 0.10	2					
	M24	8					
	锥度4号锥	8					
	$2\times45°$ $1\times45°$	2	每超0.02扣2分		钢板尺		
表面粗糙度	表面 Ra3.2、Ra1.6	5	表面没达到粗糙度要求不得分		表面粗糙度对比样块		
量具使用	正确使用量具	5	使用不规范不得分				
操作规范	操作过程规范	5	不按安全操作规程操作不得分				

续表

项目	检测项目	赋分	评分标准	量具	扣分	得分
安全文明	文明生产	5	着装、工作纪律			
	安全操作	5	有安全问题不得分			
累计						
监考员		检查员		总分		

项目八　配合零件车削加工

任务　三件套组合件的车削加工

任务要求

能综合分析三件套配合组件的加工方案

掌握零件的加工工艺及加工方法，正确定位装夹工件

会选择车刀、切削用量，加工符合图纸要求的组合零件

一、相关理论知识

三件套组合件加工的工艺方案分析

在车削加工中，有些配合的组合件，需要分别加工几个零件，这几个零件间有相互的配合关系，只有正确确定组合件的加工工艺方案，才能加工配合完好的零件，这也是提高综合应用知识的能力，以图 1-8-1 所示的三件套组合件装配图及零件图进行工艺方案分析。

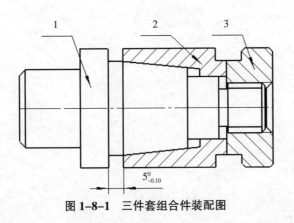

$5^{0}_{-0.10}$

图 1-8-1　三件套组合件装配图

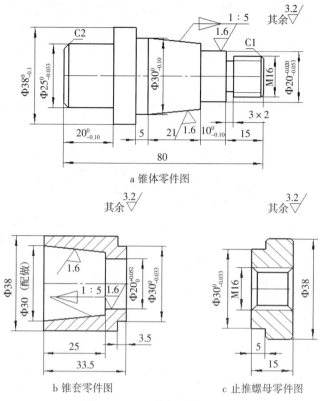

a 锥体零件图

b 锥套零件图   c 止推螺母零件图

图1-8-2 三件套组合件零件

三件套组合件是由锥体a与锥套b的锥面、圆柱面配合，因此加工时应注意圆锥与锥孔的锥度及孔与轴的配合尺寸，外圆锥面与锥孔的配合加工可先加工锥体，然后采取内孔车刀反装法加工内锥孔，这样锥度配合精度很好保证；止推螺母c与锥体a前端的螺杆配合，M16内螺纹可使用M16丝锥攻螺纹，因此加工时先将止推螺母加工好，用止推螺母检验锥体的螺杆配合。

加工工艺方案：①完成止推螺母c的加工。②完成锥套b部分加工。锥孔的粗加工，其余部分加工至尺寸。③完成锥体a加工。螺杆部分与止推螺母配做，配合间隙松紧适度。④锥套b的锥孔精加工。反装刀法加工，与锥体配做。

二、技能操作——三件套组合件车削加工

（一）止推螺母的加工

止推螺母按照图1-8-3的零件图分析工艺后，进行加工。

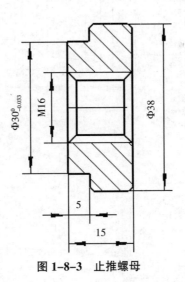

图 1-8-3　止推螺母

1. 图样分析

止推螺母零件（如图 1-8-3 所示），外形为台阶，中间为螺纹孔，加工时应先将台阶面加工好，然后钻螺纹底孔，台阶外径 $\Phi 30^{0}_{-0.033}$，尺寸精度较高，需粗、精加工。M16 的普通螺纹螺距为 2mm，根据计算螺纹小径的方法：16-1.0825P 可知，螺纹底孔直径为 13.835，可选 $\Phi 14$ 钻头钻螺纹底孔，然后用 M16 机用丝锥攻螺纹。

2. 加工准备

加工图 1-8-3 的止推螺母零件需要的工具、设备、材料：机床选择卧式车床 CD6140A；刀具：90°、45°硬质合金车刀、外圆光刀、中心钻、$\Phi 14$ 麻花钻头、M16 丝锥，车刀刀柄大小 25×25；夹具：三爪自定心卡盘、外卡爪、软卡爪；材料：45# 钢，$\Phi 40 \times 20$；工具：卡盘扳手、刀架扳手；量具：游标卡尺、钢板尺、千分尺。

3. 加工实施

加工过程如下：

（1）安装车刀。按照车刀的安装方法正确安装车刀，安装中心钻、麻花钻。

（2）工件的安装。按照三爪卡盘定位装夹工件的方法，正确定位装夹工件。

（3）调整切削用量。合理选取并计算调整切削用量。

（4）车削加工步骤。车削加工步骤如表 1-8-1 所示。

1）一端粗基准定位装夹。车 Φ38 端长度 8mm、倒角。

2）调头 Φ38 三爪卡盘软爪定位装夹。车端面，车削 Φ38 端接刀加工至尺寸，粗车 $\Phi30^0_{-0.033}$，精车 $\Phi30^0_{-0.033}$。钻中心孔，Φ14 麻花钻钻螺纹底孔；M16 丝锥攻螺纹。

表 1-8-1　止推螺母工艺步骤

序号	工件加工面	工件定位、夹紧面	工件定位装夹	注意事项
1	车 Φ38 端面长度 8mm、倒角	Φ40 毛坯面		45°偏刀 90°偏刀
2	车端面，车削 Φ38 端接刀加工至尺寸，粗车 $\Phi30^0_{-0.033}$，留 1mm 精加工余量	调头 Φ38 圆柱面定位装夹（软爪）		45°偏刀 90°偏刀
3	精车 $\Phi30^0_{-0.033}$，长度至尺寸			外圆光刀
4	钻中心孔，Φ14 麻花钻钻螺纹底孔、倒角			中心钻 Φ14 钻头钻孔
5	攻螺纹			M16 丝锥

4. 加工工艺卡片

止推螺母加工工艺卡片如表 1-8-2 所示。

（二）锥套的半成品加工

为配合精度的需要，先将锥套加工成半成品，然后与加工锥体时的小托板角度相同，将锥套加工为成品。其加工以图 1-8-4 的零件图分析工艺后进行。

1. 图样分析

锥套零件（如图 1-8-4 所示），外形为台阶，中间为锥度 1∶5 的内锥孔和 $\Phi20^{+0.052}_0$ 通孔，加工时应先将台阶面加工好，然后钻底孔，内孔加工至 $\Phi20^{+0.052}_0$，

表1-8-2　加工工艺卡片

工件名称：止推螺母			图纸编号：图1-8-3			
毛坯材料：45#钢			毛坯尺寸：Φ40×20			
序号	内容	要求	n (r/min)	f (mm/r)	a_p (mm)	工夹量具
1	安装车刀	90°、45°高速钢车刀正确安装，安装中心钻、麻花钻				刀架扳手
2	装夹工件	工件按工艺顺序正确定位装夹				卡盘扳手
3	切削用量	查表选切削用量	v_c = 90~110 (m/min)	f = 0.4~0.5 (mm/r)	a_p	
4	车 Φ38 端面长度8mm、倒角		560	0.5	1	150mm 游标卡尺、钢板尺
5	车端面，车削 Φ38 端接刀加工至尺寸，粗车 $Φ30^0_{-0.033}$，留1mm精加工余量		560	0.5	2	150mm 游标卡尺
6	切削用量	查表选切削用量	v_c = 15~25 (m/min)	f = 0.1~0.15 (mm/r)	a_p	
7	精车 $Φ30^0_{-0.033}$，长度至尺寸		72	0.1	0.2	千分尺
8	钻中心孔，Φ14 麻花钻钻螺纹底孔、倒角		280	手动	7	
9	攻螺纹		11	2	·2	
10	清理整顿现场					

其余 3.2

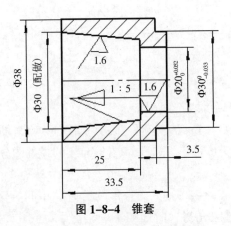

图1-8-4　锥套

内锥孔粗加工，留锥度加工的余量，锥套零件加工出半成品，待锥体加工完毕，采取反装刀法加工内锥孔，配合精度很容易保证。

2. 加工准备

加工图样的锥套需要的工具、设备、材料：机床选择卧式车床 CD6140A；刀具：90°、45°硬质合金车刀、外圆光刀、中心钻、Φ18 麻花钻头、内孔车刀、内孔光刀，车刀刀柄大小 25×25；夹具：三爪自定心卡盘；材料：45# 钢，Φ40×38；工具：卡盘扳手、刀架扳手；量具：游标卡尺、钢板尺、千分尺、内径千分尺。

3. 加工实施

加工过程如下：

（1）安装车刀。按照车刀的安装方法正确安装车刀，安装中心钻、麻花钻。

（2）工件的安装。按照三爪卡盘定位装夹工件的方法，正确定位装夹工件。

（3）调整切削用量。合理选取并计算调整切削用量。

（4）车削加工步骤。车削加工步骤如表 1-8-3 所示。

1）一端粗基准定位装夹。车 Φ38 端面、外圆长度 20mm。

2）调头 Φ38 定位装夹。车端面，车削 Φ38 端接刀加工至尺寸，粗车 $\Phi30^{0}_{-0.033}$，精车 $\Phi30^{0}_{-0.033}$；钻中心孔，Φ18 麻花钻钻底孔；粗、精车 $\Phi20^{+0.052}_{0}$ 孔，长度 10mm。

3）调头 Φ38 定位装夹。粗车内圆锥直孔，留加工余量。

表 1-8-3　锥套半成品加工工艺步骤

序号	工件加工面	工件定位、夹紧面	工件定位装夹	注意事项
1	车 Φ38 端面、外圆长度 20mm	Φ40 毛坯面		45°偏刀 90°偏刀
2	车端面，车削 Φ38 端接刀加工至尺寸，粗车 $\Phi30^{0}_{-0.033}$	调头 Φ38 圆柱面定位装夹		45°偏刀 90°偏刀
3	精车 $\Phi30^{0}_{-0.033}$，长度至尺寸			外圆光刀
4	钻中心孔，Φ18 麻花钻钻底孔			中心钻 Φ18 钻头钻孔

序号	工件加工面	工件定位、夹紧面	工件定位装夹	注意事项
5	粗、精车 $\Phi 20_0^{+0.052}$ 孔，长度 10mm			内孔车刀 内孔光刀
6	粗车内圆锥直孔，留加工余量	调头 $\Phi 38$ 定位装夹		内孔车刀

4. 加工工艺卡片

锥套半成品加工工艺卡片如表 1-8-4 所示。

表 1-8-4　加工工艺卡片

工件名称：锥套半成品			图纸编号：图 1-8-4			
毛坯材料：45# 钢			毛坯尺寸：$\Phi 40 \times 38$			
序号	内容	要求	n (r/min)	f (mm/r)	a_p (mm)	工夹量具
1	安装车刀	90°、45°高速钢车刀正确安装，安装中心钻、麻花钻				刀架扳手
2	装夹工件	工件按工艺顺序正确定位装夹				卡盘扳手
3	切削用量	查表选切削用量	$v_c = 90 \sim 110$ (m/min)	$f = 0.4 \sim 0.5$ (mm/r)	a_p	
4	车 $\Phi 38$ 端面，长度 20mm		560	0.5	1	150mm 游标卡尺、钢板尺
5	车端面，车削 $\Phi 38$ 端接刀加工至尺寸，粗车 $\Phi 30_{-0.033}^0$		560	0.5	2	150mm 游标卡尺
6	切削用量	查表选切削用量	$v_c = 15 \sim 25$ (m/min)	$f = 0.1 \sim 0.15$ (mm/r)	a_p	
7	精车 $\Phi 30_{-0.033}^0$，长度至尺寸		72	0.1	0.2	千分尺
8	钻中心孔，$\Phi 18$ 麻花钻钻底孔		220	手动	9	
9	粗车 $\Phi 20_0^{+0.052}$ 孔，长度 10mm		450	0.5	2	150mm 游标卡尺
10	精车 $\Phi 20_0^{+0.052}$ 孔，长度 10mm		72	0.1	0.2	内径千分尺、塞规

序号	内容	要求	n (r/min)	f (mm/r)	a_p (mm)	工夹量具
11	粗车内圆锥直孔，留加工余量		450	0.5	1	150mm 游标卡尺
12	清理整顿现场					

（三）锥体的车削加工

锥体的车削加工按照图 1-8-5 的零件图纸分析工艺后进行。

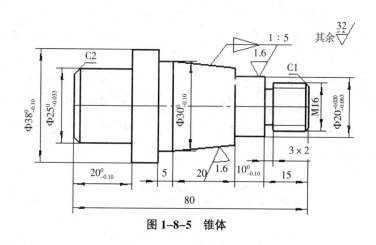

图 1-8-5　锥体

1. 图样分析

锥体零件（如图 1-8-5 所示），圆锥柄的台阶轴尺寸分别为 $\Phi 38^0_{-0.10}$、$\Phi 20^{-0.020}_{-0.063}$ 和 $\Phi 25^0_{-0.033}$、$\Phi 30^0_{-0.10}$，尺寸精度较高，而且圆锥面一端的表面粗糙度为 Ra1.6，因此需要粗加工和精加工，总长度尺寸为 80mm，台阶长度尺寸分别为 $20^0_{-0.10}$ mm、20mm 和 $10^0_{-0.10}$ mm，螺纹长度尺寸为 15，加工时应注意台阶长度尺寸，台阶轴的一倒角为 $2 \times 45°$倒角，一端的螺纹为 M16。工件长度较长，锥体零件是其他两个件安装配合的基体，应有足够的同轴度，因此采用一夹一顶的定位装夹方式。加工时应先在直台阶端车削 10~20mm 定位台阶，在螺纹端加工顶尖孔。

2. 加工准备

加工图样的锥体需要的工具、设备、材料：机床：卧式车床 CD6140A；刀具：90°、45°硬质合金车刀、高速钢光刀、螺纹车刀、切槽刀，刀柄尺寸 25×25；夹具：三爪自定心卡盘、活顶尖；材料：$45^\#$ 钢，$\Phi 40 \times 85$；工具：卡盘扳手、刀架扳手；量具：游标卡尺、游标深度卡尺、钢板尺、千分尺、1∶5 锥度套规。

3. 加工实施

加工过程如下：

（1）安装车刀。按照车刀的安装方法正确安装车刀。

（2）工件的安装。三爪卡盘定位和顶尖装夹工件的一夹一顶方法和三爪自定心卡盘定位装夹工件。

（3）调整切削用量。合理选取并计算调整切削用量。

（4）车削加工步骤。车削锥体零件的步骤如表 1-8-5 所示。

1）粗基准定位装夹。车削直台阶端 10~20mm 长的夹头。

2）调头粗基准定位装夹。车端面、钻中心孔。

3）一夹一顶定位装夹。粗车 $\Phi30^{0}_{-0.10}$、$\Phi20^{-0.020}_{-0.063}$、螺纹外径，留 1mm 精加工余量。

4）三爪卡盘装夹 $\Phi30$ 粗加工面。粗车 $\Phi38^{0}_{-0.10}$、$\Phi25^{0}_{-0.033}$ 台阶面，留精加工余量；外圆光刀精车 $\Phi38^{0}_{-0.10}$、$\Phi25^{0}_{-0.033}$ 台阶面，加工倒角。

5）一夹一顶定位装夹。外圆光刀精车 $\Phi20^{-0.020}_{-0.063}$；螺纹外径加工至尺寸、切槽、倒角；车螺纹；粗车圆锥面；精车圆锥面。

表 1-8-5　车削锥体零件工艺步骤

序号	工件加工面	工件定位、夹紧面	工件定位装夹	注意事项
1	车削直台阶端 10~20mm 长的夹头	$\Phi40$ 毛坯面		45°偏刀、90°车刀粗车，留加工余量
2	车端面、钻中心孔	$\Phi40$ 毛坯面		45°偏刀车端面钻中心孔
3	粗车 $\Phi30^{0}_{-0.10}$、$\Phi20^{-0.020}_{-0.063}$、螺纹外径，留 1mm 精加工余量	一夹一顶		90°偏刀粗车
4	粗车 $\Phi38^{0}_{-0.10}$、$\Phi25^{0}_{-0.033}$ 台阶面、留精加工余量	$\Phi30^{0}_{-0.10}$ 圆柱面		90°偏刀
5	精车 $\Phi38^{0}_{-0.10}$、$\Phi25^{0}_{-0.033}$ 台阶面，加工倒角			外圆光刀45°偏刀

序号	工件加工面	工件定位、夹紧面	工件定位装夹	注意事项
6	精车 $\Phi 20_{-0.063}^{-0.020}$	一夹一顶定位装夹		90°偏刀、 外圆光刀精车
7	螺纹外径加工至尺寸、切槽、倒角			90°偏刀 切槽刀 45°偏刀
8	车螺纹			螺纹车刀
9	粗车圆锥面 圆锥半角 5°42′38″			90°偏刀
10	精车圆锥面			外圆光刀

4. 加工工艺卡片

锥体车削加工工艺卡片如表 1-8-6 所示。

表 1-8-6 加工工艺卡片

工件名称：锥体			图纸编号：图 1-8-5			
毛坯材料：45#钢			毛坯尺寸：$\Phi 40 \times 85$			
序号	内容	要求	n (r/min)	f (mm/r)	a_p (mm)	工夹量具
1	安装车刀	90°、45°车刀、高速钢光刀正确安装				刀架扳手
2	装夹工件	工件按工艺顺序正确定位装夹				卡盘扳手
3	切削用量	查表选切削用量	$v_c = 90 \sim 110$ (m/min)	f = 0.4~0.5 (mm/r)	a_p	
4	车削直台阶端 10~20mm 长的夹头		560	0.5	2	150mm 游标卡尺、钢板尺
5	车端面、钻中心孔		220	0.10		
6	粗车 $\Phi 30_{-0.10}^{0}$、$\Phi 20_{-0.063}^{-0.020}$、螺纹外径，留 1mm 精加工余量		560	0.5	2	150mm 游标卡尺、钢板尺

序号	内容	要求	n (r/min)	f (mm/r)	a_p (mm)	工夹量具
7	粗车 $\Phi 38^{0}_{-0.10}$、$\Phi 25^{0}_{-0.033}$ 台阶面，留精加工余量		560	0.5	2	150mm 游标卡尺、钢板尺
8	切削用量	查表选切削用量	$v_c = 15\sim25$ (m/min)	$f = 0.1\sim0.15$ (mm/r)	a_p	
9	外圆光刀精车 $\Phi 38^{0}_{-0.10}$、$\Phi 25^{0}_{-0.033}$ 台阶面，加工倒角		90	0.15	0.2	千分尺
10	外圆光刀精车 $\Phi 20^{-0.020}_{-0.063}$		90	0.15	0.2	千分尺
11	螺纹外径加工至尺寸		560	0.5	2	150mm 游标卡尺
12	切槽刀车削退刀槽，加工倒角		220	手动	3	
13	车螺纹		72	2	0.2	螺纹环规
14	粗车圆锥面		560	0.2（手动）	1	锥度套规
15	精车圆锥面		72	0.15（手动）	0.2	锥度套规
16	清理整顿现场					

（四）锥套的加工

现锥套的半成品已加工完成，锥体加工时小托板的角度已调整好，采用车刀反装法加工锥套内孔。方法一，主轴正转，刀具反装加工内圆锥面；方法二，一把与内孔车刀弯头相反的车刀，刀面方向朝上安装，主轴反转。

1. 加工实施

加工过程如下：

（1）安装车刀。按照车刀的安装方法正确安装车刀。

（2）工件的安装。按照三爪卡盘定位装夹工件的方法，正确定位装夹工件。

（3）调整切削用量。合理选取并计算调整切削用量。

（4）车削加工步骤。锥套精加工工艺步骤如表 1-8-7 所示。以 $\Phi 38$ 外圆定位装夹。粗车内孔圆锥面；精车内孔圆锥面。

表 1-8-7 锥套精加工工艺步骤

序号	工件加工面	工件定位、夹紧面	工件定位装夹	注意事项
1	粗车内圆锥孔	$\Phi 38$ 定位装夹		内孔车刀

序号	工件加工面	工件定位、夹紧面	工件定位装夹	注意事项
2	精车内圆锥孔			内孔车刀 内孔光刀

2. 加工工艺卡片

锥套精加工工艺卡片如表 1-8-8 所示。

表 1-8-8 加工工艺卡片

工件名称：锥套			图纸编号：图 1-8-4			
毛坯材料：45#钢			毛坯尺寸：半成品			
序号	内容	要求	n (r/min)	f (mm/r)	a_p (mm)	工夹量具
1	安装车刀	90°、45°高速钢 车刀正确安装				刀架扳手
2	装夹工件	工件按工艺顺序 正确定位装夹				卡盘扳手
3	切削用量	查表选切削用量	$v_c = 15{\sim}25$ (m/min)	$f = 0.1{\sim}0.15$ (mm/r)	a_p	
4	粗车内圆锥孔		220	0.5	1	
5	精车内圆锥孔		72	0.1（手动）	0.2	

| 模块二 |

铣削加工技能实训

项目一　铣削加工操作基础

任务一　铣床的操作及维护保养

任务要求

掌握铣床安全操作规程

掌握铣床基础知识

熟练掌握铣床空运转操作

一、相关理论知识

（一）铣床安全文明生产及加工前准备

1. 铣床的安全操作规程

安全操作规程是预防发生操作事故的前提保障，是企业管理经营的重要内容，也是对操作者安全规范操作的必然要求，铣工操作者必须严格遵守。有关铣床安全操作规程有以下几方面内容。

（1）防护用品穿戴。防护用品的安全穿戴对于保证铣床安全操作规程是非常必要的，许多事故的发生都和防护用品穿戴不科学有关，防护用品的穿戴要注意以下事项：

1）上班时穿好工作服、工作鞋，将工作服的袖口系好。不准穿背心、短裤、拖鞋、凉鞋、高跟鞋、裙子进入车间。

2）女同志应戴好工作帽，不得将长发、辫子留在帽子外。

3）操作铣床时严禁戴手套操作。

4）高速铣削或刃磨刀具时要戴防护镜。

（2）操作前检查。操作前主要检查以下事项：

1）对机床各润滑部位加注润滑油。

2）检查机床各手柄是否在规定的位置，各自动进给手柄应在空挡位置。

3）检查进给方向自动停止挡铁是否紧固在最大行程之内。纵、横向自动进给手柄拉杆的连接部位是否松动、脱落。

4）检查刀具、夹具、工件的位置是否碰撞。

5）检查工件、夹具安装是否牢固。

（3）装卸工件、更换铣刀、擦拭机床必须停机，防止被铣刀刀齿割伤。

（4）操作中注意事项。操作中注意以下事项：

1）铣削加工中操作者可以站在机床的正面或有手柄的一个侧面，不能站在铁屑飞出的方向。

2）操作者要距旋转的刀具、刀杆远一些，防止衣角、袖口、头发卷入旋转的机件中。

3）加工中不可用手触摸旋转的铣刀或接触离铣刀很近的工件表面，否则容易切伤手指。

4）加工中不能用抹布擦拭旋转的刀杆、工件表面，防止手指卷入刀杆、刀具中；刀具离开工件时，用毛刷子将铁屑扫在机床工作台面上，待工作结束、停下机床后再清理工作台面上的铁屑。

5）切忌在加工中测量工件，主轴未停稳不准测量工件。

6）不得在机床运转时变换机床转速和进给量。

（5）工、卡、量具要放在指定的位置并放稳、放好，工作台的导轨面不能放工件、量具；工件要夹持可靠，防止切削中工件松脱发生事故。

（6）安装工件、分度头、铣头或其他较重物件时，不要一个人操作，应请其他人帮助或使用起重机械。

（7）工作中要集中思想、专心操作，不准做与操作无关的事；不得擅自离开机床，离开机床时要关闭电源。

（8）操作中发生意外应立即停机（按急停按钮），保持现场。

（9）电器部分不得随意拆开和摆弄，要按要求操作，不得擅自乱动。

2. 文明生产

文明生产是科学操作的基本内容，反映了操作者的技术水平和管理水平，同时也反映了工作和学习态度，是劳动者职业素质的基本要求。

（1）操作中严禁疯、打、闹等不文明行为，严禁读书、看报、玩手机游戏等。

（2）操作中工具、量具应摆放整齐，不能和铁屑混在一起。

（3）工具、量具要轻拿轻放，不能用工具、量具等敲打工件、导轨面等，量具、工具应放在工具架上。

（4）工作结束后应把机床工作台面上的铁屑和机床周围清扫干净。

（5）工具、量具擦干净后整齐放入工具箱中。

（6）机床应做到每天一小擦，每周一大扫，保持铣床床体及周围干净、整洁。

（7）工件加工完毕应摆放整齐，保持图样和工艺文件完整、清洁。

3. 加工前的准备工作

（1）检查铣床。工作前应先检查铣床各手柄的位置（各进给手柄均应放在"空挡"位置），并按规定加注润滑油。然后低速运转三分钟左右，以检查机械传动部分的运转情况，主轴变速箱和进给变速箱有无异常噪声以及工作台各方向进给是否灵活可靠，操纵杆等连接部位是否松动，润滑油泵工作情况是否正常。

（2）整理工作场地。工作场地是否整齐有序直接影响生产效率。每天要对工作场地和环境认真检查和整理，并明确划分出毛坯、半成品以及成品的存放区域，尽量缩短运输路线。工作场地周围应保持清洁整齐，避免杂物乱堆乱放，防止绊倒。

（3）熟悉图样和工艺流程。操作者接到任务后，首先要熟悉被加工工件的图纸，明确图纸中各投影关系，看清各部分尺寸及公差、形位公差和表面粗糙度以及其他方面的技术要求，弄清楚被加工工件的工艺规程等。

（4）检查被加工工件的毛坯。根据图样的要求检查毛坯的尺寸，再按照加工余量的大小对毛坯进行简单的分类，然后按分类次序进行加工。对有铸砂、焊渣或毛刺的毛坯先进行清理，以防造成废品。对于上道工序转来的工件毛坯或半成品，应按照图纸和工艺卡片，检查是否有未加工和错误加工的半成品，发现问题及时与有关人员沟通。

（5）确定工件装夹方法。根据工件的形状、加工要求等各方面情况选择并安装夹具，确定工件的定位装夹方法。对于细长弯曲的原材料要调直后装夹，较大的工件要预先测量和确定好安装位置，注意防止因工件变形或装夹不当而造成废品。

（6）准备铣刀、工具和量具。加工前要把铣刀、工具和量具准备齐全，更换铣削加工所需的铣刀，将工具和量具放在工具架上，不能放在铣床的导轨面或工作台上。为了保证加工尺寸的准确，在正式加工前，应将所使用的量具与检查员的量具进行核对。

（二）铣床的种类、型号、组成及作用

在机械制造中，使用的机床名目繁多，铣床就是普通加工中的一种机床。利用铣床可以进行铣削加工。铣削时铣刀旋转做主运动，工件移动做进给运动。与其他切削加工相比，铣削加工范围广，加工内容丰富。此外，铣削加工生产效率较高，加工公差等级可达 IT9 级，表面粗糙度值可达到 Ra1.6um。铣削加工在现代机械制造业中占有重要地位。

1. 铣床的种类

随着机器制造业的发展和金属切削加工的需要，铣床出现了许多种类，仪表铣床、悬臂及滑枕铣床、龙门铣床、平面铣床、仿形铣床、立式升降台铣床、卧式升降台铣床、床身铣床、工具铣床、数控铣床及其他铣床。

2. 铣床型号

机床都有型号，每种型号都代表不同的含义，以 X6132C、X5032A 为例，介绍铣床型号的含义。

X6132C

X—类别符号，铣床类

61—组、系别，卧式万能升降台

32—主参数，工作台面宽 320mm

C—重大改进顺序号，第三次重大改进

X5032A

X—类别符号，铣床类

50—立式升降台

32—主参数，工作台面宽 320mm

A—重大改进顺序号，第一次重大改进

3. 铣床的加工范围

铣床的加工范围很广，可加工各种面、沟槽、等分件（如图 2-1-1 所示）。

（1）加工各种面。平面、角度面、曲面、螺旋面、球面等。

（2）加工各种沟槽。键槽、花键轴、特形沟槽、螺旋槽、直角沟槽、切断等。

（3）加工各种等分件。齿轮、齿条、离合器、刀具齿槽、刻线等。

二、技能操作——铣床的操作方法

（一）铣床的结构

铣床的种类虽然很多，但各类铣床的基本结构大致相同。现以 X6132C 铣床为例，将铣床的基本部件及其作用作简单介绍（如图 2-1-2 所示）。

1. 底座

底座支承整个机床的重量，常用地脚螺栓把底座固定在地基上。底座箱体内用来盛装切削液。

2. 进给电动机

进给电动机是工作台自动进给的动力来源。

3. 横向工作台

在纵向工作台的下面是横向工作台，可沿导轨做横向移动。纵向和横向工作台之间有回转盘，可使工作台在纵向±45°范围内扳转角度。

4. 床身

床身是机床的主体。床身中部有主轴变速手柄和变速盘，床身内部有主轴传动系统和润滑机构。

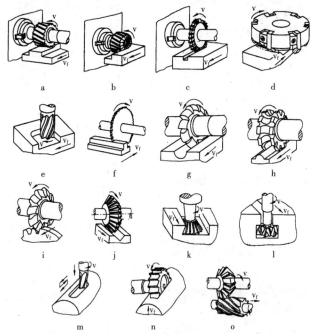

a 圆柱铣刀铣平面；b 套式面铣刀铣台阶面；c 三面刃铣刀铣直角沟槽；d 端铣刀铣平面
e 立铣刀铣凹平面；f 锯片铣刀切断；g 凸半圆铣刀铣凹圆弧面；h 凹圆弧铣刀铣凸圆弧面
i 齿轮盘铣刀铣齿轮；j 角度铣刀铣 V 形槽；k 燕尾槽铣刀铣燕尾槽；l T 形槽铣刀铣 T 形槽
m 键槽铣刀铣键槽；n 半圆键槽铣刀铣半圆键槽；o 角度铣刀铣螺旋槽

图 2-1-1　铣削加工图例

5. 纵向手动进给手柄

摇动此手柄可使工作台下的丝杠旋转，带动工作台纵向进给。

6. 主电机

在床身的后部安装了主电机，主电机提供机床主运动的动力。

7. 主轴变速手柄

调整主轴转速，变速范围为 30~1500r/min，共 18 种转速。

8. 主轴

主轴前端有 7：24~50 锥孔，用来装刀杆。

9. 悬梁

悬梁安装在床身上端燕尾槽内，根据需要可调整长度。

10. 挂架

挂架支撑刀杆，可以减少刀杆在铣削力的作用下颤动和弯曲。

11. 纵向工作台

纵向工作台用于安装夹具和工件。

12. 纵向自动进给手柄

纵向自动进给手柄可改变进给电机的旋转方向，从而改变工作台的移动方向。

13. 机床控制按钮

床身侧面和横向工作台前端各有一组机床控制按钮，有启动、停止、快速、急停、点动按钮及主轴锁紧旋钮。

14. 横向手动进给手柄

摇横向手动进给手柄，工作台横向移动。

15. 升降台手动进给手柄

摇动升降台手动进给手柄可使升降台带动工作台垂向移动。

16. 进给变速机构

进给变速机构可调整进给量，纵向、横向有 23.5~1180mm/min 共 18 种；垂向是横向和纵向的 1/3，范围为 8~394mm/min。

17. 升降台

升降台上有做横向和纵向移动的工作台。

18. 横向、垂向自动进给手柄

横向、垂向自动进给手柄可使工作台向横向和垂向的四个方向移动。

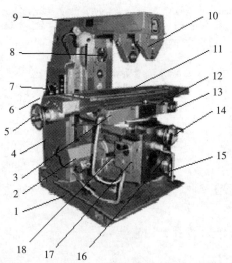

1—底座；2—进给电机；3—横向工作台；4—床身；5—纵向手动进给手柄；6—主电机
7—主轴变速手柄；8—主轴；9—悬梁；10—挂架；11—纵向工作台；12—纵向自动进给手柄
13—控制按钮；14—横向进给手柄；15—升降手动进给手柄；16—进给变速手柄；17—升降台
18—横向、升降自动进给手柄

图 2-1-2　X6132C 铣床结构

（二）铣床的空运转操作

在学习铣床的操作时，首先必须仔细了解铣床上每一个手柄、按钮和操纵机构的用途和使用规则。在练习启动机床之前，各个手柄应在零位或空挡位置，主轴转速和进给速度应在最小值。机床上不应有杂物，否则不能启动机床。

1. 铣床的控制按钮基本操作

首先打开铣床电气箱的总电源开关 1，打开机床照明灯开关 2，若需要使用冷却液，打开冷却泵开关 3，调整主轴旋向旋钮 4，注意主轴旋向一定与刀具的切削刃切入工件方向一致，否则刀具切削刃很容易碎裂损坏（如图 2-1-3 所示）。

1—总电源开关；2—机床照明灯开关；3—冷却泵开关；4—机床旋向旋钮

图 2-1-3　电气箱按钮

总电源打开，机床的主电路通电，但机床并没有启动，机床的启动、停止等操作是通过控制按钮实现的。铣床有两组控制按钮，分别位于机床的横向工作台前端（如图 2-1-4 所示）和机床侧面的床身上（如图 2-1-8 所示）

（1）主轴启动。启动机床时应注意刀具与夹具或工件的位置，启动机床时，刀具要远离夹具或工件，否则存在安全隐患，启动机床按下启动按钮 1。

（2）主轴停止。工件加工完毕或测量工件时，机床要停下，停下机床时按下停止按钮 2。

（3）快速进给。当刀具离工件很远或加工完毕，需要快速进刀或快速退刀时，按住快速按钮，快速按钮要与各方向的自动进给手柄配合使用。

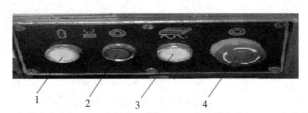

1—主轴启动按钮；2—主轴停止按钮；3—快速进给按钮；4—急停按钮

图 2-1-4　横向工作台前端部控制按钮

（4）急停。当在操作过程中出现意外、紧急情况时，按下急停按钮 4，这时主轴立即停下，为及时处理紧急情况提供了有力保障。

2. 进给运动的操作

铣床上的进给运动有手动进给、自动进给（机动进给——进给电机提供动力）、快速进给三种形式，能够实现纵向、横向、升降共六个方向进给运动。

（1）手动进给（如图 2-1-5 所示）。铣床有纵向、横向、升降三个手动进给手柄，手动进给时，将手动进给手柄向里推并转动手柄，这时工作台可实现进给运动。纵向和横向手柄每转过一圈，工作台进给 6mm，手柄每转过 1 个小格，工作台进给 0.05mm；升降手动进给手柄每转过一圈，工作台进给 2mm，手柄每转过 1 个小格，工作台进给 0.02mm。

a—纵向手动进给手柄　　b—横向手动进给手柄　　　　c—升降手动进给手柄

图 2-1-5　手动进给手柄

（2）自动进给（机动进给）（如图 2-1-6 所示）。铣床的六个进给方向都可实现自动进给，但各个方向是互锁的，即只能在一个方向自动进给，各方向不能同时进给。在铣床的前端横向工作台上有纵向自动进给手柄；在升降台的侧面有横向、升降自动进给手柄，自动进给时，扳动自动进给手柄，手柄所指的方向就是自动进给运动方向，手柄扳在中间时，是进给方向的空挡停止位置。

a—纵向自动进给手柄　　　　　　b—横向、升降自动进给手柄

图 2-1-6　自动进给手柄

（3）快速进给运动。铣床六个方向都可实现快速进给运动，当刀具离工件很远或工件加工完毕快速退刀，要使用快速进给操作。向某个方向快速进给时，先扳动该方向的自动进给手柄至该方向，并按住快速进给按钮，进给到指定位置后，松开快速进给按钮，然后将自动进给手柄扳至空挡位置。快速进给运动的各方向也是互锁的。

3. 进给变速的操作（如图 2-1-7 所示）

调整进给速度一定要在自动进给停下时进行。不同的刀具材料、工件材料选择的进给速度不同，进给变速盘上有两组数字，里侧一圈大的数字代表纵向和横向运动进给速度，外侧一圈较小的数字表示升降运动的进给速度，单位是mm/min。改变进给速度时，顺时针转动进给变速手柄至所选的进给速度，然后逆时针转动锁紧，若手柄没有被锁紧，扳动任意方向自动进给手柄，使变速箱内的齿轮微微转动，然后逆时针锁紧进给变速手柄。图 2-1-7 所示是横向或纵向工作台自动进给时，进给速度为 100mm/min，升降工作台自动进给时，进给速度为 33mm/min。

图 2-1-7　进给变速手柄

4. 主轴变速的操作（如图 2-1-8 所示）

改变主轴转速时要停机进行。在床身的侧面有主轴变速手柄，变速盘上有主轴转速的数字，单位为 r/min。调整时，需根据计算确定的主轴转速顺时针或逆时针转动手柄，当手柄转不动时，需要按点动按钮，使主轴微微转动，然后再转动变速手柄。

1—主轴变速盘；2—主轴变速手柄；3—主轴锁紧松开旋钮；4—主轴点动按钮
5—主轴启动按钮；6—主轴停止按钮；7—急停按钮

图 2-1-8　主轴变速手柄

任务二　铣床刀具及安装

任务要求

了解铣刀的名称及用途

会选用铣削刀具、刀杆及铣夹头

熟练掌握铣床刀具的装卸

一、相关理论知识

(一) 铣刀

在铣床的铣削加工中所用的刀具是铣刀，铣刀的种类很多，在铣削加工中依据工件材料及加工结构需要选用不同的铣刀。

1. 铣刀的种类

（1）铣刀按用途分类。铣刀按用途可分为铣削平面用铣刀、铣削直角沟槽用铣刀、铣削特形沟槽用铣刀和铣削特形面用铣刀等。

1）铣削平面铣刀（如图 2-1-9 所示）。圆柱铣刀分为粗齿和细齿两种，用于粗加工和精加工大平面，安装于卧式铣床的刀杆上；套式面铣刀一般是整体式；端铣刀有整体式、机夹式和可转位式三种，主要安装于立式铣床上加工大平面，也可安装于卧式铣床上用于加工工件的端面。

| 圆柱铣刀 | 套式面铣刀 | 端铣刀 |

图 2-1-9 铣削平面铣刀

2）铣削直角沟槽铣刀（如图 2-1-10 所示）。立铣刀有粗齿和细齿，粗齿立铣刀有三个刀刃，细齿立铣刀有四个或更多的刀刃，粗齿立铣刀用于粗加工，细齿立铣刀用于精加工，立铣刀可用来铣削沟槽、螺旋槽、孔、台阶平面、凸轮和内、外曲面；键槽铣刀有两个刀刃，主要用于铣削键槽；三面刃盘铣刀有直齿、错齿和可转位三种，直齿三面刃盘铣刀通常是整体式刀具，斜齿三面刃盘铣刀一般是镶齿式，可转位三面刃盘铣刀通常是机夹式，三面刃盘铣刀可用于铣削各种沟槽、台阶、工件侧面等；锯片铣刀用于铣削各种窄槽和切断工件。

| 立铣刀 | 键槽铣刀 | 三面刃盘铣刀 | 锯片铣刀 |

图 2-1-10 铣削直角沟槽铣刀

3）铣削特形沟槽铣刀。铣削特形沟槽铣刀如图 2-1-11 所示。

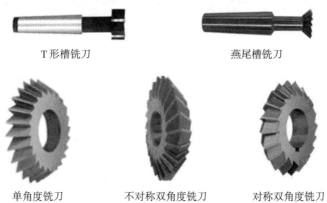

T形槽铣刀　　　　　　　　燕尾槽铣刀

单角度铣刀　　　不对称双角度铣刀　　　对称双角度铣刀

图 2-1-11 铣削特形沟槽铣刀

4）铣削特形表面的铣刀。铣削特形表面的铣刀如图 2-1-12 所示。

凹半圆铣刀   凸半圆铣刀   齿轮盘铣刀   指状齿轮铣刀

图 2-1-12 铣削特形面铣刀

（2）按铣刀的结构分类。按铣刀结构分类有如下几种（如图 2-1-13 所示）：

1）整体铣刀。整体铣刀是指铣刀的切削部分、装夹部分及刀体成一整体。这类铣刀可用高速钢整料制成，也可用高速钢制造切削部分，用结构钢制造刀体部分，然后焊接成一个整体。直径不大的立铣刀、三面刃盘铣刀、锯片铣刀都采用这种结构。

2）镶齿铣刀。镶齿铣刀刀体是结构钢，刀齿是高速钢，刀体和刀齿利用尖齿形槽镶装在一起。直径较大的三面刃盘铣刀和套式面铣刀，一般采用这种结构。

3）可转位铣刀。可转位铣刀是用机械夹固的方式把硬质合金刀片或其他材料的刀片安装在刀体上，保持了刀片的原有性能。刀刃磨损后，可将刀片转过一个刀齿继续使用。这种刀具节省材料、刃磨时间，提高了生产效率。

整体铣刀   镶齿铣刀   可转位铣刀

图 2-1-13 不同结构的铣刀

（3）按铣刀刀齿的结构分类。按铣刀刀齿结构分类有以下几种（如图 2-1-14 所示）：

1）尖齿铣刀。尖齿铣刀的齿背截面形状为直线或折线，制造和刃磨均较容易，刃口锋利，铣削性能好，生产中常用的铣刀大多数是尖齿铣刀，如圆柱铣刀、立铣刀和三面刃铣刀等。

2）铲齿铣刀。铲齿铣刀的齿背截面形状是阿基米德螺旋线，刃磨时只刃磨前刀面。刃磨后，只要前角不变，刀齿的刃口形状也不会改变，但制造费用较大，切削性能较差。为了刃磨方便，铲齿铣刀的前角一般制作成零度。铣削特形面用铣刀一般都采用铲齿铣刀，如凹、凸半圆铣刀和齿轮盘铣刀。

尖齿铣刀截面　　　　　　　　　　铲齿铣刀截面

图 2-1-14　铣刀截面

（4）按铣刀的安装方式分类。按铣刀的安装方式分类有以下几种：

1）带柄铣刀（如图 2-1-15 所示）。采用孔安装的带柄铣刀有锥柄和直柄两种。较小直径的立铣刀和键槽铣刀是直柄铣刀，较大直径的立铣刀和键槽铣刀是锥柄铣刀。

2）带孔铣刀（如图 2-1-16 所示）。采用孔安装的铣刀称为带孔铣刀，如三面刃盘铣刀、圆柱铣刀。

图 2-1-15　带柄铣刀　　　　　　　　　　图 2-1-16　带孔铣刀

（5）按铣刀切削部分的材料分类。按铣刀切削部分的材料分类有：

1）高速钢铣刀。高速钢铣刀有整体和焊接两种。

2）硬质合金铣刀。硬质合金铣刀是将硬质合金刀块以焊接或机夹的方式镶装在刀体上。

2. 铣刀的标记

（1）铣刀制造厂的产品商标。我国制造铣刀的工厂很多，如上海工具厂、哈尔滨量具刃具厂和成都量具刃具厂等，各制造厂都将自己的注册商标标注在其产品上。

（2）铣刀切削部分材料标记。制造铣刀的材料一般用材料的牌号表示，如HSS，表示铣刀的材料为高速钢。

（3）铣刀的尺寸标记。铣刀的尺寸规格标注因铣刀形状的不同而略有差异。

因铣刀上的标注尺寸均为基本尺寸，在使用和刃磨后会产生变化，故在使用时应加以注意。

1）带孔铣刀，如圆柱铣刀、三面刃盘铣刀和锯片铣刀等，一般以外圆直径×宽度×内孔直径来表示。例如，三面刃盘铣刀上标有80×12×27，表示该铣刀的外圆直径为80mm，宽度为12mm，内孔直径为27mm。

2）指状铣刀，如立铣刀和键槽铣刀等，一般只标注外圆直径。

3）角度铣刀和半圆铣刀等盘形铣刀，一般以外圆直径×宽度×内孔直径×角度（或圆弧半径）表示。例如，角度铣刀的外圆直径为80mm，宽度为22mm，内孔直径为27mm，角度为60°，则标记为80mm×22mm×27mm×60°。若在半圆铣刀的末尾标有8R，则表示铣刀圆弧半径为8mm。

3. 铣刀材料

（1）铣刀材料基本要求。铣刀材料的基本要求有：

1）硬度。在常温下，刀具切削部分必须有足够的硬度才能切入工件。由于在切削过程中会产生大量的热量，因而要求刀具材料在高温下仍能保持其硬度，并能继续进行切削。

2）韧性和强度。刀具在切削过程中要承受很大的冲击力，因此要求刀具切削部分材料具有足够的强度、韧性，在承受冲击和振动的条件下能继续进行切削，不易崩刃、碎裂。

（2）常用材料。常用铣刀材料有高速工具钢和硬质合金两种。

1）高速工具钢（高速钢、锋钢）有通用高速钢和特殊用途高速钢两种，其具有以下特点：

● 合金元素，如W（钨）、Cr（铬）、Mo（钼）、V（钒）的含量较高，淬火硬度可达到62~70HRC，在600℃高温下，仍能保持较高硬度。

● 刃口强度和韧性好，抗震性强，能制造切削速度较低的刀具。

● 工艺性能好，锻造、焊接、切削加工和刃磨都比较容易，可以制造形状复杂的刀具。

● 与硬质合金相比，仍有硬度较低、热硬性和耐磨性较差等缺点。

2）硬质合金是金属碳化物WC（碳化钨）、TiC（碳化钛）和以Co（钴）为主的金属黏结剂经粉末冶金工艺制造而成，其特点如下：

● 耐高温，在800~1000℃仍能保持良好的切削性能。切削时可选用比高速钢高4~8倍的切削速度。

● 常温硬度高，耐磨性好。

● 抗弯强度低，冲击韧性差，切削刃不易磨得很锋利。

（二）铣刀杆及铣夹头

铣床刀具通常安装在铣床刀杆或者安装在铣夹头上，刀杆、铣夹头的一端都有锥柄，它们的锥度是 7∶24，圆锥号分别有 30、40、45、50、60 号，选用时要与所用铣床的主轴锥孔圆锥号相对应，X5032A、X6132C 型铣床的圆锥号为 7∶24~50 号锥孔。

1. 铣床刀杆的种类及选用

（1）长铣刀杆。长铣刀杆通常安装在卧式铣床上，用于安装三面刃盘铣刀、圆柱铣刀等带孔的刀具，铣刀杆光轴直径通常是标准规格，常用直径规格有 16mm、22mm、27mm、32mm、40mm、50mm、60mm 几种规格；铣刀杆光轴长度规格也有多种，可按工作需要选用。在不影响正常铣削的前提下，铣刀杆长度尽可能选择短一些，以增强铣刀的强度。7∶24 锥柄长铣刀杆有 A 型和 B 型之分，主要区别是安装挂架端的结构有所不同，刀杆型号为：A50-32×630，表示 A 型铣刀杆 7∶24 的圆锥为 50 号，安装铣刀的光轴直径为 32mm，刀杆光轴长度为 630mm。

（2）短铣刀杆。短铣刀杆通常是安装套式面铣刀或端铣刀的刀杆，短刀杆锥柄部分安装于立式铣床或卧式铣床的主轴锥孔内。标准直径规格有 16mm、22mm、27mm、32mm、40mm、50mm，根据铣刀的内孔尺寸选用刀杆。刀杆标记为：刀杆 50-32，表示 7∶24 的圆锥为 50 号，安装铣刀的光轴直径为 32mm。

2. 铣床铣夹头的种类及选用

铣夹头有莫氏锥度和 7∶24 锥度两种，莫式锥度通常安装于万能铣头上，7∶24 锥度通常直接安装于铣床主轴上，选用铣夹头时，铣夹头锥柄的锥度要与机床或机床附件锥孔的锥度相适应。

（1）莫氏锥度铣夹头。莫氏锥度铣夹头，通常用于安装在立铣头或万能铣头的卧式万能铣床，根据立铣头或万能铣头主轴的锥度选用铣夹头。例如，万能铣头主轴锥孔的锥度为莫氏 4 号，必须选用莫氏 4 号锥度的铣夹头 JXT16-M4 型，型号含义：机床用模氏 4 号锥度铣夹头，最大夹持刀柄直径 16mm。

（2）7∶24 锥度铣夹头。铣床主轴锥度通常是 7∶24 锥度，部分立铣头的主轴锥度也是 7∶24，因此选用铣夹头时必须选用 7∶24 锥度的铣夹头，还应与锥度号相匹配。例如，X5032 型立式铣床主轴锥度为 50 号的 7∶24 锥度，应选用铣夹头型号为 JXT25-50 型，型号含义：机床用 7∶24 锥度，锥度号为 50 号的铣夹头，最大夹持直径 25mm；立铣头的主轴锥度为 40 号的 7∶24 锥度，必须选用 JXT16-40 型铣夹头。

二、技能操作——铣刀杆及铣刀安装与拆卸

（一）长刀杆及铣刀装卸方法

1. 长铣刀杆的结构（如图 2-1-17 所示）

铣刀杆左端是 7：24 的锥体，用来与铣床主轴锥孔配合。锥体尾端有内螺纹孔，通过拉紧螺杆将铣刀杆拉紧在主轴锥孔内。锥体前端有带两凹槽的凸缘，与主轴前端的端面键配合，用于传递动力使刀杆旋转。铣刀杆中部是长度为 L 的光轴，用来安装铣刀、垫圈和轴承套，光轴上有长键槽，用于安装平键。铣刀杆右端是螺纹和支承轴颈。螺纹用来安装紧刀螺母紧固铣刀。支承轴颈用来与挂架轴承孔配合，支承铣刀杆。

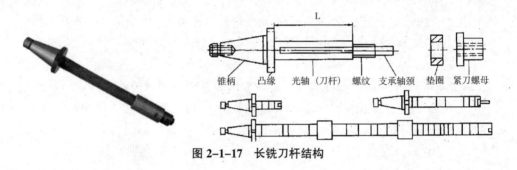

锥柄　凸缘　光轴（刀杆）螺纹　支承轴颈　　垫圈　紧刀螺母

图 2-1-17　长铣刀杆结构

2. 安装铣刀杆及铣刀

根据加工工件需要及铣刀孔径选用铣刀杆，先安装铣刀杆，然后安装铣刀，并紧固挂架。

（1）调整悬梁位置。调整悬梁位置步骤如图 2-1-18 所示。

1）先松开悬梁左侧的两个紧固螺母。

2）转动中间的六角螺母头，六角螺母轴上的齿轮转动，从而带动悬梁上的齿条使悬梁移动，悬梁调整至合适的位置。

3）紧固悬梁左侧的两个紧固螺母。

图 2-1-18　调整悬梁位置

（2）安装铣刀杆。安装铣刀杆步骤如下：

1）安装铣刀杆前先擦净主轴锥孔和刀杆锥柄（如图 2-1-19a 所示）。

2）将刀杆装入主轴锥孔。

3）用右手托住刀杆，左手旋入拉紧刀杆（如图 2-1-19b 所示）。

4）用扳手拉紧螺杆并紧固拉杆上的螺母，使铣刀杆牢固安装在主轴上（如图 2-1-19c 所示）。

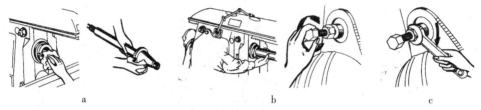

a   b   c

图 2-1-19　安装铣刀杆

（3）安装铣刀。安装铣刀步骤如图 2-1-20 所示。

1）将铣刀和垫圈的两端面擦干净。

2）装上垫圈，使铣刀安装的位置尽量靠近主轴处，在铣刀和刀杆之间安装平键，以防铣削加工时铣刀松动，装上垫圈、螺母。

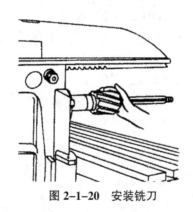

图 2-1-20　安装铣刀

（4）安装挂架及紧固刀杆螺母。安装挂架及紧固刀杆螺母步骤如下：

1）装上挂架（如图 2-1-21a 所示），将挂架左侧紧固螺母紧固（如图 2-1-21b 所示）。

2）调整挂架上铜轴瓦与刀杆上轴承套之间的间隙（如图 2-1-21c 所示）。

3）紧固刀杆上的螺母时，应先装上挂架，并且将挂架上的紧固螺母紧固（如图 2-1-22a 所示），然后再紧固刀杆上的螺母；若不先安装挂架，会扳弯刀杆，是错误的操作（如图 2-1-22b 所示）。

169

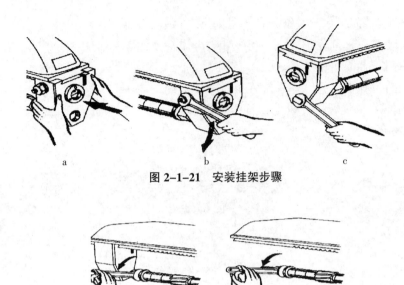

a   b   c

图 2-1-21　安装挂架步骤

a　正确　　　　　　　　　b　错误

图 2-1-22　紧固刀杆螺母

3. 拆卸铣刀和刀杆

（1）松开刀杆上的螺母（如图 2-1-23a 所示）。

（2）松开挂架左侧的紧固螺母（如图 2-1-23b 所示），拆下挂架，取出铣刀，装上垫圈及螺母。

（3）松开拉紧螺杆上的螺母（如图 2-1-23c 所示），用锤子敲一下拉紧螺杆端部（如图 2-1-23d 所示），旋出拉紧螺杆，取下铣刀杆。

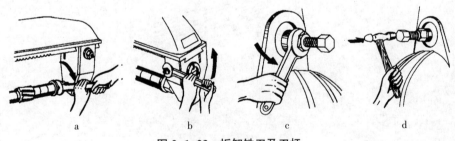

a   b   c   d

图 2-1-23　拆卸铣刀及刀杆

（二）套式面铣刀及端铣刀的安装

套式面铣刀和端铣刀都是先安装在短刀杆上，然后根据加工需要安装于立式铣床或卧式铣床的主轴锥孔上。套式面铣刀和端铣刀有内孔带键槽和端面带键槽两种结构形式，安装时分别采用带纵键的铣刀杆和带端面键的铣刀杆。

1. 带纵键槽的铣刀安装（如图 2-1-24 所示）

（1）将铣刀内孔的键槽对准铣刀杆上的键，装上铣刀。

（2）旋入紧刀螺钉，用叉形扳手将铣刀紧固。

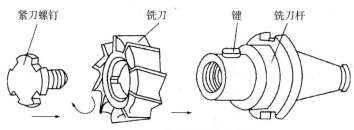

紧刀螺钉　　　　铣刀　　　　键　　铣刀杆

图 2-1-24　带纵键槽铣刀安装

2. 带端键槽的铣刀安装（如图 2-1-25 所示）

（1）将铣刀端面上的槽对准铣刀杆上凸缘端面上的端面键。

（2）旋入紧刀螺钉，用叉形扳手将铣刀紧固。

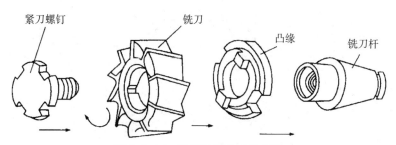

紧刀螺钉　　　　铣刀　　　凸缘　　铣刀杆

图 2-1-25　带端键槽铣刀的安装

（三）直柄铣刀的安装

直柄铣刀通常装于铣夹头上，铣夹头的锥柄与机床的锥孔配合，安装在机床上的主轴上，因此铣夹头锥柄锥度一定与主轴锥孔的锥度相匹配，铣夹头上的中间套有锥柄弹性套（如图 2-1-26 所示）和直柄弹性套（如图 2-1-27 所示）两种，两种铣夹头安装刀具的方法相同。

直柄弹性套铣夹头安装铣刀：①按铣刀柄直径选择相同尺寸的弹性套，将铣刀柄插入弹性套内。②将弹性套装入铣夹头的孔内。③用勾头扳手将锁紧螺母旋紧，即可将铣刀紧固。

（四）锥柄铣刀的安装

锥柄铣刀的柄部锥度一般采用莫氏锥度，有莫氏 1 号、2 号、3 号、4 号、5

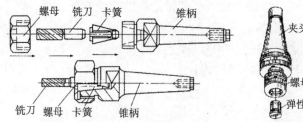

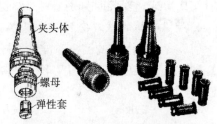

图 2-1-26　锥柄弹性套铣夹头　　　　图 2-1-27　直柄弹性套铣夹头

号五种，刀具锥柄锥度与主轴锥孔相同时，直接将铣刀安装在主轴的锥孔内，铣刀锥柄锥度与主轴锥孔锥度不同时，须通过中间套安装铣刀。

　　1. 锥度相同时铣刀安装（如图 2-1-28 所示）

　　铣刀柄部锥度与主轴锥孔的锥度相同时，直接将铣刀直柄放入主轴锥孔内，然后旋紧拉紧螺杆，即可紧固铣刀。

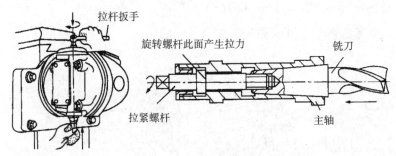

图 2-1-28　锥柄铣刀直接安装

　　2. 锥度不同时铣刀安装（如图 2-1-29 所示）

　　铣刀柄部锥度与主轴锥孔锥度不同时，须通过中间套安装铣刀，中间锥套的外锥锥度应和主轴锥孔锥度相同，中间锥套的内锥锥度应和铣刀柄部锥度相同。当铣刀的锥度较小时，可通过多个中间套配合使用。

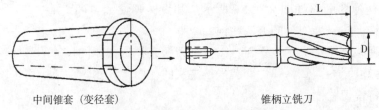

图 2-1-29　变径套安装锥柄铣刀

任务三　铣床夹具及使用方法

一、相关理论知识

在机械加工中，所有零件都是通过夹具进行定位装夹的，掌握机床夹具的正确使用方法，对保证加工质量、提高生产效率和减轻劳动强度具有重要意义。

（一）夹具的基本概念

在机械加工中，特别是成批加工工件时，要求能将工件迅速、准确地安装在机床上，并保证加工时，工件表面相对于刀具有一个准确而可靠的加工位置，这就需要一种工艺装置来配合，这种用来使工件定位和夹紧的装置称为夹具。

（二）按夹具的使用特点分类

根据铣床夹具使用特点的应用范围，可将夹具分为通用夹具、专用夹具和可调夹具、组合夹具。

1. 通用夹具

夹具已经标准化的、可加工一定范围内不同工件的夹具称为通用夹具，如三爪自定心卡盘（如图 2-1-30a 所示）、四爪卡盘（如图 2-1-30b 所示）、机用平口虎钳（如图 2-1-31 所示）、万能分度头（如图 2-1-32 所示）、回转工作台、磁力工作台等。这类夹具的通用性强，由专门工厂生产，均已标准化，其中有的作为机床附件随机配套。通用夹具能减少专用夹具的品种，充分发挥机床的技术性能及扩大使用范围。其缺点是夹具的加工精度不高，生产率也较低，且较难装夹形状复杂的工件，故适用于单件小批量生产。

2. 专用夹具

专用夹具是针对某一工件的某一工序的加工要求而专门设计和制造的夹具，其特点是针对性强，没有通用性。在产品相对稳定、批量较大的生产中，常用各种专用夹具，可获得较高的生产率和加工精度。

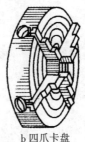

a 三爪自定心卡盘　　　　　b 四爪卡盘

图 2-1-30　卡盘

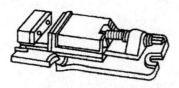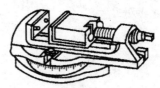

a 非回转式（固定式）　　　　　　　b 回转式

图 2-1-31　机用平口虎钳

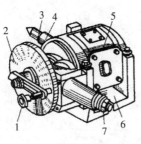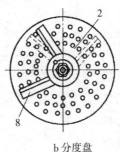

a 外形　　　　　　　　　　　b 分度盘

图 2-1-32　万能分度头

3. 可调夹具

可调夹具的夹具体、定位元件和夹紧元件等，都可以根据各工厂的情况预先制造备用。对不同类型和尺寸的工件，只需调整或更换原来夹具上的个别定位元件和夹紧元件便可使用。

4. 组合夹具

组合夹具是一种模块化的夹具，标准的模块元件有较高的精度和耐磨性，可组装成各种夹具，夹具用完即可拆卸，留待组装新的夹具。由于使用组合夹具可缩短生产准备周期，元件重复多次使用，并可减少专用夹具数量等优点，因此组合夹具在单件、中小批量多品种生产中应用广泛。

（三）夹具的组成

由于夹具的形状、尺寸不同，夹具的形式也随之不同，但不管是哪一种形式的夹具，机床夹具的基本组成部分有三个，分别是定位元件、夹紧装置和夹具体。

1. 定位元件

定位元件是夹具上起定位作用的零部件，它的作用是使工件在夹具中占据正确的位置。如图 2-1-33 所示的机用平口虎钳，固定钳口 1、钳身导轨 4 是定位元件，通过它们工件在夹具中占据正确的位置，定位元件的定位精度直接影响工件的加工精度。

2. 夹紧装置

夹紧装置是在夹具上起夹紧作用的零部件，夹紧装置也是夹具的主要功能元件之一，它的作用是将工件压紧夹牢，保证工件在加工过程中受到外力作用时不离开已经占据的正确位置。图 2-1-33 中的活动钳口及固定螺母 2、螺栓杆 3 是夹紧元件，连接在一起形成了螺栓、螺母夹紧装置。

3. 夹具体

夹具体是夹具的基体骨架，如图 2-1-33 所示的钳体 5 和底座 6，夹具体将各种元件和部件装配成一个整体，通过夹具体，使整个夹具固定在机床上。常用的夹具体为铸件结构、锻件结构、焊接结构，形状有回转体形和底座形等多种。定位元件、夹紧装置等分布在夹具体的不同位置。

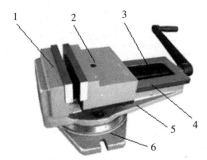

1—固定钳口；2—活动钳口及固定螺母；3—螺栓杆；4—钳身导轨；5—钳体；6—底座

图 2-1-33　机用平口虎钳

（四）工件的定位原理

定位是确定工件在机床或夹具中占据正确位置的过程。工件在加工过程中的位置是否正确，是加工精度能否达到要求的决定因素之一，在成批生产中尤为重要。因此工件的定位是使用和设计夹具的重要内容。

1. 六点定位规则

（1）工件的六个自由度（如图 2-1-34 所示）。位于任意空间的工件，相对于三个互相垂直的坐标平面共有六个自由度，即工件沿 ox、oy、oz 三个坐标轴移动的自由度，以及绕三个坐标轴转动的自由度。

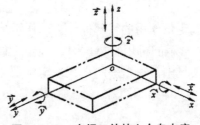

图 2-1-34　空间工件的六个自由度

（2）六个自由度的限制（六点定位）（如图 2-1-35 所示）。要使工件在空间的位置完全确定下来，必须消除六个自由度。通常是用一个固定的支承点限制工件的一个自由度，用合理分布的六个支承点限制工件的六个自由度，使工件在夹具中的位置完全确定，这就是六点定位规则。

注意：不能认为工件与分布合理的六个支承点接触后，在有支承点的方向不能动（被限制），而在其相反的方向仍能动（未被限制）。因为定位是指工件在加工前只要贴紧这些支承点，位置就完全确定了；亦即当把一个工件与这些支承点靠牢，取下后再放上，只要工件仍与这些支承点靠牢，则工件的前后位置完全一样。在加工过程中由于铣削力等因素影响，工件产生的移动，不是定位解决的问题，而是夹紧解决的问题。反之，认为工件夹紧后，所有自由度都被限制了，所以夹紧就是定位，这也是错误的。因为工件的位置是在夹紧前确定的，夹紧只是使工件稳固地贴紧定位元件。因此，定位是使工件确定位置，而夹紧是使工件固定在已定的位置上。

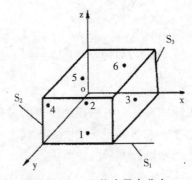

图 2-1-35　六位支承点分布

2. 限制工件自由度与加工要求的关系

工件加工时并非一定要求限制全部六个自由度才能满足必要的正确位置，而应根据不同工件的具体要求，限制它的某几个或全部自由度。

根据支承点对工件限制自由度的情况不同，工件的定位有以下几种情况：

（1）完全定位。工件的六个自由度全部被限制的定位，称为完全定位。

（2）部分定位。部分定位又称不完全定位，即在满足工件加工要求的条件下，所限制的自由度不满六个的定位，这里所指的部分定位是指合理的不完全定位。

（3）欠定位。欠定位是指根据工件的加工要求，应该限制的自由度未被限制的定位。欠定位虽也是部分定位，但欠定位是对应该限制的、会影响加工精度的自由度没有加以限制。其结果是将导致无法保证工序所规定的加工要求，所以欠定位是不合理的部分定位。

（4）重复定位。重复定位又称过定位，是指由两个或两个以上的支承点限制同一个自由度的定位。

3. 常用的定位元件

（1）对定位元件的基本要求：①足够的精度。②耐磨性好。③足够的强度和刚性。④工艺性好。⑤便于清除铁屑。

（2）几种常用的定位元件的结构及限制工件自由度情况。常用定位元件限制自由度情况如表2-1-1所示。

表2-1-1　常用定位元件限制自由度情况

名称	定位示意图	名称	定位示意图
定位支承钉	限制1个自由度 $\vec{y}$	短定位V形块	限制2个自由度 $\vec{x}$ $\vec{z}$
狭长定位板	限制2个自由度 $\vec{x}$ $\hat{x}$	长定位V形块	限制4个自由度 $\vec{x}$ $\vec{z}$ $\hat{x}$ $\hat{z}$

名称	定位示意图	名称	定位示意图
定位平面	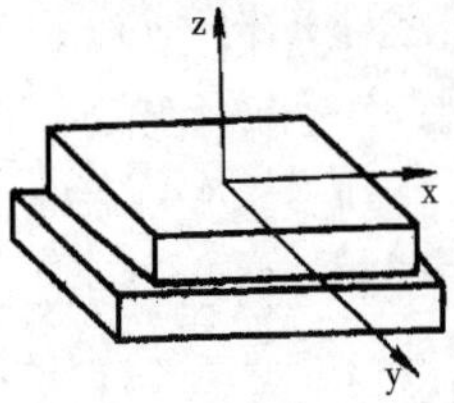 限制 3 个自由度 $\vec{z}\,\hat{x}\,\hat{y}$	削边定位销	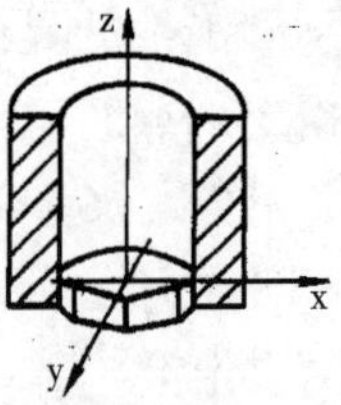 限制 1 个自由度 $\vec{x}$
短定位圆柱	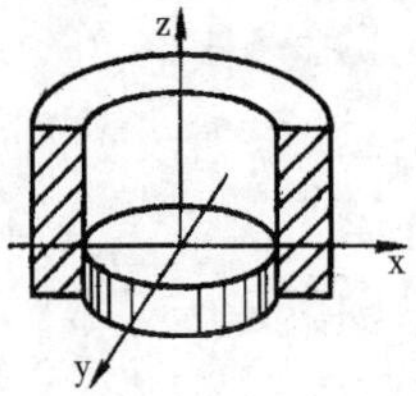 限制 2 个自由度 $\vec{x}\,\vec{y}$	短定位圆锥	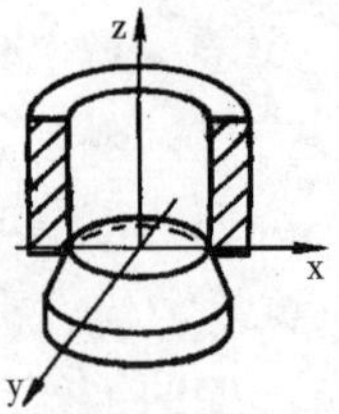 限制 3 个自由度 $\vec{x}\,\vec{y}\,\vec{z}$
长定位圆柱	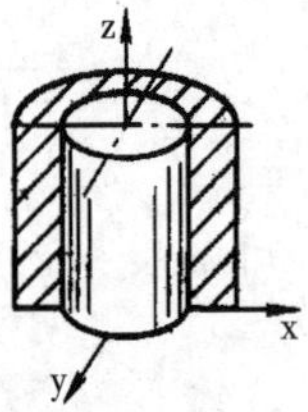 限制 4 个自由度 $\vec{x}\,\vec{y}\,\hat{x}\,\hat{y}$	双顶尖定位（一端固定，一端活动）	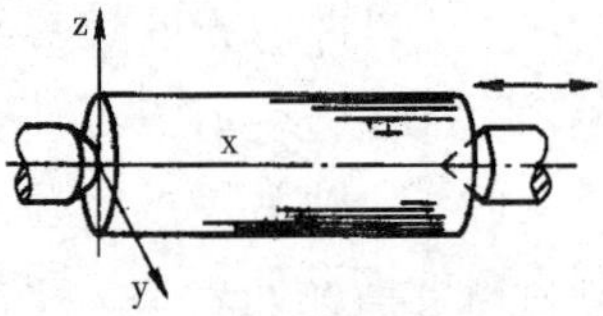 限制 5 个自由度 $\vec{x}\,\vec{y}\,\vec{z}\,\hat{y}\,\hat{z}$
自定心卡盘	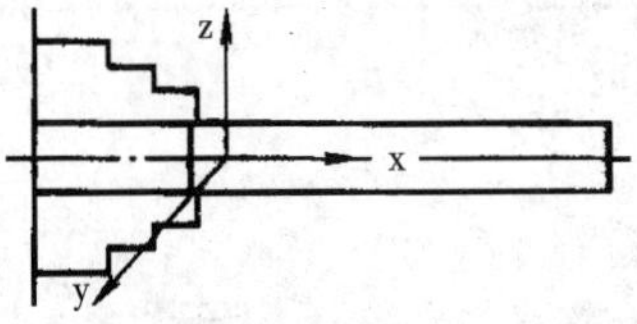 夹持工件短时 限制 2 个自由度 $\vec{y}\,\vec{z}$	自定心卡盘	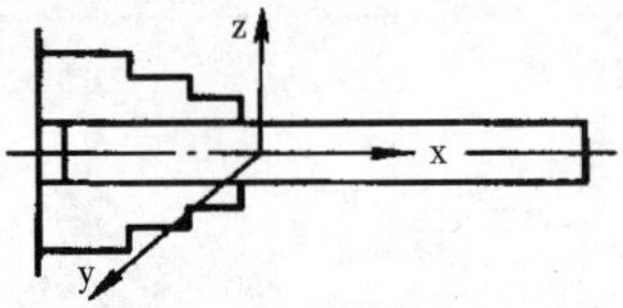 夹持工件较长时 限制 4 个自由度 $\vec{y}\,\vec{z}\,\hat{y}\,\hat{z}$

二、技能操作——夹具及工件定位装夹

（一）夹具的安装

1. 安装机用平口虎钳（如图 2-1-36 所示）

（1）将机用平口虎钳底部与工作台台面擦净。

（2）将平口虎钳安放在工作台的中间 T 形槽内，使平口钳安放位置略偏左方。

（3）双手拉动平口钳底盘，使定位键向同一侧贴紧。

（4）安装 T 形螺栓，用扳手将螺母拧紧，使机用平口钳牢固安装在工作台上。

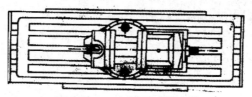

图 2-1-36 机用平口钳安装

2.机用平口虎钳的钳口方向

安装长的工件钳口方向应根据工件长度来确定。

（1）对于加工长的工件时，钳口应与工作台纵向进给方向平行（如图 2-1-37 所示）。

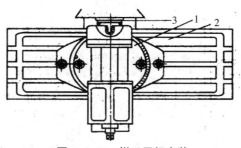

图 2-1-37 钳口平行安装

（2）对于加工短的工件时，钳口应与工作台纵向进给方向垂直（如图 2-1-38 所示）。

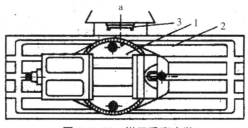

图 2-1-38 钳口垂直安装

（二）工件在夹具中定位与装夹

加工工件前，要对工件进行定位装夹，正确的定位装夹工件能保证工件的加工安全，保证加工质量，提高工作效率。

1.毛坯件的定位装夹

装夹毛坯件时，应选择大而平整的面与固定钳口贴合。为了防止损伤钳口和装夹不牢，最好在钳口和工件之间垫放铜皮。尤其夹紧工件后，如在工件与钳口之间有明显的缝隙，一定要在缝隙处垫铜片或纸片，然后夹紧工件，否则加工时工件容易松动，影响工件的加工或发生安全事故。

2. 已经过粗加工面的定位装夹

工件的面已经粗加工，为使工件的基准面与固定钳口充分贴合，保证加工质量，在装夹时，应在活动钳口与工件之间放置一圆铁棒。圆棒要与钳口的上平面平行，其位置应在工件被夹持部分高度的中间偏上（如图 2-1-39a 所示）。

为使工件的基准面与水平导轨面贴合，保证加工质量，在工件与水平导轨面之间有时要垫平行垫铁。工件夹紧后，可用铝棒或铜锤轻敲工件上表面，并用手试移垫铁，当垫铁不能移动时，表明垫铁与工件、垫铁与水平导轨面贴合。敲击工件时，用力要适当，并逐渐减小，用力过大反而会产生反作用力而影响装夹效果（如图 2-1-39b 所示）。

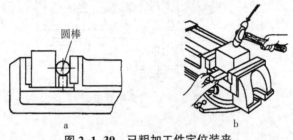

图 2-1-39　已粗加工件定位装夹

项目二　平面零件的铣削加工

任务一　铣削用量的选择及调整

任务要求

掌握铣削用量三要素，会选取铣削用量

会计算并调整主轴转速、进给变速手柄

一、相关理论知识

（一）铣削运动

铣床的铣削运动有主运动和进给运动。

1. 主运动

铣床主轴的旋转运动，即铣刀的旋转运动是主运动。主运动是形成铣削速度或消耗主要动力的运动。

2. 进给运动

进给运动是工件铣削层送给刀具进行铣削加工，加工所需表面的运动。进给运动包括断续进给和连续进给。

（1）断续进给（吃刀）——控制铣削层深度的进给运动，形成了铣削加工的吃刀量的运动。

（2）连续进给（走刀）——完成所形成工件表面的不断进给运动，形成铣削加工时进给量的运动。

进给运动有纵向进给运动、横向进给运动和垂向进给运动三种运动，进给运动共六个方向，进给运动可实现手动进给和机动进给。进给运动通常是指铣削加工时的工作进给运动。

3. 快速进给运动

快速进给运动是工作台快速移动的运动，是在不进行铣削加工时的快进、快退运动。进给运动的六个方向都可实现快速运动。

（二）铣削用量

在铣削过程中，所选用的切削用量，称为铣削用量。铣削用量包括：铣削速度 V_c、进给量 f 和吃刀量 a。

1. 铣削速度 V_c

铣削速度 V_c 是铣刀切削刃上选定的点相对于工件主运动的瞬时线速度（m/min）。是计算和调整主轴转速的依据。

在实际工作中，应根据刀具材料、加工工件材料查找出相对应的铣削速度，然后计算出主轴转速，并调整主轴变速手柄至合适的转速。

$V_c = \pi dn/1000$

$n = 1000V_c/\pi d$

V_c——铣削速度 （m/min）

d——铣刀直径 （mm）

n——主轴转速 （r/min）

2. 进给量 f

进给量是指刀具在进给运动方向上相对工件的位移量。在铣削加工过程中进给量的表述有三种：

（1）每齿进给量。多齿刀具每转或每行程中每齿相对工件在进给运动方向上的位移量，用符号 f_z 表示，单位为 mm/z，依据所使用的刀具类型、加工工件的材料查出 f_z，是计算进给速度的依据。

（2）每转进给量。铣刀每转一周，工件相对铣刀所移动的距离，用符号 f_n 表示，单位为 mm/r。$f_n = f_z z$。

（3）进给速度。在一分钟内，工件相对铣刀所移动的距离，用符号 V_f 表示，单位为 mm/min。进给速度是调整机床进给速度的依据。

$V_f = f_n n = f_z Zn$

Z——铣刀齿数

n——主轴转数 （r/min）

3. 吃刀量 a

吃刀量 a 是铣刀切削刃切入工件铣削层深度和宽度方向的长度量（mm）。吃刀量包括背吃刀量 a_p 和侧吃刀量 a_e。根据使用的刀具材料、加工工件材料可查出粗、精加工的最大吃刀量，是吃刀量的理论依据。加工工件时需根据工件加工余量具体确定每次的吃刀量，一般不能超过所查的最大吃刀量，使用端铣刀所查的值是背吃刀量，使用圆柱铣刀所查的值是侧吃刀量。

（1）背吃刀量（铣削深度）a_p。背吃刀量是铣削加工时，在铣刀轴线平行方向的铣削层长度量。

（2）侧吃刀量（铣削宽度）a_e。侧吃刀量是铣削加工时，在铣刀轴线垂直方向的铣削层长度量。

（三）选择铣削用量的原则和顺序

1. 选择铣削用量的原则

（1）保证刀具有合理的使用寿命，有高生产率和低成本。

（2）保证加工质量，主要是保证加工表面的精度和表面粗糙度达到图样的要求。

（3）不超过铣床允许的动力和扭矩，不超过工艺系统（刀具、机床、夹具）的刚度和强度，同时又充分发挥它们的潜力。

粗加工应尽可能发挥刀具、机床的潜力和保证合理的刀具寿命；精加工时，应首先保证加工精度和表面粗糙度，同时兼顾合理的刀具寿命。

2. 选择铣削用量的顺序

增大吃刀量、铣削速度和进给量，都能增加金属切除量，但是，影响刀具使用寿命的显著因素首先是铣削速度，其次是进给量，而吃刀量影响最小。所以，为了保证必要的刀具寿命，应当优先选用较大的吃刀量，其次是选择较大的进给量，最后才是根据刀具寿命要求，选择适宜的铣削速度。

（四）铣削用量的选择

合理地选择铣削用量，对充分利用机床和铣刀资源、保证零件的加工精度和表面质量，提供劳动生产率和降低生产加工成本，有着重要的意义。

1. 吃刀量的选择

在铣削加工过程中，一般是根据工件的铣削层的尺寸选择铣刀。用端铣刀铣削平面时，铣刀直径一般应大于工件的铣削宽度，即刀具直径大于侧吃刀量 a_e；若用圆柱铣刀铣削平面时，铣刀长度一般应大于工件的铣削深度，即刀具长度大于背吃刀量 a_p。当铣削余量不大时，应尽量一次进给铣去全部余量。只有当工件的加工精度要求较高时，才分粗、精加工。采用端铣加工时，查表的值是背吃刀量；采用周铣加工时，查表的值是侧吃刀量。不论是背吃刀量还是侧吃刀量，对机床而言，都是升降工作台的断续进给量（吃刀量）。吃刀量的选取，可参考表 2-2-1。

2. 每齿进给量的选择

粗加工时，限制进给量的主要因素是铣削力，其他因素是铣床进给机构的强度、刀杆强度、刀齿强度，铣床、夹具和工件的刚度等。在强度和刚度许可的条

表 2-2-1　吃刀量的选取

单位：mm

工件材料	高速钢铣刀		硬质合金铣刀	
	粗铣	精铣	粗铣	精铣
铸铁	5~7	0.5~1	10~18	1~2
软钢	<5	0.5~1	<12	1~2
中硬钢	<4	0.5~1	<7	1~2
硬钢	<3	0.5~1	<4	1~2

件下，进给量应尽量选大一些。

　　精加工时主要考虑的因素是工件表面的质量。为了减小工艺系统振动，减小已加工表面的残留高度，一般选较小的进给量。每齿进给量的值的选取，参考表 2-2-2。

表 2-2-2　每齿进给量的选取

单位：mm/z

刀具名称	高速钢刀具材料		硬质合金刀具材料	
	加工工件材料		加工工件材料	
	铸铁	钢件	铸铁	钢件
圆柱铣刀	0.12~0.2	0.1~0.15	0.2~0.3	0.08~0.2
立铣刀	0.09~0.15	0.03~0.06	0.2~0.5	0.08~0.2
端铣刀	0.15~0.2	0.06~0.10	0.2~0.5	0.08~0.2
三面刃铣刀	0.15~0.25	0.06~0.08	0.2~0.5	0.08~0.2

　　3. 铣削速度的选择

　　粗加工时，确定铣削速度必须考虑铣床的功率，如超过额定功率，则应适当降低铣削速度。

　　精加工时，一方面要考虑选取合理的铣削速度，以提高工件表面质量；另一方面还应考虑刀刃磨损对工件表面质量的影响，因此应选耐磨性较好的刀具材料，并使之在最佳的铣削速度范围。铣削速度根据表 2-2-3 推荐范围选取，实际工作中，由于工件的耐热性、韧性、硬度等有所差异，应根据实际情况进行试切加工并调整。

二、技能操作——铣削用量的选取与调整操作

（一）铣削用量的选取与计算

铣削用量的选取与计算以例子加以说明。

　　例：现要铣削加工工件材料为 45# 钢的平面，表面粗糙度为 Ra3.2，平面宽

表 2-2-3　铣削速度值的选取

单位：mm/min

工件材料	铣削速度		说明
	高速钢铣刀	硬质合金铣刀	
20	20~45	150~190	①粗铣时取小值，精铣时取大值 ②工件材料强度、硬度较高时取小值，反之取大值 ③刀具材料耐热性差时取小值，反之取大值
45	20~35	120~150	
40Cr	15~25	60~90	
HT150	14~22	70~100	
黄铜	30~60	120~200	
铝合金	112~300	400~600	
不锈钢	16~25	50~100	

度为 85mm，工作场地有卧式铣床和立式铣床。

根据加工工件的要求和工作场地、工作条件的实际情况，可选用端铣刀在立式铣床加工，也可选用圆柱铣刀在卧式铣床加工，由于使用圆柱铣刀加工效率较低，一般加工成型面时应用较多，因此最好的方案是选用 Φ100 可转位端铣刀。可转位端铣刀有 5 个刀刃，可用 YT15 硬质合金刀具材料在立式铣床加工。

1. 吃刀量

根据已知条件查表 2-2-1 可知，粗加工最大吃刀量小于 4mm，精加工最大吃刀量为 1~2mm，具体的数值需根据工件的加工余量来确定。

2. 铣削速度

铣削速度查表 2-2-3 可知应选 120~150mm/min。粗加工可选 120 mm/min，精加工可选 150mm/min。

$$粗加工时\ n = 1000V_c/\pi d$$
$$= 1000 \times 120/(3.14 \times 100)$$
$$= 382\ (r/min)$$

主轴变速手柄与之较接近的数值为 375r/min，因此应选 375r/min。

$$精加工时\ n = 1000V_c/\pi d$$
$$= 1000 \times 150/(3.14 \times 100)$$
$$= 477\ (r/min)$$

主轴变速手柄与之较接近的数值为 475r/min，因此应选 475r/min。

3. 进给量

根据所使用的刀具及刀具材料、工件材料查表 2-2-2 可知，每齿进给量 f_z 为 0.08~0.2mm/z，粗加工时选 0.2mm/z，精加工时选 0.08mm/z。

粗加工时 $V_f = f_n n = f_z Z n$

$$= 0.2 \times 5 \times 375$$

$$= 375 \text{mm/min}$$

进给变速手柄与之较接近的数值为 360mm/mim，因此应选 360mm/min 的进给速度。

精加工时 $V_f = f_n n = f_z Z n$

$$= 0.08 \times 5 \times 475$$

$$= 190 \text{mm/min}$$

进给变速手柄与之较接近的数值为 205 mm/mim、160mm/mim，因此可依据表面质量的实际试切加工，选择 205mm/min 或 160mm/min 的进给速度。

（二）主轴转速与进给速度的调整操作

1. 主轴转速的调整（如图 2-2-1 所示）

调整主轴变速手柄时，应停机进行，手柄可顺时针转动也可逆时针转动，当主轴变速手柄转不动时需按点动按钮。将手柄转至刻度值相应的位置，粗加工时调整至 375r/min，精加工时调整至 475r/min。

图 2-2-1 主轴转速调整

2. 进给速度的调整（如图 2-2-2 所示）

调整进给变速手柄时应在进给停下时进行，需顺时针转动手柄至相应的进给速度，然后逆时针锁紧手柄。当手柄转不动时应扳动一下自动进给手柄然后停下，再转动进给变速手柄。

图 2-2-2　进给速度调整

任务二　切削液的选用

任务要求
掌握切削液的种类及用途
会选用合适的切削液，并正确浇注切削液

一、相关理论知识

铣削过程中合理选择使用切削液，可降低铣削区域的温度，减小刀具与工件的切削摩擦，降低表面粗糙度值，延长刀具的使用寿命，提高加工质量和劳动生产率。正确使用切削液，可提高铣削速度 30% 左右，降低切削温度 100~150℃，减小切削力 10%~30%，延长刀具寿命 4~5 倍。

（一）切削液的作用

1. 冷却作用

铣削过程中，会产生大量的热量，使刀尖附件的温度很高，而使刀刃磨损加快。充分浇注切削液能带走大量的热量和降低温度，改善铣削条件，起到冷却工件和刀具的作用。

2. 润滑作用

在铣削时，刀刃及刀面与工件切削表面产生强烈的摩擦。这种摩擦一方面会使刀刃磨损；另一方面会降低工件表面质量。加注在切削表面的切削液，可减小工件、切屑与铣刀之间的摩擦，提高加工表面质量和减缓刀齿的磨损。

3. 冲洗作用

浇注切削液时，能把铣刀槽中与工件表面上的切屑冲掉，减小切屑堵塞对加工的影响，同时避免切屑与加工表面的挤压摩擦影响工件表面质量。

4. 防锈作用

浇注在工件表面的切削液，能防止工件表面锈蚀，保护工件表面质量，同时保护机床，使刀具不受腐蚀。

（二）切削液的种类和性能

切削液根据其性质不同分成水基切削液和油基切削液两大类。水基切削液是以冷却为主、润滑为辅的切削液，包括合成切削液和乳化液两类，铣削中常用的是乳化液。油基切削液是以润滑为主、冷却为辅的切削液，包括切削油和极压油两类，铣削中常用的是切削油。

1. 乳化液

乳化液是由乳化油用水稀释而成的乳白色液体。乳化液流动性好，比热容大、黏度小，冷却效果好，价格低廉，并且有一定的润滑作用。

2. 切削油

切削油主要是矿物油，还有动、植物油和复合油（以矿物油为基础，添加混合植物油 5%~30%）等。切削油有良好的润滑性能，但流动性差，比热容较小，散热效果较差。

（三）切削液的选用

切削液的选用，主要根据工件材料、刀具材料和加工性质来确定，选用时，应根据不同情况有所侧重。

1. 粗加工时

粗加工时，由于切削余量大，所产生的热量多，切削区域温度高，而对工件的表面质量要求不高，因此应选用以冷却为主，并具有一定润滑、冲洗、防锈作用的冷却液，如水溶液（加入一定量水溶性防锈添加剂的水溶液）和乳化液等。

2. 精加工时

精加工时，由于切削余量小，所产生的热量也较小，而对工件的表面质量要求较高，因此选用以润滑为主，并且具有一定冷却作用的切削液，如切削油。

3. 铣削钢等塑性材料时

铣削钢等塑性材料时，必须充分浇注切削液。

4. 铣削脆性材料时

铣削铸铁、黄铜等脆性材料时，一般不用切削液。因为脆性材料的切屑呈细小的颗粒状，和切屑混合后，容易黏结和堵塞铣刀、工件、工作台、导轨及管道，从而影响铣刀的切削性能和工件表面加工质量。如确需加注，可以使用煤油、乳化液和压缩空气。

5. 铣削难切削材料时

铣削高强度钢、不锈钢、耐热钢等难切削材料时，应选用极压切削油或极压乳化液。

6. 用高速钢铣刀与硬质合金铣刀时

用高速钢铣刀时，应加注切削液；用硬质合金铣刀高速铣削时，一般不用切削液，必要时可使用低浓度乳化液。

常用切削液的选用如表 2-2-4 所示。

表 2-2-4　加工材料冷却液的选用

加工材料	铣削种类	
	粗铣	精铣
碳钢	乳化液、苏打水	乳化液（低速时质量分数 10%~15%，高速时质量分数 5%）、极压乳化液、硫化油、复合油等
合金钢	乳化液、极压乳化液	乳化液（低速时质量分数 10%~15%，高速时质量分数 5%）、极压乳化液、硫化油、复合油等
不锈钢耐热钢	乳化液、极压切削油、极压乳化液、硫化乳化液	氯化煤油、煤油加 25%植物油、煤油加 20%松节油和 20%油酸、极压乳化液、硫化油（柴油加 20%脂肪和 5%硫磺）、极压切削油
铸钢	乳化液、极压乳化液、苏打水	乳化液、极压切削油、复合油
青铜黄铜	一般不用，必要时用乳化液	乳化液、含硫极压乳化液
铝	一般不用，必要时用乳化液、复合油	柴油、复合油、煤油、松节油
铸铁	一般不用，必要时用压缩空气或乳化液	一般不用，必要时用压缩空气或乳化液或极压乳化液

二、技能操作——切削液的正确浇注

（一）切削液使用注意事项

在使用切削液时，为了达到良好的使用效果，应注意以下几点：①铣削时，要浇注充足的切削液，使铣刀充分冷却，尤其在铣削速度较高和粗加工时尤为重要。②切削液应浇注在铣刀刀齿与工件加工处，即尽量浇注在热量最多、温度最高的部位。③在铣削加工一开始应立即浇注切削液，不要等到铣刀发热后再浇注，否则会使铣刀过早磨损，并可能会使铣刀产生裂纹。④应注意检查切削液的质量，及时更换，尤其是乳化液。使用变质的乳化液达不到预期的效果。

（二）浇注切削液操作

切削液的浇注位置如图 2-2-3 所示。

a 端铣时的浇注　　　　　b 周铣时逆铣浇注　　　　　c 周铣时顺铣浇注

图 2-2-3　切削液的浇注位置

任务三　平面零件的铣削加工

任务要求

掌握铣削加工方式的特点及应用

掌握平面加工的安全操作规程

正确使用游标卡尺测量检验两平面间的长度尺寸

一、相关理论知识

铣削方式有顺铣和逆铣两种，而铣削方式的正确选用是铣工应掌握的最基本的技能之一。铣削方式对延长铣刀使用寿命、提高工件表面质量及合理正确使用铣床有着重要意义。

（一）铣削加工方式

1. 周铣时的顺铣和逆铣

圆周铣（周铣）是用分布在铣刀圆柱面上的刀刃来铣削零件的铣削加工形式。

（1）顺铣。顺铣是在铣刀和工件已加工表面的切点处，铣刀旋转切削刃上一点的切线速度方向与工件进给运动方向相同的铣削加工方式（如图 2-2-4a 所示）。

（2）逆铣。逆铣是在铣刀和工件已加工表面的切点处，铣刀旋转切削刃上一点的切线速度方向与工件进给运动方向相反的铣削加工方式（如图 2-2-4b 所示）。

a 顺铣   b 逆铣

图 2-2-4 周铣时顺铣及逆铣

2. 端铣时的顺铣和逆铣

端铣是用分布在铣刀端面上的刀刃来铣削零件的铣削加工形式。

（1）对称端铣。对称端铣是用端铣刀铣平面时，铣刀处于工件铣削层宽度中间位置的铣削方式（如图 2-2-5a 所示）。

（2）不对称端铣。不对称端铣是用端铣刀铣平面时，工件铣削层宽度在铣刀两边不相等的铣削方式，分为以下两种。

1）逆铣。不对称端铣时，当进刀部分大于出刀部分时为逆铣（如图 2-2-5b 所示）。

2）顺铣。不对称端铣时，当进刀部分小于出刀部分时为顺铣（如图 2-2-5c 所示）。

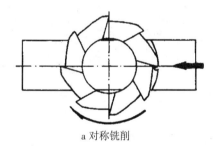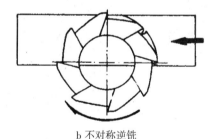

a 对称铣削   b 不对称逆铣

c 不对称顺铣

图 2-2-5 端铣时的铣削方式

(二) 周铣时顺、逆铣的优、缺点及应用

1. 顺铣优点、缺点 (如图 2-2-6 所示)

(1) 顺铣的优点：

1) 铣刀对工件的铣削力在垂直方向的分力 Fc 始终向下，对工件起压紧作用。因此铣削平稳，对不易夹紧的工件及细长的薄板形工件的铣削加工较适合。

2) 铣刀刀刃切入工件时的切屑厚度最大，并逐渐减小为零，刀刃切入容易，加工出的工件表面质量较高。

3) 铣刀刀刃切到工件已加工表面时，刀齿后刀面对工件已加工表面的挤压摩擦小，刀刃磨损较慢，铣刀寿命长。

4) 消耗在进给运动方面的功率较小。

(2) 顺铣的缺点：

1) 铣刀刀刃由外到内切入工件，不宜加工有硬皮和杂质的毛坯面。

2) 铣刀对工件的铣削力的水平分力 Fe 与工件进给方向相同，会拉动工作台。当工作台进给丝杠与螺母的间隙以及两端轴承的间隙较大时，工作台容易产生间歇性窜动，使每齿进给量突然增大，且能导致铣刀刀齿折断、铣刀杆弯曲、工件和夹具产生位移，使工件、夹具和铣床遭到损坏，甚至发生严重的事故。

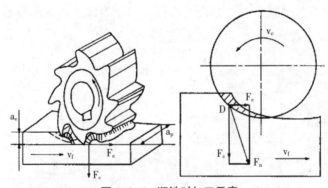

图 2-2-6　顺铣时加工示意

2. 逆铣优、缺点 (如图 2-2-7 所示)

(1) 逆铣的优点：

1) 在铣刀中心切入工件后，刀刃由内向外切出，因此适宜加工表面有硬皮和杂质的毛坯件。

2) 铣刀对工件的铣削力的水平分力 Fe 与工件进给方向相反，不会拉动工作台使工作台产生窜动。

(2) 逆铣的缺点：

1）铣刀对工件的铣削力在垂直方向的分力 Fc 始终向上，有把工件向上拉出的倾向，工件需要较大的夹紧力，不宜加工薄板类零件。

2）铣刀刀刃切入工件时的切削厚度为零，且要滑移一小段距离，然后逐渐增加到最大，使铣刀与工件的摩擦、挤压严重，刀齿磨损较快，且工件表面易产生硬化层，降低工件表面质量。

3）消耗在进给运动方面的功率较大。

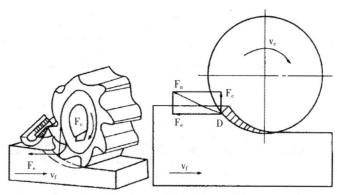

图 2-2-7　逆铣时加工示意

3. 顺、逆铣的优、缺点比较及应用

顺、逆铣的优、缺点比较及应用如表 2-2-5 所示。

表 2-2-5　顺、逆铣的优、缺点比较及应用

顺铣		逆铣	
①进给省力	应用：用于精加工，精度和粗糙度要求较高的工件及有色金属的加工。机床有间隙调整机构	①进给费力	应用：用于粗加工，表面有硬皮，加工余量较大，加工精度不高的工件。机床刚性较好，加工效率高，得到广泛应用
②刀具磨损较小		②刀具磨损较重	
③工件夹紧力适中		③工件夹紧力较大	
④工作台进给易窜动		④工作台进给平稳	
⑤铣削不安全可靠		⑤铣削安全可靠	
⑥工件表面粗糙度好		⑥工件表面质量差	

（三）端铣时对称铣削、不对称铣削的优、缺点及应用

1. 对称铣削

对称铣削时横向铣削分力较大，对窄长的工件易造成变形和弯曲。工件较宽且刚性较好，或铣刀宽度接近铣刀直径时才采用，应用不多。

2. 不对称顺铣

不对称顺铣具有顺铣的特点，不对称顺铣也容易拉动工作台使工作台产生间

歇窜动，铣削加工时很少采用。

3. 不对称逆铣

不对称逆铣具有逆铣的特点，不对称逆铣不会拉动工作台窜动，同时铣刀刀刃切出工件时，切屑由薄到厚，因此冲击力较小，振动较小，铣削平稳、可靠，得到广泛应用。

(四) 平面铣削加工的常见方法

1. 周铣平面

用分布在铣刀圆柱面上的切削刃来铣削并形成平面的铣削方法称为圆周铣。

由于圆柱形铣刀是由多个切削刃组成的，所以铣出的平面上会有微小的波纹。要使被加工表面获得较小的表面粗糙度值，工件进给速度应慢一些，而铣刀的旋转速度应适当快些。另外还应注意挂架轴瓦与刀杆轴承的间隙调整在合适范围，间隙过大容易产生振动的波纹，间隙过小轴瓦温度过高易导致烧瓦。

2. 端铣平面

用分布在铣刀端面上的切削刃铣削并形成平面的铣削方法，称为端铣。端铣时，铣刀的旋转轴线与工件被加工表面垂直。在立式铣床上进行端铣平面，铣出的平面与铣床工作台台面平行，如图2-2-8所示；在卧式铣床上进行端铣平面，铣出的平面与铣床工作台面垂直，如图2-2-9所示；用端铣方法铣出的平面也有一条条刀文，刀文的粗细（影响表面粗糙度值的大小）同样与工件进给速度的快慢和铣刀转速的高低等很多因素有关。

用端铣方法铣出的平面，其平面度的好坏主要取决于铣床主轴轴线与进给方向的垂直度。若主轴轴线与进给方向垂直，铣刀刀尖会在工件表面铣出网状弧形刀纹，工件表面是一平面，如图2-2-10所示。若主轴轴线与进给方向不垂直，铣刀刀尖会在工件表面铣出单向弧形刀纹，并将工件表面铣出一个凹面，工件的平面度达不到要求，如图2-2-11所示。因此，采用端铣方法铣削平面时，应保证铣床主轴轴线与进给方向垂直。

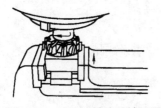

图2-2-8　在立式铣床端铣平面

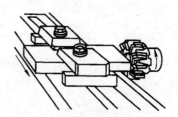

图2-2-9　在卧式铣床端铣平面

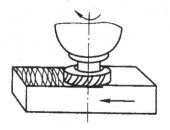

图 2-2-10 主轴轴线与进给方向
垂直铣出的平面

图 2-2-11 主轴轴线与进给方向
不垂直铣出的平面

二、技能操作——平面类零件的铣削加工

（一）平面的铣削加工操作规程

1. 选用并安装夹具

工件形状较规矩，尺寸规格适中通常选用机用平口虎钳通厂夹具，安装夹具时应先擦干净用平口虎钳的底座面和铣床工作台表面，避免有铁屑或杂物。

2. 选用并安装铣刀

加工大平面使用立式铣床加工选用端铣刀，使用卧式铣床加工选用圆柱铣刀，铣刀的安装方法按照前面任务的铣刀安装方法所示。

3. 调整铣削用量

根据刀具、工件的尺寸规格、材料等基本信息选择铣削用量，并计算调整主轴转速、进给速度、吃刀量。

4. 装夹工件

装夹工件时应检查工件夹紧是否牢固，若工件与固定钳口或活动钳口的接触面之间有缝隙，这时工件虽然夹紧但不牢固，需要在缝隙处垫合适的纸片或铜片，尤其工件的定位面和夹紧面为毛坯面时，这样操作显得尤为重要，否则加工时工件松动会造成严重的安全事故。

5. 启动机床、对刀

对刀是找到刀具与工件被加工表面的相切点。对刀时一定要先启动机床，使刀具旋转。

对刀时，刀具的刀刃离开工件被加工表面一定距离，打开机床启动按钮，使刀具旋转，摇动升降手柄使刀刃与工件表面刚刚相切（对刀），转动刻度盘使零刻度线与基准线对齐。

对刀方法有两种：

（1）切痕对刀法。切痕对刀法是观察刀刃与工件表面相切的痕迹，但一定是刚刚相切的痕迹，或者能听到刀具与工件相切的声音。

（2）贴纸对刀法。贴纸对刀法是在工件表面粘贴一层薄薄的纸片，刀刃将纸片带走后，再摇升降手柄至纸片的厚度，即为刀刃与工件相切。贴纸时可在工件的被加工表面滴少许的机油，将纸片紧紧粘贴在工件表面，贴纸法对刀适用于表面已经加工过的工件。

6. 快速退出工件

摇动手柄降下工作台，快速退出工件。工作台降下多少需要根据毛坯面实际情况确定，但要记清楚工作台下降的刻度数值。下降工作台是防止快速退刀时刀刃与工件毛坯面发生碰撞损坏刀刃，记清楚工作台下降数值是下一步加工吃刀量多少的基础。

7. 逆铣加工工件

摇动升降手柄上升升降台，使升降台的刻度值转回至对刀时的零刻度值，并转动升降手柄至吃刀量所需的刻度值。实际加工工件的吃刀量需根据工件加工余量确定，但吃刀量一般不能超过所推荐的铣削用量的吃刀量。

8. 加工完毕快速退出工件

加工完毕后，摇动升降手柄下降一点儿升降台，快速退出工件。下降工作台是为了避免刀刃划伤工件已加工表面。

（二）平面铣削加工及尺寸精度控制方法

平面的铣削加工及尺寸精度控制方法以图 2-2-12 的工件为例加以说明。

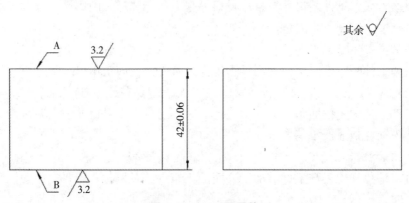

图 2-2-12　平面零件

1. 要求

（1）根据图 2-2-12 所示的零件图加工，保证工件的尺寸精度。

（2）合理选择铣削用量、铣削加工方式。

（3）工件材料为 45# 钢。

2. 图样分析

图 2-2-12 所示的工件加工两个平面，两个平面之间有尺寸要求，其余面不加工。此工件加工主要难点是平面的加工方法及尺寸的控制方法。须使用游标卡尺正确测量检验工件及对工件表面进行质量分析，分析表面质量产生原因及解决办法。

3. 加工准备

铣削图样所示的平面，需要的工具、设备、材料：机床选择卧式万能升降铣床安装了立铣头（X6132C）或立式升降台铣床（X5032A）；刀具：Φ80 端铣刀，高速钢刀块（五个刀块）；夹具：机用平口虎钳、平行垫铁；材料：45# 钢，45×65×75；工具：活扳手、虎钳扳手；量具：游标卡尺、深度卡尺。

4. 加工实施

加工过程如下：

（1）安装铣刀。按照刀具的安装方法正确安装铣刀。

（2）安装机用平口虎钳。先擦净虎钳底座表面和铣床工作台表面，注意是否有铁屑等杂物，以免损伤机床及虎钳底座表面，虎钳底座的定位件放入工作台的 T 形槽内，即可对虎钳初步定位。拧紧 T 形螺栓上的螺母。

（3）工件的安装。若装夹在钳口内的两个平面不平行，需要在钳口上垫纸片或铜片，夹紧更牢固，否则工件会产生松动、翘起，易发生安全事故。

（4）调整铣削用量。合理选取并计算调整铣削用量。

（5）铣削加工步骤。加工平面 A，具体步骤如图 2-2-13 所示：

1）启动机床。刀具远离工件时，打开机床的启动按钮，然后将工件移至刀具的下方。

2）对刀。顺时针转动升降手柄使铣床升降台上升，刀具与工件刚刚相切，可观察到有相切的痕迹（切痕对刀法）。刀具与工件相切后，将刻度盘旋至 "0" 刻度线位置以方便计数。

3）退刀。逆时针转动升降手柄使升降工作台下降，但一定要记住升降台的下降量。

4）退出工件。快速移动工作台将工件退出。

5）铣削加工。转动手柄使刻度盘的刻度线转至对刀时的 "0" 位值，并根据工件加工余量，确定刻度线的转动位置。

6）退出工件。加工完毕后，下降工作台使刀具离开工件已加工表面，以免划伤已加工表面，并快速退出工件，停机后卸下工件。

加工平面 B。加工平面 B 前应先测量加工好的 A 面至毛坯面 B 之间的尺寸，计算加工余量，按照上述的加工平面 A 的步骤加工平面 B，加工至图示的尺寸公差范围内。

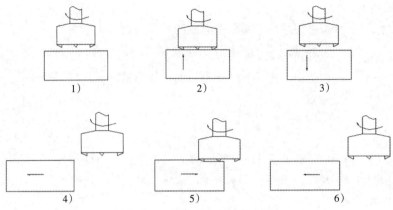

1)   2)   3)

4)   5)   6)

图 2-2-13 铣削平面操作步骤

5. 加工工艺卡片

铣削加工平面的工艺卡片如表 2-2-6 所示。

表 2-2-6 加工工艺卡片

工件名称：平面零件			图纸编号：图 2-2-12			
毛坯材料：45# 钢			毛坯尺寸：45×65×75			
序号	内容	要求	n (r/min)	v_f (mm/r)	a_p (mm)	工夹量具
1	安装铣刀	铣刀柄擦净，拉杆拉紧铣刀				活扳手
2	安装机用平口虎钳	擦净虎钳底座及工作台表面，拧紧紧固螺母				活扳手、叉扳手
3	装夹工件	工件夹紧牢固，必要时，在钳口内垫纸片或铜片				虎钳扳手、平行垫铁
4	铣削用量	查表选铣削用量	v_c=20~35 (m/min)	f_z=0.06~0.10 (mm/z)	粗铣<4 精铣 0.5~1	
5	粗铣 A 面	测量毛坯尺寸，B 面留余量	75	36	<4	150mm 游标卡尺
6	粗铣 B 面	测量 A 面至 B 面尺寸，留精加工余量	75	36	<4	150mm 游标卡尺
7	测量工件	测量 A 面至 B 面尺寸，确定精加工余量				150mm 游标卡尺
8	精铣 A 面	精加工 A 面，B 面留余量	118	27	0.5~1	150mm 游标卡尺
9	精铣 B 面	测量 A 面至 B 面尺寸，确定 B 面精加工余量	118	27	0.5~1	150mm 游标卡尺

序号	内容	要求	n (r/min)	v_f (mm/r)	a_p (mm)	工夹量具
10	测量检验	测量检验工件是否达到图纸要求				150mm 游标卡尺、表面粗糙度对比样块
11	清理整顿现场					

6. 检查评价

铣削加工平面零件的评分标准如表 2-2-7 所示。

表 2-2-7　平面零件评分标准

班级：		姓名：		学号：	零件：平面零件	工时：	
项目	检测项目	赋分	评分标准	量具	扣分	得分	
加工准备	工具、量具、刀具准备	5	准备不齐全不得分				
	刀具安装	5	安装不规范不得分				
	夹具安装	5	安装不规范不得分				
	工件装夹	10	工件松动不得分				
	铣削用量选择及调整	10	选择不合理不得分				
尺寸精度	42±0.06	20	每超 0.02 扣 2 分	游标卡尺			
表面粗糙度	表面 Ra3.2	5	表面没达到粗糙度要求不得分	表面粗糙度对比样块			
量具使用	正确使用量具	10	使用不规范不得分				
操作规范	操作过程规范	10	不按安全操作规程操作不得分				
安全文明生产	工作着装	10	不穿工作服不得分				
	文明生产	5	不文明生产不得分				
	安全操作	5	有安全问题不得分				
累计							
监考员		检查员			总分		

项目三　长方体类零件的加工

任务一　平行平面、垂直平面的铣削

一、相关理论知识

(一) 机用平口虎钳装夹工件铣垂直面和平行面

1. 机用平口虎钳的定位元件的检测与调整

加工中、小型工件时，一般采用平口虎钳装夹工件，为了保证工件的垂直度和平行度要求，应正确定位、装夹工件。装夹工件前，首先要检测并调整机用平口虎钳定位元件的垂直度和平行度，即检测并调整机用平口虎钳固定钳口相对工作台面的垂直度，钳体导轨面相对工作台面的平行度，使其在误差范围内。

(1) 固定钳口相对工作台面垂直度检验与调整（如图 2-3-1 所示）。在用机用平口虎钳装夹加工垂直度要求较高的工件时，要以固定钳口为定位元件，必须检测并调整固定钳口相对工作台面的垂直度使其符合要求。检测时，选用一块表面磨得光滑的平行铁，约 300mm 长度，光滑的一面贴在固定钳口处，在钳体的导轨面处留有一定的间隙，并在活动钳口处，横向放置一根圆铁棒，将平行铁夹紧牢固。百分表的触头压在固定钳口一侧的平行铁表面上，触头压入 1mm 左右，上下移动升降台，在 200mm 范围内，百分表指针的变动量在 0.03 范围内为合适，否则应卸下固定钳口铁，在钳口铁与钳体之间垫纸片或铜片，或磨削固定钳

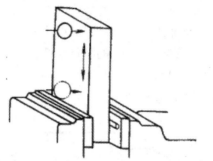

图 2-3-1 机用平口虎钳固定钳口垂直度检验

口铁，直至调整到允许的范围内。

（2）钳体导轨面相对工作台面平行度的调整。在机用平口虎钳上装夹工件铣削平行平面时，若以钳体导轨面为定位元件，需检测并调整钳体导轨面相对工作台面的平行度使其符合要求。检测时，将一块表面光滑并平行的垫铁放置在钳体导轨面上，百分表触头压在平行垫铁的表面上，压入 1mm 左右，前后、左右移动工作台，观察表针变化值是否在允许范围内，否则需要修磨钳口导轨面直至检测合格。

2. 工件的定位与装夹

（1）固定钳口定位加工垂直表面（如图 2-3-2 所示）。在加工相互垂直表面时，通常是以固定钳口定位，使工件的基准面与固定钳口充分贴合，为了确保工件的定位面与固定钳口贴合紧密，需在活动钳口的中间部位与工件之间横向放置一根圆铁棒。若不放置圆棒，如果工件上与基准面相对的面是高低不平的毛坯面，或与基准面不平行，在夹紧后基准面与固定钳口不一定会很好贴合。

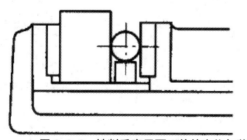

图 2-3-2 铣削垂直平面工件的定位与装夹

（2）钳体导轨面定位加工平行面（如图 2-3-3 所示）。工件上有垂直于基准面的平面时，可利用这个平面进行装夹。可将该平面与固定钳口贴合，然后用铜锤轻敲顶面，使工件基准面与虎钳导轨面贴合，这时铣出的工件顶面即与基准面平行。

当工件上没有与基准面垂直的平面时，应设法使基准面与工作台面平行。若在虎钳上装工件，下面最好垫两块等高的平行垫铁。必要时，可在固定钳口的下部或上部垫铜皮或纸片。夹紧时，用铜锤轻敲工件顶面，使基准面与垫铁面紧贴，从而与工作台面平行。可抽动垫铁检查是否贴合，若没有贴合应重新调整。

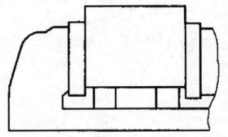

图 2-3-3　铣削平行面工件的定位与装夹

3. 铣削加工方法

（1）垂直面的铣削加工（如图 2-3-4 和图 2-3-5 所示）。机用平口虎钳装夹工件铣削垂直面时应将工件定位基准面靠向固定钳口，使定位基准面与进给方向平行或垂直，通常在活动钳口放置一个圆铁棒。在卧式铣床加工较长的平面时，采用周铣的加工方式；端面采用端铣的加工方式。在立式铣床上可用端铣加工平面，可用立铣刀加工侧端面。

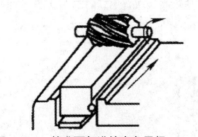

图 2-3-4　基准面与进给方向平行

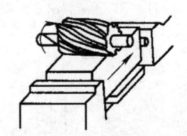

图 2-3-5　基准面与进给方向垂直

（2）平行面的铣削加工（如图 2-3-6 和图 2-3-7 所示）。机用平口虎钳装夹工件铣削平行面时，应使其基准面与工作台面平行，在钳体导轨面垫两块高度相同的合适垫铁，夹紧工件后用铜锤轻轻敲打工件，使工件定位基准面与平行垫铁完全贴合，若被夹持的两个面不平行或是毛坯面，还需在固定钳口和活动钳口垫纸片或铜片调整。铣削加工平行面时，可选用卧式或立式铣床，采用周铣和端铣的加工方式。

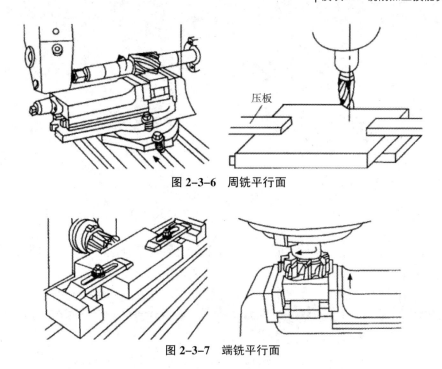

图 2-3-6　周铣平行面

图 2-3-7　端铣平行面

（二）垂直度、平行度的测量检验及误差分析

1. 垂直度误差的测量与检验

（1）垂直度误差的检测量具。当工件大小适中，垂直度误差精度不高时，可使用宽座角尺和塞尺配合使用检验垂直度，如图 2-3-8 和图 2-3-9 所示。

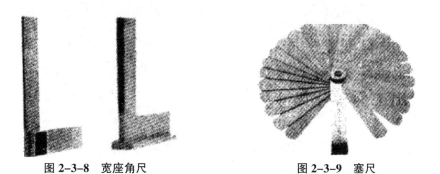

图 2-3-8　宽座角尺　　　　　　图 2-3-9　塞尺

当工件的垂直度精度要求较高时，通常使用杠杆式百分表或钟表式百分表，配合使用角铁检验工件的垂直度，如图 2-3-10 和图 2-3-11 所示。

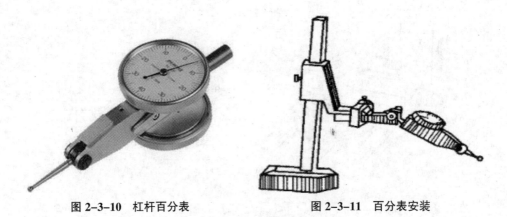

图 2-3-10　杠杆百分表　　　　　　　图 2-3-11　百分表安装

（2）垂直度误差的检测方法。使用宽座角尺检测垂直度时，宽座角尺的尺座内表面靠在工件的基准面上，轻轻往下拉动宽座角尺，使宽座角尺的尺腰内表面与被测表面刚刚接触，观察它们之间有无缝隙，若无缝隙说明垂直度误差符合要求；若有缝隙，判断是否超过形位公差，还需用合适的塞尺配合使用，检验垂直度公差是否在公差范围（如图 2-3-12 和图 2-3-13 所示）。

使用百分表检测垂直度时，角铁放置在平台上，工件的基准面与角铁的另一个侧面贴合，在工件的地面放置一个磨好的精度较高的圆铁棒，拧紧螺栓夹紧工件；百分表的触头压向被测表面 1mm 左右，在被测表面的垂直方向移动百分表，最大与最小的读数差值即为垂直度误差（如图 2-3-13 所示）。

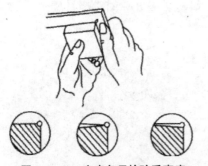

图 2-3-12　宽座角尺检验垂直度

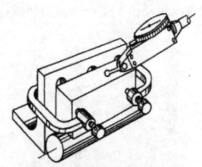

图 2-3-13　百分表检验垂直度

2. 平行度误差的测量与检验

（1）平行度误差的检测量具。平行度误差精度不高的工件可使用游标卡尺检验，平行度误差精度较高的工件，通常使用钟表式百分表或者杠杆式百分表测量检验（如图 2-3-14 和图 2-3-15 所示）。

图 2-3-14 钟表式百分表

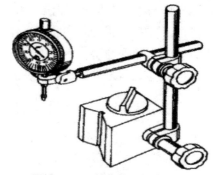

图 2-3-15 钟表式百分表安装

（2）平行度测量检验方法。使用游标卡尺检验平行度误差时，用游标卡尺测量被测表面与基准面之间的四个对应的长度尺寸，尺寸的最大值与最小值的差值即为平行度误差。

使用百分表测量平行度误差时，将工件基准面和表座放置在平台上，调整表架使表的触头压入被测表面 1mm 左右，纵向和横向多次移动工件，百分表的最大读数与最小读数的差值即为平行度误差（如图 2-3-16 所示）。

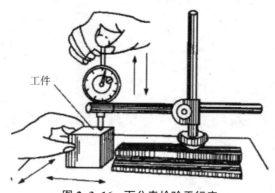

工件

图 2-3-16 百分表检验平行度

3. 误差分析

（1）垂直度误差的主要原因。垂直度误差产生的主要原因有：

1）机用平口虎钳固定钳口与工作台面不垂直。这种情况除了虎钳安装和调整不好外，还因夹紧力过大，使虎钳变形。

2）工件基准面与固定钳口不贴合。修去工件毛刺，擦净工件基准面和固定钳口铁屑。

3）工件基准面定位过小，工件的定位基准面大部分放置在钳口内。

4）基准面质量差。

（2）平行度误差的主要原因。平行度误差产生的主要原因有：

1）机用平口虎钳的底座面与工作台面之间没有擦干净。

2）虎钳导轨面与工作台面不平行，或平行垫铁精度较差。

3）与固定钳口贴合的面垂直度差。

二、技能操作——平行、垂直面零件铣削加工

平行、垂直面零件的铣削加工以图 2-3-17 为例进行说明。

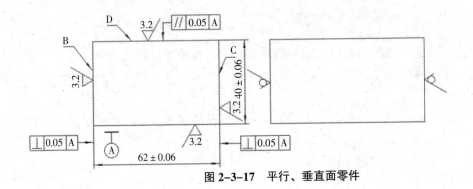

图 2-3-17　平行、垂直面零件

（一）要求

1. 制定工艺

制定合理的零件加工工艺。

2. 定位、装夹

正确定位、装夹工件。

3. 测量、检验

正确测量、检验工件。

（二）图样分析

图 2-3-17 所示的平行、垂直面零件要求加工主视图的四个平面，左视图所示的另两个平面为不加工表面，加工的四个表面之间有尺寸公差要求，尺寸公差为±0.06，另外 B、C 两个面与 A 面的垂直度要求不超过 0.05mm，D 面与 A 面的平行度要求不超过 0.05mm。因此加工此工件要保证尺寸精度和位置精度的要求，另外还要保证表面粗糙度 Ra3.2 的要求，加工主要难点是确定此零件加工工艺步骤，机用平口虎钳正确定位装夹工件。

（三）加工准备

加工图样所示的平行、垂直面零件需要的工具、设备、材料：机床选择卧式万能升降铣床安装了立铣头（X6132C）或立式升降台铣床（X5032A）；刀具：

Φ80端铣刀，高速钢刀块（五个刀块）；夹具：机用平口虎钳、平行垫铁；材料：45#钢，42×65×75；工具：活扳手、虎钳扳手；量具：游标卡尺、深度卡尺、宽座角尺、塞尺、表面粗糙度对比样块、百分表。

（四）加工实施

加工过程如下：

1. 安装铣刀

按照刀具的安装方法正确安装铣刀。

2. 安装机用平口虎钳

先擦净虎钳底座表面和铣床工作台表面，注意是否有铁屑等杂物，以免损伤机床及虎钳底座表面，虎钳底座的定位件放入工作台的T形槽内，即可对虎钳初步定位，拧紧T形螺栓上的螺母。安装百分表检查并调整固定钳口的垂直度。

3. 工件的安装

加工A面时装夹在钳口内的另两个平面若不平行，需要在钳口上垫纸片或铜片，以使夹紧更牢固，否则工件会产生松动、翘起，易发生安全事故，加工其他面时，应按照工件的加工工艺正确定位装夹工件。

4. 调整铣削用量

合理选取并计算调整铣削用量。

5. 铣削加工步骤

铣削加工步骤如表2-3-1所示。

表2-3-1　加工工艺步骤

序号	工件加工面	工件定位、夹紧面	工件定位装夹	注意事项
1	加工基准面A	工件以B面和D面或C面和D面定位，C面为夹紧面		夹紧工件后若B面或C面与钳口之间有缝隙，需在缝隙处垫合适厚度的纸片或铜片
2	加工与A面相邻的B面	工件以加工好的A面和C面定位，D面为夹紧面		在活动钳口的中间部位放置一根圆铁棒，夹紧后使A面与固定钳口充分贴合，使A面完全定位
3	加工与A面相邻的C面	工件以加工好的A面和B面定位，D面为夹紧面		工件在夹紧面处垫圆铁棒，夹紧工件后，用木锤或铜锤敲打工件，使加工好的B面与平行垫铁充分贴合
4	加工A面的对面D	工件以加工好的B面和A面定位，C面为夹紧面		使用两块高度相同的平行垫铁，夹紧工件后，用木锤或铜锤敲打工件，使加工好的A面与平行垫铁完全贴合

（五）加工工艺卡片

平行、垂直面零件铣削加工工艺卡片如表 2-3-2 所示。

表 2-3-2　加工工艺卡片

工件名称：平行、垂直面				图纸编号：图 2-3-17			
毛坯材料：45# 钢				毛坯尺寸：42×65×75			
序号	内容	要求	n (r/min)	v_f (mm/r)	a_p (mm)		工夹量具
1	安装铣刀	铣刀柄擦净，拉杆拉紧铣刀					活扳手
2	安装机用平口虎钳，检验夹具的垂直度、平行度	擦净虎钳底座及工作台表面，拧紧紧固螺母					活扳手、叉扳手、百分表及表架、磁力表座
3	装夹工件	工件正确定位装夹					虎钳扳手、平行垫铁
4	铣削用量	查表选铣削用量	v_c=20~35 (m/min)	f_z=0.06~0.10 (mm/z)	粗铣<4 精铣 0.5~1		
5	粗铣工件四个面	按工艺顺序铣削加工，留精加工余量 0.5~1mm	75	36	<4		150mm 游标卡尺
6	精铣工件四个面	精加工工件，按工艺顺序进行	118	27	0.5~1		150mm 游标卡尺
7	测量检验	测量检验工件是否达到图纸要求					150mm 游标卡尺、百分表及表架、宽座角尺、塞尺、表面粗糙度对比样块
8	清理整顿现场						

（六）检查评价

图 2-3-17 所示的平行、垂直面零件的铣削加工评分标准如表 2-3-3 所示。

表 2-3-3　评分标准

班级：	姓名：		学号：		零件：平形、垂直面	工时：	
项目	检测项目	赋分	评分标准		量具	扣分	得分
加工准备	工具、量具、刀具准备	5	准备不齐全不得分				
	刀具安装	5	安装不规范不得分				
	夹具安装	5	安装不规范不得分				
	工件定位、装夹	10	工件松动不得分				
	铣削用量选择及调整	5	选择不合理不得分				
尺寸精度	40±0.06	10	每超 0.02 扣 2 分		游标卡尺		
	62±0.06	10					
形位公差	垂直度	10					
	平行度	5					

项目	检测项目	赋分	评分标准	量具	扣分	得分
量具使用	正确使用量具	5	使用不规范不得分			
表面粗糙度	表面 Ra3.2	5	表面没达到粗糙度要求不得分	表面粗糙度对比样块		
操作规范	操作过程规范	5	不按安全操作规程操作不得分			
安全文明生产	工作着装	10	不穿工作服不得分			
	文明生产	5	不文明生产不得分			
	安全操作	5	有安全问题不得分			
累　　计						
监考员		检查员		总　分		

任务二　长方体类零件的铣削加工

> **任务要求**
>
> 合理安排长方体类零件的加工工艺
>
> 会选择铣削用量、刀具及夹具，正确定位装夹工件
>
> 加工长方体类零件，能够检查工件，并能进行误差分析

一、相关理论知识

（一）长方体类零件的定位与装夹

大中型长方体类零件一般采用定位方铁、定位块或定位销钉定位，使用螺栓、压板将工件装夹在铣床工作台上，进行铣削加工，大小适中的长方体类零件需使用机用平口虎钳定位、装夹。

1. 定位元件

常用的定位元件形状如图 2-3-18 所示。

图 2-3-18　定位元件

2. 夹紧元件

夹紧元件常用的螺栓、压板及支撑垫铁的结构形状如图 2-3-19 所示。

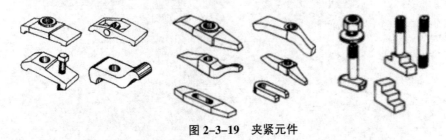

图 2-3-19 夹紧元件

3. 装夹方法

装夹工件时，根据实际需要先安装定位元件，定位元件要先用百分表找正，选用两组以上的螺栓压板压紧工件，将压板的一端压在工件上，另一端压在支撑垫铁上，支撑垫铁的高度应等于或略微高于压紧部位的高度，螺栓至支撑垫铁的距离应大于螺栓至工件之间的距离，如图 2-3-20 所示。

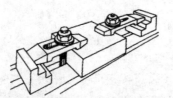

图 2-3-20 螺栓、压板装夹工件

用压板装夹工件时，压板与工件的位置要合适，螺栓、压板与工件的位置不恰当，可能会发生工件振动或松动现象，影响工件加工质量或发生安全事故，压板要正确使用，如图 2-3-21 所示。

（二）铣床工作台上装夹、铣削长方体类零件

机用平口虎钳是一种通用夹具，大多数零件可使用机用平口虎钳定位装夹，但机用平口虎钳的活动钳口有一定的形成范围，铣削大中型工件无法在机用平口虎钳装夹工件，通常使用定位块、定位铁定位工件，采用螺栓、压板或直角铁装夹工件。

1. 定位元件的安装与调整（如图 2-3-22 所示）

当工件的定位基准面较长，通常用定位块或定位铁定位，当工件的定位基准面宽大时，通常使用角铁定位。因此，要先调整安装定位块、定位垫铁或定位角铁，用 T 形螺栓和压板将定位铁、定位块或定位角铁轻轻压装在工作台上，根据加工需用百分表找正定位元件的平行度或垂直度，螺母旋紧后，重新复核定位元

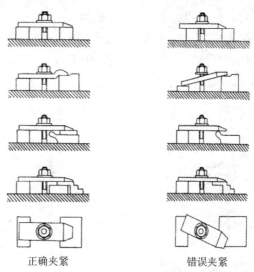

正确夹紧　　　　　　　错误夹紧

图 2-3-21　压板使用方法比较

件的垂直度或平行度，以防拧紧螺母时定位元件产生位移，直至将定位元件调整在允许的误差范围内。使用的定位铁、定位块和定位角铁要有足够的硬度、强度以及较高的加工精度。

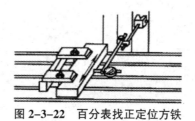

图 2-3-22　百分表找正定位方铁

2. 铣削垂直面（如图 2-3-23 和图 2-3-24 所示）

装卸工件时不允许敲打工件或定位元件，安装工件时应轻轻将工件的定位面靠在定位元件上，并及时检查工件的垂直度是否在图纸要求的范围内，注意观察铣削加工过程中定位是否松动，有无异常情况。

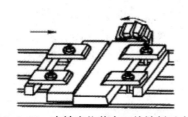

图 2-3-23　方铁定位装夹工件铣削垂直面

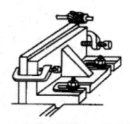

图 2-3-24　角铁定位装夹工件铣削垂直面

3. 铣削平行面 (如图 2-3-25 和图 2-3-26 所示)

安装工件时，必须将工作台面和工件上的定位面、定位元件的定位表面擦净，以免铁屑等杂物垫在定位面之间，造成定位不准确，并注意各定位块的尺寸应保持一致，试加工检查工件的平行度是否达到图纸要求，否则应及时调整定位块的平行度。

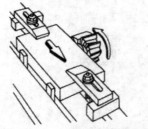
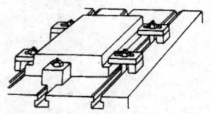

图 2-3-25　定位块定位铣削平行面　　　图 2-3-26　工作台面定位铣削平行面

(三) 机用平口虎钳装夹铣削长方体类零件

机用平口虎钳是一种通用夹具，大多数规格适中的长方体类零件通常使用机用平口虎钳装夹。以加工图 2-3-27 长方体零件为例，说明长方体零件的加工过程。

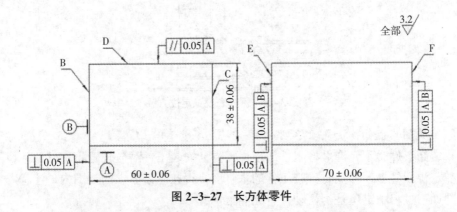

图 2-3-27　长方体零件

加工长方体零件 (如图 2-3-27 所示)，应先加工基准面 A；然后以 A 面定位加工相邻的 B 面或 C 面；再以 A、B 或 B、C 面定位加工 D 面；最后以 A、B、F 面定位加工 E 面，以 A、B、E 面定位加工 F 面。工艺原则为：先基准面，再相邻面，后平行面。

1. 铣削 A 面 (如图 2-3-28 所示)

工件以 B、D 面或 C、D 面为粗基准定位，加工基准面 A 留 D 面的加工余量。工件的定位基准面靠在夹具的定位元件固定钳口和导轨面上，若工件小，在导轨面还需垫平行垫铁，若 B 面和 C 面之间夹紧后有缝隙，还需在缝隙处垫合适的纸片或铜片，使工件夹紧后更牢固。

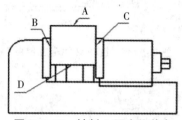

图 2-3-28　铣削 A 面定位装夹

2. 铣削 B 面（如图 2-3-29 所示）

工件以加工好的 A 面为精基准和 C 面为粗基准定位，铣削加工 B 面，留 C 面的加工余量。装夹时，A 面靠在定位元件固定钳口上，C 面放在导轨面或平行垫铁上，为了使 A 面完全定位达到垂直度要求，在活动钳口的中间部位还需横放一根圆铁棒。

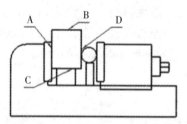

图 2-3-29　铣削 B 面定位装夹

3. 铣削 C 面（如图 2-3-30 所示）

工件以加工好的 A 面和 B 面为精基准定位，铣削加工 C 面，留 0.5~1mm 精加工余量。装夹时，A 面靠在定位元件固定钳口上，B 面放在导轨面或平行垫铁上，为了使 A 面完全定位达到垂直度要求，在活动钳口的中间部位还需横放一根圆铁棒，夹紧工件后用铜锤轻轻敲打 C 面，使 B 面与导轨面或平行垫铁充分贴合。

4. 铣削 D 面（如图 2-3-31 所示）

工件以加工好的 A、B 面或 A、C 面为精基准定位，铣削加工 D 面，留精加工余量 0.5~1mm，夹紧工件后用铜锤轻轻敲打工件，使 A 面与导轨面或平行垫铁充分贴合。

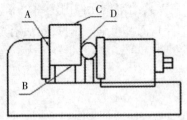

图 2-3-30　铣削 C 面定位装夹

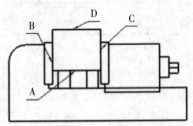

图 2-3-31　铣削 D 面定位装夹

5. 铣削 E 面（如图 2-3-32 和图 2-3-33 所示）

工件以加工好的 A、B 面为精基准，F 面为粗基准定位加工 E 面，留 F 面的加工余量。装夹时，工件 A 面靠在固定钳口上，轻轻夹紧工件，将宽座角尺短边基面与导轨面贴合，长边的外侧面与工件的 B 面贴合，夹紧工件。

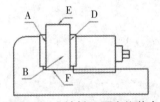

图 2-3-32　铣削 E 面定位装夹

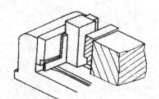

图 2-3-33　B 面定位方法

6. 铣削 F 面（如图 2-3-34 所示）

工件以加工好的 A、B、E 面为精基准定位加工 F 面，留精加工余量 0.5~1mm。装夹时，工件 A 面靠在固定钳口上，轻轻夹紧工件，将宽座角尺短边基面与导轨面贴合，长边的外侧面与工件的 B 面贴合，夹紧工件。

二、技能操作——长方体类零件的铣削加工

长方体类零件的铣削加工以图 2-3-35 为例进行说明。

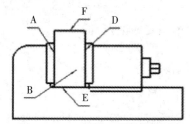

图 2-3-34　铣削 F 面定位装夹

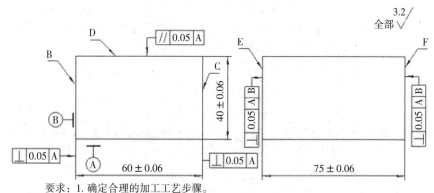

要求：1. 确定合理的加工工艺步骤。
　　　2. A 面的四个棱边不倒角，其余的八个棱边倒角，倒角大小均为 C2。

图 2-3-35　长方体零件

（一）图样分析

长方体零件（如图 2-3-35 所示）要求加工六个平面，加工的六个表面之间有尺寸公差要求，尺寸公差为±0.06，另外 B、C 两个面与 A 面的垂直度要求不超过 0.05mm，D 面与 A 面的平行度要求不超过 0.05mm，E 面和 F 面与 A 面、B 面都要垂直，垂直度不超过 0.05mm。因此加工此工件要保证尺寸精度和位置精度的要求，另外还要保证表面粗糙度 Ra3.2 的要求，加工主要难点是确定零件加工工艺步骤，机用平口虎钳正确定位、装夹工件。

（二）加工准备

铣削加工图样的长方体零件需要的工具、设备、材料：机床选择卧式万能升降铣床安装了立铣头（X6132C）或立式升降台铣床（X5032A）；刀具：Φ80 端铣刀，硬质合金刀块（五个刀块）；夹具：机用平口虎钳、平行垫铁两块；材料：45# 钢，45×65×80；工具：活扳手、虎钳扳手；量具：游标卡尺、深度卡尺、宽座角尺、塞尺、表面粗糙度对比样块、百分表。

（三）加工实施

加工过程如下：

1. 安装铣刀

按照刀具的安装方法正确安装铣刀。

2. 安装机用平口虎钳

先擦净虎钳底座表面和铣床工作台表面，注意是否有铁屑等杂物，以免损伤机床及虎钳底座表面，虎钳底座的定位件放入工作台的T形槽内，即可对虎钳初步定位，拧紧T形螺栓上的螺母。安装百分表，检查固定钳口的垂直度并调整。

3. 工件的安装

加工A面时装夹在钳口内的另两个平面若不平行，需要在钳口上垫纸片或铜片，以使夹紧更牢固，否则工件会产生松动、翘起，易发生安全事故，加工其他面时，应按照工件的加工工艺正确定位装夹工件。

4. 调整铣削用量

合理选取并计算调整铣削用量。

5. 铣削加工步骤

铣削加工步骤有两种工艺方案，详情如表2-3-4和表2-3-5所示。

表2-3-4 加工工艺步骤（工艺方案一）

序号	工件加工面	工件定位、夹紧面	工件定位装夹	注意事项
1	加工A面	工件以B面和D面或C面和D面定位，C面为夹紧面		夹紧工件后若B面或C面与钳口之间有缝隙，需在缝隙处垫合适厚度的纸片或铜片
2	加工B面	工件以加工好的A面和C面定位，D面为夹紧面		在活动钳口的中间部位放置一根圆铁棒，夹紧后使A面与固定钳口充分贴合，使A面完全定位
3	加工C面	工件以加工好的A面和B面定位，D面为夹紧面		工件在夹紧面处垫圆铁棒，夹紧工件后，用木锤或铜锤敲打工件，使加工好的B面与平行垫铁充分贴合
4	加工D面	工件以加工好的B面和A面定位，C面为夹紧面		使用两块高度相同的平行垫铁，夹紧工件后，用木锤或铜锤敲打工件，使加工好的A面与平行垫铁完全贴合
5	加工E面	工件以加工好的A、B面和毛坯面F定位，D面为夹紧面		轻夹工件后，宽座角尺的底座放在平口钳导轨面上，并按住宽座角尺，轻推工件使B面与尺腰的外侧面完全接触，然后夹紧工件。注意保证E面与B面的垂直度

序号	工件加工面	工件定位、夹紧面	工件定位装夹	注意事项
6	加工 F 面	工件以加工好的 A、B、E 面定位，D 面为夹紧面		轻夹工件后，宽座角尺的底座放在平口钳导轨面上，并按住宽座角尺，轻推工件使 B 面与尺腰的外侧面完全接触，然后夹紧工件。注意保证 F 面与 B 面的垂直度
7	加工倒角	工件以加工好的面定位，V 形块作为定位元件		保证倒角均匀

在长期的实践中，发现加工 E 面和 F 面时，B 面的定位是用宽座角尺作为定位元件，装夹工件时的操作不当，往往使 E 面和 F 面与 B 面的垂直度达不到要求，为了完全达到图纸的垂直度要求，制定了第二种工艺方案。

表 2-3-5 加工工艺步骤（工艺方案二）

序号	工件加工面	工件定位、夹紧面	工件定位装夹	注意事项
1	加工 A 面	工件以 B 面和 D 面或 C 面和 D 面定位，C 面为夹紧面		夹紧工件后若 B 面或 C 面与钳口之间有缝隙，需在缝隙处垫合适厚度的纸片或铜片
2	加工 B 面	工件以加工好的 A 面和 C 面定位，D 面为夹紧面		在活动钳口的中间部位放置一根圆铁棒，夹紧后使 A 面与固定钳口充分贴合，使 A 面完全定位
3	加工 C 面	工件以加工好的 A 面和 B 面定位，D 面为夹紧面		工件在夹紧面处垫圆铁棒，夹紧工件后，用木锤或铜锤敲打工件，使加工好的 B 面与平行垫铁充分贴合
4	加工 D 面	工件以加工好的 B 面和 A 面定位，C 面为夹紧面		使用两块高度相同的平行垫铁，夹紧工件后，用木锤或铜锤敲打工件，使加工好的 A 面与平行垫铁完全贴合
5	加工 E 面	工件以加工好的 A、B 面和毛坯面 F 定位，D 面为夹紧面		轻夹工件后，宽座角尺的底座放在平口钳导轨面上，并按住宽座角尺，轻推工件使 B 面与尺腰的外侧面完全接触，然后夹紧工件。加工后 E 面与 B 面不垂直，不需重新加工

序号	工件加工面	工件定位、夹紧面	工件定位装夹	注意事项
6	加工 F 面	工件以加工好的 A、B、E 面定位，D 面为夹紧面		轻夹工件后，宽座角尺的底座放在平口钳导轨面上，并按住宽座角尺，轻推工件使 B 面与尺腰的外侧面完全接触，然后夹紧工件。留有稍大一点儿余量，加工后 F 面与 B 面不垂直，不需重新加工
7	加工 E 面	工件以加工好的 B 面和 F 面定位，C 面为夹紧面		导轨上的铁屑一定要清扫干净，F 面棱边毛刺要清理掉
8	加工 F 面	工件以加工好的 A 面和 E 面定位，D 面为夹紧面		夹紧工件后轻轻敲打工件，使工件 E 面与平口钳导轨面完全接触
9	加工倒角	工件以加工好的面定位，V 形块作为定位元件		保证倒角均匀

（四）加工工艺卡片

铣削加工图样的长方体零件的工艺卡片如表 2-3-6 所示。

表 2-3-6　加工工艺卡片

工件名称：长方体零件			图纸编号：图 2-3-35			
毛坯材料：45# 钢			毛坯尺寸：45×65×80			
序号	内容	要求	n (r/min)	v_f (mm/r)	a_p (mm)	工夹量具
1	安装铣刀	铣刀柄擦净，拉杆拉紧铣刀				活扳手
2	安装机用平口虎钳，检验夹具的垂直度、平行度	擦净虎钳底座及工作台表面，拧紧紧固螺母				活扳手、叉扳手、百分表及表架、磁力表座
3	装夹工件	工件正确定位装夹				虎钳扳手、平行垫铁
4	铣削用量	查表选铣削用量	v_c=120~150 (m/min)	f_z=0.08~0.20 (mm/z)	粗铣<7 精铣 1~2	

续表

序号	内容	要求	n (r/min)	v_f (mm/r)	a_p (mm)	工夹量具
5	粗铣工件六个面	按工艺顺序铣削加工，留精加工余量0.5~1mm	475	360	<7	150mm游标卡尺
6	精铣工件六个面	精加工工件，按工艺顺序进行	600	205	1~2	150mm游标卡尺
7	加工倒角	V形块定位				
8	测量检验	测量检验工件是否达到图纸要求				150mm游标卡尺、百分表及表架、宽座角尺、塞尺、表面粗糙度对比样块
9	清理整顿现场					

（五）检查评价

铣削加工长方体零件的评分标准如表2-3-7所示。

表 2-3-7　评分标准

班级：		姓名：		学号：	零件：长方体零件	工时：	
项目	检测项目		赋分	评分标准	量具	扣分	得分
加工准备	工具、量具、刀具准备		5	准备不齐全不得分			
	夹具安装、工件定位、装夹		5	定位装夹不正确不得分			
	铣削用量选择及调整		5	选择不合理不得分			
尺寸精度	40±0.06		10	每超0.02扣2分	游标卡尺		
	60±0.06		10	每超0.02扣2分	游标卡尺		
	75±0.06		10	每超0.02扣2分	游标卡尺		
形位公差	垂直度		20	超差不得分	宽座角尺、塞尺		
	平行度		10	超差不得分	百分表及表座		
表面粗糙度	表面 Ra3.2		5	表面没达到粗糙度要求不得分	表面粗糙度对比样块		
量具使用	正确使用量具		5	使用不规范不得分			
操作规范	操作过程规范		5	不按安全操作规程操作不得分			

班级：		姓名：		学号：	零件：长方体零件	工时：	
项目	检测项目	赋分	评分标准		量具	扣分	得分
安全文明	文明生产	5	着装、工作纪律				
	安全操作	5	有安全问题不得分				
累　　计							
监考员		检查员			总　分		

项目四　台阶类零件的加工

任务　台阶类零件铣削加工

> **任务要求**
>
> 掌握台阶面加工刀具选用
>
> 掌握台阶面零件的装夹与校正
>
> 熟悉台阶面零件的加工及检验方法
>
> 制定合理的台阶类零件的加工工艺

一、相关理论知识

（一）台阶面铣削加工的刀具

台阶类零件一般具有较高的尺寸精度和位置精度要求。在卧式铣床常用三面刃铣刀进行铣削加工，立式铣床上通常选用端铣刀、立铣刀进行铣削加工。

1. 三面刃盘铣刀

三面刃铣刀按照齿形可分为直齿和错齿两种，直齿三面刃铣刀圆柱面上的刀齿与铣刀轴线平行，铣削时振动较大，表面质量较差；错齿三面刃铣刀的刀齿在圆柱面上向两个相反方向倾斜，具有螺旋齿铣刀铣削平稳的优点。大直径的错齿三面刃铣刀多为镶齿式结构；硬质合金直齿三面刃铣刀通常采取可转位式安装结构，当某一个刀齿用钝时，可随时对刀齿进行更换。三面刃铣刀的主切削刃担负主要切削工作，两侧面刀刃起修光作用。由于三面刃铣刀的直径、刀齿和容屑槽都比较大，所以刀齿的强度大，冷却和排屑效果好，生产效率高。

2. 端铣刀

端铣刀安装在立式铣床上铣削加工台阶面，通常选用90°端铣刀，有焊接式和可转位式两种。加工宽而浅的台阶工件时，通常选用端铣刀加工。

3. 立铣刀

立铣刀安装在立式铣床或卧式铣床的立铣头上铣削加工台阶面。立铣刀有整体式和机夹式，通常加工窄而深的台阶面时，选用立铣刀加工。

（二）工件的定位与装夹

在铣削加工前，必须先校正铣床和夹具。关于铣床与平口虎钳装夹工件的定位与垂直度和平行度的校正，在前文已详细描述，在此不做赘述。

（三）台阶面的加工方法

1. 用一把三面刃盘铣刀加工台阶面

（1）三面刃盘铣刀型号的选择（如图 2-4-1 所示）。使用三面刃盘铣刀铣削台阶面，主要选择铣刀的宽度 L 及其直径 D。应尽量选用错齿三面刃铣刀。铣刀宽度应大于工件的台阶宽度 B，即 L>B。为了保证在铣削中台阶上平面能在直径为 d 的铣刀杆下通过，三面刃盘铣刀直径 D 应根据台阶高度 t 来确定，即 D>d+2t，在满足工件能顺利通过铣刀杆的条件下，应尽量选用较小直径的三面刃盘铣刀。由于受三面刃盘铣刀规格的限制，一般只加工铣削宽度为 B≤25mm 的台阶面。

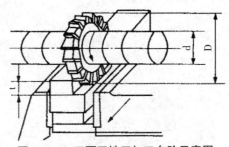

图 2-4-1　三面刃铣刀加工台阶示意图

（2）铣削对刀的方法步骤（如图 2-4-2 所示）。对刀的方法步骤如下：

1）打开机床启动按钮，使旋转的铣刀侧面刀刃与工件的侧面刚刚相切，能观察到有相切的痕迹。

2）摇动升降台手柄降下升降工作台，使刀具位于被加工表面上部。

3）横向移动工作台一个台阶宽度 B，再手动摇动升降手柄上升工作台，使铣刀主切削刃与工件上表面刚刚相切。

4）纵向退出工件后，上升工作台一个台阶深度 t，纵向进给铣削加工。

（3）铣削单台阶面。用一把三面刃盘铣刀铣削台阶面时，由于铣刀的一个侧面受力，在铣削时铣刀容易向不受力的一侧偏让，此现象称为"让刀"。为了减少让刀，可分为粗、精铣，预留 0.5~1mm 的精铣余量，并分多次精铣，以减小让刀产生的误差，加工时应锁紧横向工作台。

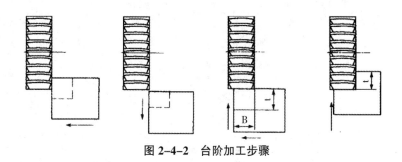

图 2-4-2　台阶加工步骤

（4）铣削双台阶面（如图 2-4-3 所示）。铣削双台阶面时，可采用铣削单台阶面的方法，先铣出一个侧台阶面后，纵向退出工件，移动横向一个 H（H=L+A）距离，再铣出另一个侧面。

若铣削对称的双台阶面，也可用换面法加工，即一侧台阶面加工完毕后，松开平口虎钳，将工件转过 180°夹紧后，再铣削另一个侧面。

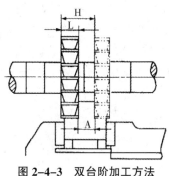

图 2-4-3　双台阶加工方法

2. 两把三面刃盘铣刀组合铣削台阶面

成批生产时，常常采用两把三面刃盘铣刀组合起来铣削双台阶面。这样不仅可以提高生产效率，而且操作简单，并能保证加工的质量要求。

用组合铣刀铣削台阶面时，应注意仔细调整两把铣刀之间的距离，使其符合台阶凸台宽度尺寸的要求。

（1）组合铣刀的选择（如图 2-4-4 所示）。组合铣刀除选用同一型号的铣刀外，还应注意检查两把铣刀必须规格一致。

两把铣刀内侧刀刃的距离，由铣刀杆垫圈进行间隔调整。在铣削之前，用游标卡尺测量两齿刃最高点间的距离等于台阶宽度尺寸，并使用废料进行试铣削，以确保加工工件符合要求。装刀时，两把铣刀应错开半个刀齿，以减轻铣削时的振动。

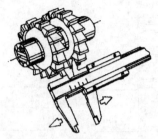

图 2-4-4　组合铣刀安装检查

（2）划线对刀法铣削加工（如图 2-4-5 所示）。装夹工件前，先用高度卡尺划出台阶尺寸线，然后安装在机用平口虎钳内，启动机床，目测两把铣刀的内侧齿刃落在两线边缘上。缓慢上升垂向工作台，使铣刀在工件表面切出刀痕，观察切痕是否处于两条线上。若有偏差，重新调整横向工作台，直至调整合适，加工时应将横向工作台锁紧，以免产生窜动。

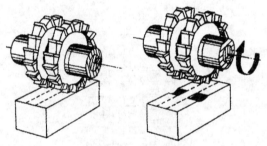

图 2-4-5　划线对刀

（3）侧面对刀法铣削加工（如图 2-4-6 所示）。调整铣床工作台，使铣刀处于工件的侧面，启动机床，使铣刀的侧面刀刃刚刚与工件侧面相切，下降工作台退出工件，移动横向工作台一个距离 S。

$S = b/2 + B/2 + L$

式中，b——台阶凸台宽度（mm）。

　　　　B——工件宽度（mm）。

　　　　L——铣刀宽度（mm）。

3. 端铣刀铣削台阶面（如图 2-4-7 所示）

加工宽而浅的台阶工件时，常用端铣刀在立式铣床上加工。端铣刀刀杆刚性强，切削平稳，加工质量好，生产效率高，端铣刀的直径 D≥台阶宽度尺寸 B 为宜。

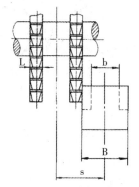

图 2-4-6　侧面对刀

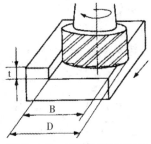

图 2-4-7　端铣刀铣台阶面

4. 立铣刀铣削台阶面（如图 2-4-8 所示）

　　通常窄而深的台阶选用立铣刀加工，立铣刀的刚性较差，铣削时，铣刀容易产生"让刀"现象，甚至造成铣刀折断。一般应采取粗、精铣的加工方式，最后将台阶的宽度和深度精铣至图纸尺寸。在条件允许的情况下，应选用直径较大的立铣刀铣台阶，以提高铣削效率。刀具的直径 D≥台阶宽度尺寸 B 为宜。

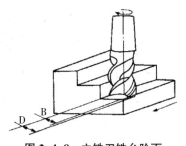

图 2-4-8　立铣刀铣台阶面

（四）台阶面的检测方法

1. 台阶面尺寸精度检测（如图 2-4-9 所示）

台阶面一般有深度和宽度尺寸要求，尺寸精度不高可使用游标卡尺测量，尺寸精度较高可使用千分尺测量。若不使用千分尺测量或进给精度要求较高，可用轴用极限量规——卡规测量，卡规的"通端过，止端止"为合格。

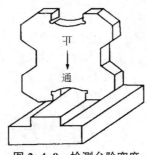

图 2-4-9　检测台阶宽度

2. 台阶面形位公差检测

台阶面的形位公差一般有对称度和平行度要求。检验对称度时，使杠杆百分表触头压入台阶面一侧 0.5mm 左右，然后转动表盘使指针对准"0"位，再将工件翻转 180°，测量另一侧面，两次读数的差值就是对称度误差；检测平行度时，使杠杆百分表触头压入台阶面的被测表面 0.5mm 左右，然后转动表盘使指针对准"0"位，沿台阶面方向拖动工件，百分表表针读数的最大值即为平行度误差。

二、技能操作——台阶面类零件的铣削加工

台阶面类零件的铣削加工以图 2-4-10 为例进行说明。

（一）图样分析

台阶面零件（如图 2-4-10 所示）的技术要求，长方体各相邻面垂直，加工时应按照长方体零件的加工工艺顺序进行，保证尺寸及形位公差的精度要求；台阶面尺寸精度要求较高，应按先粗后精的原则进行加工，另外台阶面还有形位公差要求，即平行度和对称度要求，因此，定位装夹工件前应将机用平口虎钳固定钳口的平行度调整好。加工台阶面零件应确定合理的零件加工工艺步骤，正确调整固定钳口的平行度以及正确定位、装夹工件。

（二）加工准备

铣削加工图样的台阶面零件需要的工具、设备、材料：机床选择卧式万能升降铣床安装了立铣头（X6132C）或立式升降台铣床（X5032A）；刀具：Φ80 端铣

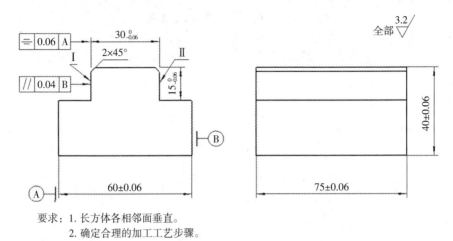

要求：1. 长方体各相邻面垂直。
　　　2. 确定合理的加工工艺步骤。

图 2-4-10　台阶面零件

刀，硬质合金刀块（五个刀块），Φ18 立铣刀；夹具：机用平口虎钳、平行垫铁两块；材料：45#钢，45×65×80；工具：活扳手、虎钳扳手；量具：游标卡尺、深度卡尺、宽座角尺、塞尺、表面粗糙度对比样块、百分表、杠杆百分表及表架。

（三）加工实施

加工过程如下：

1. 安装铣刀

按照刀具的安装方法正确安装铣刀。

2. 安装机用平口虎钳

先擦净虎钳底座表面和铣床工作台表面，注意是否有铁屑等杂物，以免损伤机床及虎钳底座表面，虎钳底座的定位件放入工作台的 T 形槽内，即可对虎钳初步定位，拧紧 T 形螺栓上的螺母。安装百分表检查固定钳口的垂直度并调整；移动工作台检查固定钳口的平行度并调整。

3. 工件的安装

按照工件的加工工艺正确定位装夹工件。

4. 调整铣削用量

合理选取并计算调整铣削用量。

5. 铣削加工步骤

首先按照长方体零件的加工工艺顺序加工长方体，达到尺寸及形位公差要求，然后粗、精加工台阶面Ⅰ、加工台阶面Ⅱ达到尺寸及形位公差要求，最后加工倒角。加工长方体可按长方体零件的加工工艺步骤进行加工，工艺方案有两套，如表 2-4-1 和表 2-4-2 所示。

表 2-4-1　加工工艺步骤（工艺方案一）

序号	工件加工面	工件定位、夹紧面	工件定位装夹	注意事项
1	加工长方体各面			按照前述的长方体零件的工艺步骤进行加工
2	加工台阶面 I	工件以长方体的 B 面和底面定位，工件与活动钳口接触面为夹紧面		夹紧工件后应检查工件上平面的平行度。逆铣加工，横向工作台锁紧
3	加工台阶面 II	工件以长方体的 B 面和底面定位，工件与活动钳口接触面为夹紧面		工件不需重新定位装夹用加工台阶 I 的方法加工台阶 II。松开锁紧手柄调整工作台后要锁紧
4	加工 2×45°	工件以加工好的面定位，放在定位元件 V 形块上，然后夹紧		V 形块大小适中，否则工件易松动

加工台阶面的 II 面，采用换面法加工。

表 2-4-2　加工工艺步骤（工艺方案二）

序号	工件加工面	工件定位、夹紧面	工件定位装夹	注意事项
1	加工长方体各面			按照前述的长方体零件的工艺步骤进行加工
2	加工台阶面 I	工件以长方体的 B 面和底面定位，工件与活动钳口接触面为夹紧面		夹紧工件后应检查工件上平面的平行度。逆铣加工，横向工作台锁紧
3	加工台阶面 II	工件以长方体的 B 面的对面和底面定位，工件的 B 面为夹紧面		换面法加工台阶面 II，工件需重新定位装夹
4	加工 2×45°	工件以加工好的面定位，放在定位元件 V 形块上，然后夹紧		V 形块大小适中，否则工件易松动

（四）加工工艺卡片

铣削加工图样所示的台阶面零件的工艺卡片如表 2-4-3 所示。

表 2-4-3　加工工艺卡片

工件名称：台阶面零件			图纸编号：图 2-4-10			
毛坯材料：45# 钢			毛坯尺寸：45×65×80			
序号	内容	要求	n (r/min)	v_f (mm/r)	a_p (mm)	工夹量具
1	安装铣刀	铣刀柄擦净，拉杆拉紧铣刀				活扳手、端铣刀
2	安装机用平口虎钳，检验夹具的垂直度、平行度	擦净虎钳底座及工作台表面，拧紧紧固螺母				活扳手、叉扳手、百分表及表架、磁力表座
3	装夹工件	工件正确定位装夹				虎钳扳手、平行垫铁
4	铣削用量	查表选铣削用量	v_c=120~150 (m/min)	f_z=0.08~0.20 (mm/z)	粗铣<7 精铣 1~2	
5	粗铣工件六个面	按工艺顺序铣削加工，留精加工余量 0.5~1mm	475	360	<7	150mm 游标卡尺
6	精铣工件六个面	精加工工件，按工艺顺序进行	600	205	1~2	150mm 游标卡尺
7	更换 Φ18 立铣刀	卸下端铣刀，擦净铣夹头锥柄，安装并拉紧拉杆				活扳手、铣夹头、立铣刀
8	铣削用量	查表选铣削用量	v_c=20~35 (m/min)	f_z=0.03~0.06 (mm/z)	粗铣<4 精铣 0.5~1	
9	粗、精加工台阶 Ⅰ 面	检查工件上平面的平行度	375 600	78 58	<4 0.5~1	游标卡尺、深度卡尺
10	粗、精加工台阶 Ⅱ 面	换面法对称度较好	375 600	78 58	<4 0.5~1	游标卡尺、深度卡尺
11	加工倒角	V 形块定位	600	58	1.2~1.3	
12	测量检验	测量检验工件是否达到图纸要求				150mm 游标卡尺、百分表及表架、宽座角尺、塞尺、表面粗糙度对比样块
13	清理整顿现场					

（五）检查评价

铣削加工图样所示的台阶面零件的评分标准如表 2-4-4 所示。

表 2-4-4 评分标准

班级：		姓名：		学号：	零件：台阶面		工时：	
项目	检测项目	赋分	评分标准		量具		扣分	得分
加工准备	工具、量具、刀具准备	5	准备不齐全不得分					
	夹具安装、工件定位、装夹	5	定位装夹不正确不得分					
	铣削用量选择及调整	5	选择不合理不得分					
尺寸精度	40 ± 0.06	8	每超 0.02 扣 2 分		游标卡尺			
	60 ± 0.06	8	每超 0.02 扣 2 分		游标卡尺			
	75 ± 0.06	8	每超 0.02 扣 2 分		游标卡尺			
	$30_{-0.06}^{0}$	10	每超 0.02 扣 2 分		游标卡尺			
	$15_{-0.06}^{0}$	10	每超 0.02 扣 2 分		深度卡尺			
形位公差	对称度	8	超差不得分		百分表及表座			
	平行度	8	超差不得分		百分表及表座			
表面粗糙度	表面 Ra3.2	5	表面没达到粗糙度要求不得分		表面粗糙度对比样块			
量具使用	正确使用量具	5	使用不规范不得分					
操作规范	操作过程规范	5	不按安全操作规程操作不得分					
安全文明	文明生产	5	着装、工作纪律					
	安全操作	5	有安全问题不得分					
累计								
监考员			检查员			总分		

项目五　沟槽类零件的加工

任务一　直角沟槽铣削加工

任务要求
掌握直角沟槽加工刀具的选用
掌握直角沟槽零件的装夹与校正
熟悉直角沟槽的加工及检验方法
掌握直角沟槽零件的加工

一、相关理论知识

(一) 直角沟槽铣削加工的刀具

直角沟槽有直角通槽、半封闭槽、封闭槽三种形式，铣削直角沟槽主要用三面刃盘铣刀、立铣刀或键槽铣刀。铣削加工直角通槽主要选用三面刃盘铣刀，也可选用立铣刀；铣削加工半封闭槽、封闭槽通常选用立铣刀或键槽铣刀。

1. 三面刃盘铣刀

在卧式铣床加工直角通槽时，通常选用三面刃盘铣刀。直齿三面刃盘铣刀铣削时振动较大，表面质量较差；错齿三面刃铣刀具有铣削平稳的优点，沟槽表面质量较高的工件优先选用错齿三面刃铣刀；硬质合金直齿三面刃铣刀通常用于加工较硬的工件材料。由于三面刃铣刀的直径、刀齿和容屑槽都比较大，所以刀齿的强度大，冷却和排屑效果好，生产效率高。

2. 立铣刀

立铣刀安装在立式铣床或卧式铣床的立铣头上铣削加工通槽、半封闭或封闭槽。加工封闭槽时，工件应先加工落刀孔。

3. 键槽铣刀

键槽铣刀通常用于加工封闭槽，加工封闭槽时，工件不需要有落刀孔。

(二) 零件的装夹与校正

直角沟槽在工件上的位置，大多要求与工件两侧面平行，中小型工件通常使用机用平口虎钳装夹工件，因此首先应使用百分表校正固定钳口的平行度；较大的沟槽类零件超过机用平口虎钳的行程范围，通常用螺栓、压板装夹在工作台上，因此首先应校正定位铁或定位块的平行度，然后紧固定位铁或定位块；带有角度的直角沟槽，应使用游标万能角度尺调整定位铁的角度，然后紧固定位铁。

(三) 直角沟槽的加工及检验方法

1. 用三面刃盘铣刀铣削直角沟槽

(1) 铣刀型号的选择 (如图 2-5-1 所示)。三面刃盘铣刀的宽度 L 应等于或小于直角沟槽的宽度 B，即 L≤B。当槽宽精度要求不高且有相应宽度规格的铣刀时，可按 L=B 选用铣刀。当没有相应宽度规格的铣刀或对槽宽尺寸精度要求较高的沟槽，通常选用宽度小于槽宽的三面刃盘铣刀，采用多次进给法，分两次或多次铣削至槽宽尺寸要求。三面刃盘铣刀的直径 D，则根据 D>d+2H 计算选取，尽量按较小的直径选取。槽宽尺寸大于 25mm 的直角沟槽大都采用立铣刀铣削。

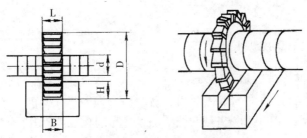

图 2-5-1　三面刃盘铣刀铣沟槽

(2) 铣削加工的对刀方法。常用的对刀方法有划线对刀法和侧面贴纸对刀法两种。

1) 划线对刀法。在工件的加工部位划出直角通槽的尺寸位置线，装夹工件后调整刀具的切削位置，使三面刃铣刀侧面刀刃对准工件上所划通槽的宽度线，将横向进给紧固锁紧铣出直角通槽的对刀方法。

对刀时移动工作台，使铣刀处于铣削部位，目测铣刀两侧刃与槽宽线相切 (如图 2-5-2a 所示)，开动机床，垂向缓缓上升，切出刀痕 (如图 2-5-2b 所示)。停机后下降垂向工作台，观察切痕是否与两线重合，若有偏差则调整横向工作台。

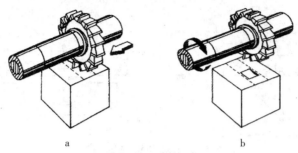

图 2-5-2　划线对刀

2）侧面（贴纸）对刀法（如图 2-5-3 所示）。对于直角沟槽平行于侧面的工件，在装夹找正后调整机床，使回转中的三面刃铣刀的侧面切削刃刚刚擦到工件侧面的贴纸，将横向刻度盘旋转至"0"位，纵向退出工件，再横向移动工作台一个等于铣刀宽度 L 加工件侧面到槽侧面距离 C 的位移量 A，A=L+C。

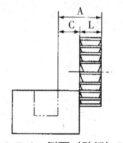

图 2-5-3　侧面（贴纸）对刀

2. 一次进给铣削直角沟槽（如图 2-5-4 所示）

对于槽宽尺寸精度要求不高的工件，可选择槽宽尺寸一致的三面刃盘铣刀进行铣削加工，将提高加工的工作效率。

（1）采用划线对刀法或侧面（贴纸）对刀法将刀具对准沟槽位置。

（2）纵向退出工件，将升降工作台上升至槽深尺寸刻度。

（3）紧固横向锁紧手柄，自动进给一次铣削加工出直角沟槽。

3. 多次进给铣削直角沟槽

对于沟槽精度较高的工件通常采用多次进给的铣削方法。

（1）对刀。常用划线对刀法和侧面（贴纸）对刀法，具体操作与一次进给铣削直角沟槽相同。

（2）铣削中间槽（如图 2-5-5a 所示）。对刀后，紧固横向工作台，使铣刀与工件上平面刚好切到，退出工件，垂向上升工作台至槽深尺寸，留 0.5mm 的精加工余量，铣削加工中间槽。

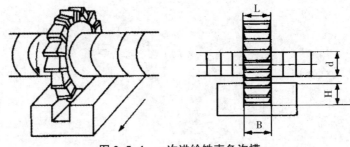

图 2-5-4　一次进给铣直角沟槽

（3）铣削槽侧 I 面（如图 2-5-5b 所示）。松开横向工作台紧固手柄后，移动横向工作台至 I 侧面尺寸，紧固横向工作台，垂向升高 0.5mm，纵向机动进给铣削出槽侧 I 面。

（4）铣削槽侧 II 面（如图 2-5-5c 所示）。松开横向工作台锁紧手柄，反向移动工作台，并消除丝杠与螺母间隙，紧固横向工作台，纵向机动进给铣出槽侧 II 面。

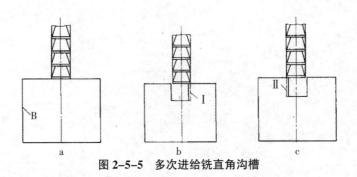

图 2-5-5　多次进给铣直角沟槽

4. 用立铣刀铣半封闭槽和封闭槽

立铣刀铣半封闭槽时（如图 2-5-6 所示），所选择的立铣刀直径应等于或小于槽的宽度。由于立铣刀刚度较差，铣削时容易产生"偏让"现象，加工深度较深的半封闭槽时，应分几次铣到要求的深度，以免铣刀受力过大引起折断，铣到深度后，再将槽扩铣到要求的宽度尺寸。扩铣时应避免顺铣，防止损坏铣刀或啃伤工件。

用立铣刀铣削封闭槽时（如图 2-5-7 所示），由于立铣刀的端面切削刃没有通过刀具的中心，不能垂直进给切削工件，否则立铣刀会发生折断，因此，铣削加工前应在封闭槽的一端预钻一个直径略小于立铣刀直径的落刀孔，并由此落刀孔落刀铣削。

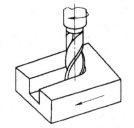

图 2-5-6　立铣刀铣半封闭槽

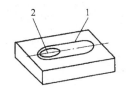
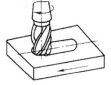

图 2-5-7　立铣刀铣封闭槽

5. 用键槽铣刀铣半封闭槽和封闭槽

由于立铣刀的尺寸精度较低，其直径的标准公差等级为 IT14，且端面切削刃只起修光刃的作用，不能用于垂直进给铣削，因此，精度较高、深度较浅的半封闭槽或封闭槽，可选用精度较高（直径标准公差等级为 IT8）的键槽铣刀铣削。键槽铣刀的端面切削刃能在垂直进给时铣削工件，因此，用键槽铣刀铣削封闭槽时，可不必预钻落刀孔。

6. 直角沟槽的检测

直角沟槽的长度、宽度和深度一般使用游标卡尺、游标深度卡尺检测，尺寸精度较高的槽宽可用极限量规（塞规）检测。直角沟槽的对称度精度不高时，可用游标卡尺检测，直角沟槽对称度精度较高时，选用杠杆百分表检测。使用杠杆百分表检测时，工件分别以侧面 A 和侧面 B 为基准面，将工件放在平板上，然后使杠杆百分表的触头压在槽的侧面上，移动工件检测，两次指示读数的最大差值即为对称度误差（如图 2-5-8 所示）。

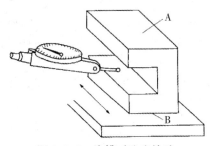

图 2-5-8　沟槽对称度检验

二、技能操作——直角沟槽零件的铣削加工

直角沟槽零件的铣削加工以图 2-5-9 为例进行说明。

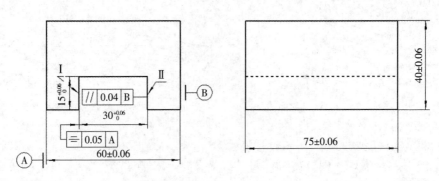

要求：1. 长方体各相邻面垂直。
2. 确定合理的加工工艺步骤。

图 2-5-9　直角沟槽零件

（一）图样分析

直角沟槽零件（如图 2-5-9 所示）的技术要求，长方体各相邻面垂直，加工时应按照长方体零件的加工工艺顺序进行，保证尺寸及形位公差的精度要求；直角沟槽的尺寸精度要求较高，应采用多次进给的加工方式铣削加工，另外台阶面还有形位公差要求，即平行度和对称度要求，因此，定位装夹工件前应将机用平口虎钳固定钳口的平行度调整好。加工直角沟槽零件应确定合理的零件加工工艺步骤，尤其要保证工件的对称度要求。

（二）加工准备

铣削加工图样所示的直角沟槽零件需要的工具、设备、材料：机床选择卧式万能升降铣床安装了立铣头（X6132C）或立式升降台铣床（X5032A）；刀具：Φ80 端铣刀，硬质合金刀块（五个刀块），Φ25 立铣刀；夹具：机用平口虎钳、平行垫铁两块；材料：45# 钢，45×65×80；工具：活扳手、虎钳扳手；量具：游标卡尺、游标深度卡尺、游标高度卡尺、宽座角尺、塞尺、表面粗糙度对比样块、百分表、杠杆百分表及表架。

（三）加工实施

加工过程如下：

1. 安装铣刀

按照刀具的安装方法正确安装铣刀。

2. 安装机用平口虎钳

先擦净虎钳底座表面和铣床工作台表面，注意是否有铁屑等杂物，以免损伤机床及虎钳底座表面，虎钳底座的定位件放入工作台的 T 形槽内，即可对虎钳的初步定位，拧紧 T 形螺栓上的螺母。安装百分表检查固定钳口的垂直度并调整；移动工作台检查固定钳口的平行度并调整。

3. 工件的安装

按照工件的加工工艺正确定位装夹工件。

4. 调整铣削用量

合理选取并计算调整铣削用量。

5. 铣削加工步骤（如表 2-5-1 所示）

首先按照长方体零件的加工工艺顺序加工长方体，达到尺寸及形位公差要求，划出直角沟槽的尺寸轮廓线，多次进给粗加工直角沟槽，多次进给精加 I 槽 I 侧面及深度至尺寸，多次进给精加工槽 II 侧面至尺寸。加工长方体可按长方体零件的加工工艺步骤进行加工。

表 2-5-1　加工工艺步骤

序号	工件加工面	工件定位、夹紧面	工件定位装夹	注意事项
1	加工长方体各面			按照前述的长方体零件的工艺步骤进行加工
2	划直角沟槽尺寸线	平台划线 B 面定位		B 面无污物、杂质、毛刺
3	粗加工直角通槽	工件以长方体的 B 面和底面定位，工件与活动钳口接触面为夹紧面		夹紧工件后应检查工件上平面的平行度。多次铣削粗加工直角通槽，留精加工余量
4	精加工直角通槽 II 侧面	工件以长方体的 B 面和底面定位，工件与活动钳口接触面为夹紧面		工件不需重新定位装夹将槽的深度及 II 侧面精加工至尺寸要求。逆铣加工，横向工作台锁紧
5	精加工直角通槽 I 侧面	工件以长方体的 B 面和底面定位，工件与活动钳口接触面为夹紧面		工件不需重新定位装夹将槽的深度及 I 侧面精加工至尺寸要求，注意对称度要求，逆铣加工，横向工作台锁紧

（四）加工工艺卡片

铣削加工图样所示的直角沟槽零件的加工工艺卡片如表 2-5-2 所示。

表 2-5-2 加工工艺卡片

工件名称：直角沟槽			图纸编号：图 2-5-9			
毛坯材料：45# 钢			毛坯尺寸：45×65×80			
序号	内容	要求	n (r/min)	v_f (mm/r)	a_p (mm)	工夹量具
1	安装铣刀	铣刀柄擦净，拉杆拉紧铣刀				活扳手、端铣刀
2	安装机用平口虎钳，检验夹具的垂直度、平行度	擦净虎钳底座及工作台表面，拧紧紧固螺母				活扳手、叉扳手、百分表及表架、磁力表座
3	装夹工件	工件正确定位装夹				虎钳扳手、平行垫铁
4	铣削用量	查表选铣削用量	v_c=120~150 (m/min)	f_z=0.08~0.20 (mm/z)	粗铣<7 精铣 1~2	
5	粗铣工件六个面	按工艺顺序铣削加工，留精加工余量0.5~1mm	475	360	<7	150mm 游标卡尺
6	精铣工件六个面	精加工工件，按工艺顺序进行	600	205	1~2	150mm 游标卡尺
7	更换 Φ25 立铣刀	卸下端铣刀，擦净铣夹头锥柄，安装并拉紧拉杆				活扳手、铣夹头、立铣刀
8	划线	划出直角沟槽尺寸线				游标高度卡尺
9	铣削用量	查表选铣削用量	v_c=20~35 (m/min)	f_z=0.03~0.06 (mm/z)	粗铣<4 精铣 0.5~1	
10	粗加工直角通槽	检查工件上平面的平行度	300	58	<4	游标卡尺、深度卡尺
11	精加工沟槽Ⅱ侧面	精加工，将深度和Ⅱ侧面加工至尺寸	375	36	0.5~1	游标卡尺、深度卡尺
12	精加工沟槽Ⅰ侧面	精加工将深度和Ⅰ侧面加工至尺寸	375	36	0.5~1	游标卡尺、深度卡尺
13	测量检验	测量检验工件是否达到图纸要求				150mm 游标卡尺、百分表及表架、宽座角尺、塞尺、表面粗糙度对比样块
14	清理整顿现场					

(五) 检查评价

铣削加工图样所示的直角沟槽零件的评分标准如表 2-5-3 所示。

表 2-5-3 评分标准

班级:		姓名:	学号:	零件: 直角沟槽	工时:	
项目	检测项目	赋分	评分标准	量具	扣分	得分
加工准备	工具、量具、刀具准备	5	准备不齐全不得分			
	夹具安装、工件定位、装夹	5	定位装夹不正确不得分			
	铣削用量选择及调整	5	选择不合理不得分			
尺寸精度	40±0.06	8	每超 0.02 扣 2 分	游标卡尺		
	60±0.06	8	每超 0.02 扣 2 分	游标卡尺		
	75±0.06	8	每超 0.02 扣 2 分	游标卡尺		
	$30^{+0.06}_{0}$	10	每超 0.02 扣 2 分	游标卡尺		
	$15^{+0.06}_{0}$	10	每超 0.02 扣 2 分	深度卡尺		
形位公差	对称度	8	超差不得分	百分表及表座		
	平行度	8	超差不得分	百分表及表座		
表面粗糙度	表面 Ra3.2	5	表面没达到粗糙度要求不得分	表面粗糙度对比样块		
量具使用	正确使用量具	5	使用不规范不得分			
操作规范	操作过程规范	5	不按安全操作规程操作不得分			
安全文明	文明生产	5	着装、工作纪律			
	安全操作	5	有安全问题不得分			
累计						
监考员		检查员		总分		

任务二 键槽铣削加工

任务要求

掌握键槽加工刀具的选用

掌握键槽零件的定位装夹方法

掌握轴上键槽的对刀方法

掌握轴上键槽零件的加工及检测方法

一、相关理论知识

(一)键槽加工的常用刀具

轴上的键槽有通槽、半封闭槽、封闭槽三种。轴上的通槽和槽底一端是圆弧形的半封闭槽,一般选用盘形槽铣刀铣削,键槽的宽度由铣刀宽度保证,半封闭槽一端的槽底圆弧半径由铣刀半径保证。轴上的封闭槽和槽底一端是直角的半封闭槽,用键槽铣刀铣削,并按键槽的宽度尺寸来确定键槽铣刀的直径。

(二)加工键槽的定位装夹方法

1. 机用平口虎钳定位装夹

用机用平口虎钳装夹工件简便、稳固,但当工件直径有变化时,工件的轴线位置在水平位置和上下方向都会发生变动。在采用定距切削时,会影响键槽的深度和对称度。因此,一般适用于单件生产。对轴的外圆已经精加工的工件,由于一批轴的直径变化较小,用机用平口虎钳装夹时,各轴的轴线位置变化很小,在此条件下,可适用于成批生产。

为保证铣出的键槽两侧面和底平面都平行于工件轴线,必须使工件的轴线既平行于工作台纵向进给方向,又平行于工作台台面。用机用平口虎钳装夹工件时,应使用百分表找正固定钳口与工作台纵向进给方向平行,还应找正工件上素线与工作台台面平行。

2. V 形块定位装夹

把圆柱形工件放置在 V 形块内(如图 2-5-10 所示),并用压板紧固的装夹方法,是铣削轴上键槽常用的装夹方法之一。其特点是工件的轴线位置只在 V 形槽的中间平面内随工件直径变化而上下变动,因此,当盘形铣刀的中间平面或键槽铣刀的轴线与 V 形槽的中间平面重合时,能保证一批工件上键槽的对称度。

虽然一批零件的直径因加工误差对键槽深度有影响，但变化量一般不会超过精度要求不高的槽深尺寸公差。

直径在 20~60mm 范围内的长轴工件，可将其直接放在工作台的中央 T 形槽上，用压板压紧后铣削轴上键槽（如图 2-5-11 所示）。此时，中央 T 形槽槽口的倒角斜面起 V 形槽的定位作用。

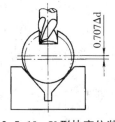
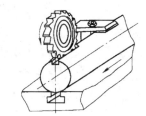

图 2-5-10　V 形块定位装夹　　　图 2-5-11　工作台中央 T 形槽定位装夹
　　　铣轴上键槽　　　　　　　　　　　铣长轴上的键槽

使用两个 V 形块装夹长轴工件时，两个 V 形块应成对制造并刻有标记，不许单个使用。两个 V 形块安装时，应选用标准的量棒放入 V 形槽内，用百分表找正其上素线与工作台台面平行，其侧素线与工作台纵向进给方向平行（如图 2-5-12 所示）。

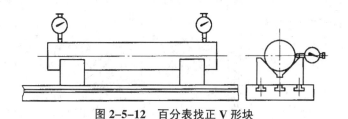

图 2-5-12　百分表找正 V 形块

3. 万能分度头定位装夹

用分度头主轴与尾座的两顶尖（如图 2-5-13 所示）或用三爪自定心卡盘和尾座顶尖一夹一顶的方法装夹工件（如图 2-5-14 所示），工件轴线始终在两顶尖或三爪自定心卡盘与尾座顶尖的连心线上，工件轴线位置不因工件直径的变化而变化，因此，铣出的轴上键槽，对称度不受工件直径变化的影响。

安装分度头和尾座时，也应用标准量棒在两顶尖间或一夹一顶装夹，用百分表校正量棒的上素线与工作台面平行，其侧素线与工作台纵向进给方向平行。

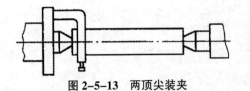 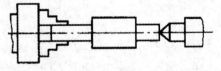

图 2-5-13　两顶尖装夹　　　　图 2-5-14　自定心卡盘与尾座顶尖装夹

（三）轴上键槽加工的对刀方法

为了保证轴上键槽对称于工件轴线，必须调整铣刀的切削位置，使键槽铣刀的轴线或盘形槽铣刀的中间平面通过工件的轴线（对中心）。常用的对中心方法有：切痕调整对中心、侧面对刀调整对中心、杠杆百分表调整对中心三种方法。

1. 切痕调整对中心（如图 2-5-15 所示）

切痕调整对中心，这种方法对中心其精度不高，但使用简便，是常用的对中心方法。

（1）盘形槽铣刀按切痕调整对中心的方法。先使工件轴线大致调整到盘形槽铣刀的中间平面位置上，启动机床，在工件表面铣出一个椭圆形的小平面，椭圆的短轴长度接近铣刀宽度，然后移动调整工作台，使铣刀宽度落在椭圆的中间位置。

（2）键槽铣刀按切痕调整对中心的方法。键槽铣刀按刀痕调整对中心其调整原理和方法与盘形槽铣刀按切痕调整方法相同，只是键槽铣刀铣出的切痕是一个四方形的小平面，四方形的边长接近铣刀直径。调整对中心时，使旋转中的铣刀落在四方形小平面的中间位置。

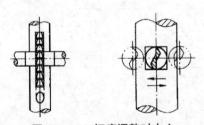

图 2-5-15　切痕调整对中心

2. 侧面对刀调整对中心

在工件的侧面贴一小块薄纸，使旋转的刀具刮掉薄纸，然后将工作台移动一定距离对中心的方法，横向工作台移动的距离 A 可按下式计算。

（1）用盘形槽铣刀时（如图 2-5-16 所示）。

$$A = \frac{D+L}{2} + \delta$$

（2）用键槽铣刀时（如图 2-5-17 所示）。

$$A = \frac{D + d_0}{2} + \delta$$

式中，D——工件的直径（mm）。

　　　　L——盘形槽铣刀宽度（mm）。

　　　　d_0——键槽铣刀直径（mm）。

　　　　δ——薄纸厚度（mm）。

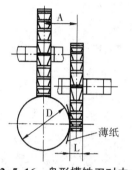

图 2-5-16　盘形槽铣刀对中心

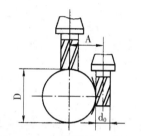

图 2-5-17　键槽铣刀对中心

3. 杠杆百分表调整对中心

杠杆百分表调整对中心精度较高，适合在立式铣床上采用。可用万能分度头装夹的工件，借助两个宽座角尺（如图 2-5-18a 所示）、装夹工件的机用平口虎钳（如图 2-5-18b 所示）、V 形块进行对中心调整（如图 2-5-18c 所示）。调整时，将杠杆百分表固定在立铣头主轴上，用手转动主轴，观察百分表在紧靠工件两侧的宽座角尺工作面、钳口两侧、V 形块两侧的读数，横向移动调整工作台使两侧读数相同。

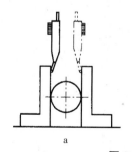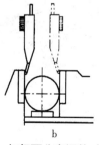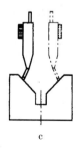

a　　　　　　　　　　b　　　　　　　　　　c

图 2-5-18　杠杆百分表调整对中心

（四）轴上键槽的加工方法

1. 铣削轴上通键槽、半封闭槽

轴上通键槽一般采用盘形槽铣刀铣削，也可采用键槽铣刀铣削。长的轴类零件，若外圆已经磨削准确，则可采用机用平口虎钳装夹进行铣削。为了避免因工件伸出钳口太多而产生振动和弯曲，可在伸出的一端用千斤顶支撑。若工件外圆只经过粗加工，则采用自定心卡盘和尾座顶尖装夹，且中间需用千斤顶支撑。

工件装夹完毕并调整对中心后，应调整侧吃刀量 a_e。调整时先使回转的铣刀切削刃和工件圆柱面（上素线）接触，然后退出工件，将工作台上升 a_e 到键槽的深度，即可开始铣削键槽。

为了进一步校核刀具是否对在中心线上，在铣刀开始切到工件时，应手动进给慢慢移动工作台，暂不浇注切削液，并仔细观察。在背吃刀量 a_p（即切削层宽度）接近铣刀宽度时，轴的一侧是否有先出现台阶的现象，若有图 2-5-19b 所示的情形，则说明铣刀还未准确对中心，应将工件出现台阶的一侧向铣刀作横向微调，直至轴的两侧同时出现小台阶（即对准中心）为止。

当工件采用 V 形块或工作台中央 T 形槽与压板装夹时，可先将压板压在距离工件端部 60~100mm 处，由工件端部向里铣出一段槽长（如图 2-5-19 所示）后，停机，将压板移到工件端部，垫上铜皮重新压紧工件（如图 2-5-20 所示），观察确认铣刀不会碰到压板后，开机继续铣削全长。

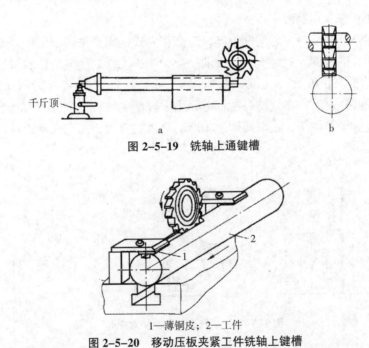

千斤顶

a   b

图 2-5-19　铣轴上通键槽

1—薄铜皮；2—工件

图 2-5-20　移动压板夹紧工件铣轴上键槽

2. 铣削轴上封闭键槽

轴上封闭槽选用键槽铣刀铣削加工，常用的加工方法有分层铣削法和扩刀铣削法。

（1）分层铣削法（如图 2-5-21 所示）。分层铣削法是用符合键槽槽宽尺寸的键槽铣刀分层铣削键槽。铣削时，每次的背吃刀量 a_p 为 0.5~1.0mm，手动进给由轴槽的一端铣向另一端，然后以较快的速度手动将工件退至原位，再进刀，重复铣削，铣削时应注意键槽两端长度方向各留 0.2~0.5mm 的余量。键槽深度铣至尺寸后，再将键槽的长度方向加工至尺寸要求。

（2）扩刀铣削法（如图 2-5-22 所示）。先用直径比槽宽尺寸小 0.5mm 左右的键槽铣刀进行分层往复粗铣至接近槽深，槽深留 0.1~0.3mm 余量，槽长两端各留0.2~0.5mm 余量，再用符合键槽宽度尺寸的键槽铣刀精铣。精铣时，由于铣刀的两个侧切削刃的背向力能相互平衡，所以铣刀的偏让量较小，键槽的对称性好。

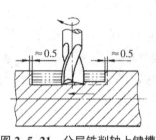

图 2-5-21　分层铣削轴上键槽

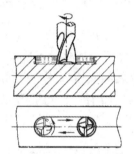

图 2-5-22　扩刀铣削轴上键槽

（五）键槽的检测

1. 键槽宽度的检测

（1）用内径千分尺测量键槽宽度（如图 2-5-23 所示），测量时左手拿内径千分尺顶端，右手转动微分筒，使两内测量爪测量面略小于槽宽尺寸，平行放入槽中，以一个量爪作支点，另一个量爪作少量转动，找出最小点，改为转动测力装置直至发出响声，然后直接读数。如要取出内径千分尺读数，先将紧固螺钉旋紧后，平行取出后读数。

（2）用塞规检测（如图 2-5-24 所示），选用与槽宽公差等级相同的塞规，拿住塞规中部，通端能塞进，止端不能塞进即为合格。

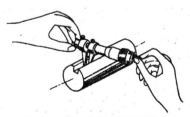

图 2-5-23　内径千分尺测量

图 2-5-24　塞规检测

2. 键槽深度检测

槽深可用游标卡尺（如图 2-5-25 所示）或千分尺直接测量尺寸（如图 2-5-26 所示），测量时，固定量爪与键槽槽底充分接触，活动量爪与轴的下素线接触。

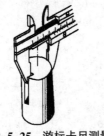

图 2-5-25　游标卡尺测量

图 2-5-26　千分尺测量

3. 键槽对称度检测

将工件装夹在测量 V 形架上，用高度游标卡尺和百分表将槽侧一个面校平。杠杆百分表触头压入工件表面约 0.2mm，然后转动表盘，将指针对准"0"位；将 V 形架反转 180°，测量槽的另一侧面，如果指针对准"0"位，说明对称度较好。若指针未对准"0"位，读数值即为对称度的偏差值。

二、技能操作——轴上键槽的铣削加工

轴上键槽的铣削加工以图 2-5-27 为例进行说明。

（一）图样分析

如图 2-5-27 所示的传动轴零件，台阶轴的表面粗糙度 Ra0.8，经过了磨削精加工，另外，工件长度较短为 160mm，此工件可以使用机用平口虎钳定位装夹，可利用工件已加工好的外圆柱面定位，但在工件的外圆柱面上应包上一层铜片；键槽尺寸精度较高，键槽的侧面表面粗糙度要求较高，而且有较高的对称度要求，工件可采用扩刀法加工；定位装夹工件后，要使用杠杆百分表对中心。

（二）加工准备

铣削加工图样所示的轴上键槽需要的工具、设备、材料：机床选择卧式万能升降铣床安装了立铣头（X6132C）或立式升降台铣床（X5032A）；刀具：键槽铣刀 Φ8、Φ10、Φ12、Φ14；夹具：机用平口虎钳、铜皮；材料：45# 钢，台阶轴半成品已精加工；工具：活扳手、虎钳扳手；量具：游标卡尺、内径千分尺、表面粗糙度对比样块、杠杆百分表及表架、V 形架。

（三）加工实施

加工过程如下：

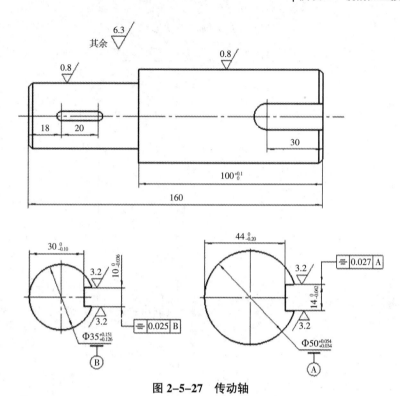

图 2-5-27 传动轴

1. 安装铣刀

按照刀具的安装方法正确安装铣刀。

2. 安装机用平口虎钳

先擦净虎钳底座表面和铣床工作台表面，注意是否有铁屑等杂物，以免损伤机床及虎钳底座表面，虎钳底座的定位件放入工作台的 T 形槽内，即可对虎钳初步定位，拧紧 T 形螺栓上的螺母。安装百分表检查固定钳口的垂直度并调整；移动工作台检查固定钳口的平行度并调整。

3. 工件的安装

工件的外圆柱面已经精加工，因此可用工件的外圆柱面定位并夹紧，可保证工件的定位精度。

4. 调整铣削用量

合理选取并计算调整铣削用量。

5. 铣削加工步骤（如表 2-5-4 所示）

扩刀法铣削加工键槽，首先选用 Φ8、Φ12 键槽铣刀粗加工两个键槽，然后用 Φ10、Φ14 键槽铣刀精加工键槽至尺寸要求。

表 2-5-4　加工工艺步骤

序号	工件加工面	工件定位、夹紧面	工件定位装夹	注意事项
1	粗加工封闭键槽	Φ50 外圆柱面		Φ8 键槽铣刀分层往复粗铣，槽深留 0.3mm，槽两端留 0.5mm 余量
2	精加工封闭键槽	Φ50 外圆柱面		Φ10 精工至键槽尺寸
3	粗加工半封闭槽	Φ50 外圆柱面		Φ12 键槽铣刀分层往复粗铣，槽深留 0.3mm，槽两端留 0.5mm 余量
4	精加工半封闭槽	Φ50 外圆柱面		Φ14 精工至键槽尺寸

（四）加工工艺卡片

铣削加工图样所示的轴上键槽加工工艺卡片如表 2-5-5 所示。

表 2-5-5　加工工艺卡片

工件名称：传动轴			图纸编号：图 2-5-27			
毛坯材料：45# 钢			毛坯尺寸：半成品			
序号	内容	要求	n (r/min)	v_f (mm/r)	a_p (mm)	工夹量具
1	安装铣刀	铣刀柄擦净，拉杆拉紧铣刀				活扳手、键槽铣刀
2	安装机用平口虎钳，检验夹具的垂直度、平行度	擦净虎钳底座及工作台表面，拧紧紧固螺母				活扳手、叉扳手、百分表及表架、磁力表座
3	装夹工件	Φ50 外圆柱面定位装夹，检验工件上素线平行度，杠杆百分表调整对工件中心				虎钳扳手、杠杆百分表

续表

序号	内容	要求	n (r/min)	v_f (mm/r)	a_p (mm)	工夹量具
4	铣削用量	查表选铣削用量	v_c=20~35 (m/min)	f_z=0.03~0.06 (mm/z)	粗铣<4 精铣 0.5	
5	Φ8 键槽铣刀粗铣键槽	粗铣加工，两端留0.5mm 余量，槽深留 0.3mm 余量	600	58	<4	150mm 游标卡尺
6	Φ10 键槽铣刀精铣键槽至尺寸	扩刀法精铣键槽	750	47	0.5	150mm 游标卡尺
7	Φ12 键槽铣刀粗铣键槽	粗铣加工，端面留0.5mm 余量，槽深留 0.3mm 余量	475	78	<4	150mm 游标卡尺
8	Φ14 键槽铣刀精铣键槽	扩刀法精铣键槽	600	47	0.5	150mm 游标卡尺
9	测量检验	测量检验工件是否达到图纸要求				150mm 游标卡尺、杠杆百分表及表架、V 形架、表面粗糙度对比样块
10	清理整顿现场					

（五）检查评价

铣削加工图样所示的轴上键槽评分标准如表 2-5-6 所示。

表 2-5-6 评分标准

班级：		姓名：		学号：	零件：轴上键槽		工时：	
项目	检测项目		赋分	评分标准	量具	扣分	得分	
加工准备	工具、量具、刀具准备		5	准备不齐全不得分				
	夹具安装、工件定位、装夹		5	定位装夹不正确不得分				
	杠杆百分表调整对中心		10	操作不正确不得分				
	铣削用量选择及调整		5	选择不合理不得分				
尺寸精度	$10^0_{-0.036}$		10	每超 0.02 扣 2 分	内径千分尺			
	$14^0_{-0.043}$		10	每超 0.02 扣 2 分	内径千分尺			
	$30^0_{-0.10}$		5	每超 0.02 扣 2 分	游标卡尺			
	$44^0_{-0.20}$		5	每超 0.02 扣 2 分	游标卡尺			
	20		2	超 0.5 不得分	游标卡尺			
	30		2		游标卡尺			
形位公差	对称度 0.025		8	超差不得分	百分表及表座、V 形架			

项目	检测项目	赋分	评分标准	量具	扣分	得分
形位公差	对称度 0.027	8	超差不得分	百分表及表座、V 形架		
表面粗糙度	表面 Ra3.2	5	表面没达到粗糙度要求不得分	表面粗糙度对比样块		
量具使用	正确使用量具	5	使用不规范不得分			
操作规范	操作过程规范	5	不按安全操作规程操作不得分			
安全文明	文明生产	5	着装、工作纪律			
	安全操作	5	有安全问题不得分			
累计						

监考员		检查员		总分	

项目六　角度类零件的加工

任务　角度面、角度沟槽铣削加工

任务要求

掌握角度面加工刀具的选用

了解角度面加工方法及掌握角度检验方法

能够铣削加工角度类零件

一、相关理论知识

(一) 角度面铣削加工的刀具选用

角度面工件的铣削加工要根据角度面的大小、位置和机床种类等因素选用铣刀，通常加工角度面选用端铣刀、立铣刀、角度铣刀。

使用立式铣床加工较大的角度面时，为了提高加工效率通常选用端铣刀加工；安装了万能铣头或立铣头的机床，加工角度面工件通常选用立铣刀或端铣刀；使用卧式铣床加工较窄的角度面，通常选用角度铣刀。

(二) 角度面的加工方法

1. 划线找正铣角度面

在立式铣床单件生产角度类零件，工件的角度面较大且角度精度要求不高时，通常采用划线找正的方法。

(1) 划线。在装夹工件前，先使用游标万能角度尺和划针，画出角度面的轮廓线，然后在轮廓线上打样冲眼，打样冲眼的中心应准确打在线条上。

(2) 装夹并找正工件 (如图 2-6-1 所示)。工件可用机用平口虎钳装夹，先将虎钳安放在纵向工作台中间，目测使固定钳口与横向工作台进给方向平行后压紧，使铣削力朝向固定钳口，然后把工件装夹在钳口中；目测使工件上所划的线与钳口上平面平行，并使线条略高于钳口，轻轻夹紧工件。将划线盘放在工作台上，调整划针与工件线条对准，移动划线盘并敲打工件，使工件两端的线条与针尖在同一水平线上，再夹紧工件。

（3）铣削加工角度面。角度面的铣削加工操作步骤与铣削加工平面基本相同，但铣削加工角度面需分粗、精加工，粗加工工件后需留 0.5~1mm 的精加工余量，精加工工件前需再用划线盘找正工件一次，铣削至工件上留有半只样冲眼。

图 2-6-1　按划线找正工件

2. 转动铣头铣削角度面（如图 2-6-2 所示）

使用立式铣床、安装有立铣头或万能铣头的卧式铣床，大批、大量加工角度类零件时，通常采用转动铣头铣削加工角度面。

（1）工件的装夹及找正。将虎钳安装在纵向工作台中间，根据工件角度面的结构及加工需要，校正固定钳口与纵向工作台或与横向工作台平行后紧固，再将工件装夹在钳口中，使工件的底面与虎钳导轨面平行。

（2）铣头角度调整。松开铣头回转盘上的螺母，根据工件角度的需要转动铣头至角度刻度，然后拧紧紧固螺母。

（3）铣削加工角度面。粗铣角度面留精加工余量，粗铣后使用游标万能角度尺测量角度面，检测角度是否在公差范围内，否则还应微量调整铣头，直至角度

a 端铣角度面　　　　　b 周铣角度面

图 2-6-2　转动铣头铣削角度面

值在公差范围内，然后精铣工件至尺寸。在大批、大量生产中调整铣头显得尤其重要，在后续的加工中要适当抽检，以确保零件的加工质量。

3. 角度铣刀加工角度面（如图2-6-3所示）

使用卧式铣床加工宽度较窄的角度面工件，而且工件的数量较大时，通常采用角度铣刀加工角度面的方法。

（1）铣刀型号选择及安装。选择角度铣刀型号时根据角度的宽度及角度的要求，根据角度面的宽度大小选择铣刀的直径，根据工件角度要求选择角度铣刀的角度θ。安装角度铣刀时，一般将角度铣刀安装在刀杆的中间部位然后紧固。

（2）工件的装夹与找正。将平口虎钳安放在纵向工作台的中间位置上，校正固定钳口与纵向工作台进给方向平行后紧固。工件装在钳口中，垫上适当高度的平行垫铁，夹紧工件后，用铜锤或木锤轻轻敲击工件，使工件底面与平行垫铁充分贴合。

（3）铣削加工角度面。铣削加工角度面与加工平面的对刀方法相同，若加工余量较大需多次进给铣削加工，直至达到加工尺寸的要求；工件的角度面是对称结构时，加工完一个角度面后再将工件翻转180°夹紧可保证角度面的对称度，为了提高加工效率经常采用组合刀具加工双角度面。

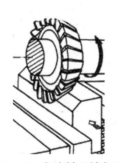

图2-6-3 角度铣刀铣角度面

（三）直角斜槽、斜台阶零件的加工

直角斜槽、斜台阶工件在铣削加工中也较常见，此类零件可采用按斜角的大小斜放装夹在工作台上或安装在机用平口虎钳上，转动机用平口虎钳角度后进行加工。

1. 装夹在工作台上加工直角斜槽（如图2-6-4所示）

较大工件上的直角斜槽，通常装夹在工作台上，选用立铣刀或三面刃盘铣刀铣削加工。工件的侧面用定位块定位，定位块与纵向进给方向的角度先调整好，将定位块紧固；然后用螺栓、压板夹紧工件。

2. 转动机用平口虎钳加工直角斜槽（如图 2-6-5 所示）

较小工件的直角斜槽的加工，通常将工件装夹在机用平口虎钳上，然后将机用平口虎钳的回转盘转动角度，先粗铣加工并测量工件角度，若工件角度不在公差范围内需调整机用平口钳角度，直至角度在公差范围内，最后精加工直角斜槽。

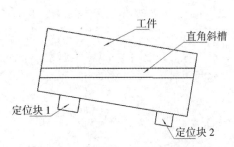

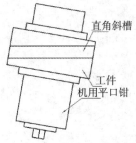

图 2-6-4　装夹在工作台铣直角斜槽　　　图 2-6-5　转动机用平口钳铣直角斜槽

（四）角度类零件的测量检验

角度类零件主要检验工件的角度，检验工件角度常用的量具是游标万能角度尺，游标万能角度尺有 0~360°（如图 2-6-6 所示）和 0~320°（如图 2-6-7 所示）两种型号。

图 2-6-6　0~360°游标万能角度尺　　　图 2-6-7　0~320°游标万能角度尺

0~320°游标卡尺通过直尺和直角尺的不同安装方式可测量 0~320°的角度范围，如图 2-6-8 所示的不同安装方法，测量不同的角度。

在扇形尺侧面安装直角尺，在直角尺下方安装直尺，万能角度尺的角度测量范围为 0~50°。

在扇形尺侧面安装直尺，万能角度尺的角度测量范围为 50°~140°。

在扇形尺侧面安装直角尺，万能角度尺的角度测量范围为 140°~230°。

扇形尺卸下卡块，不安装任何尺，万能角度尺的角度测量范围为 230°~320°。

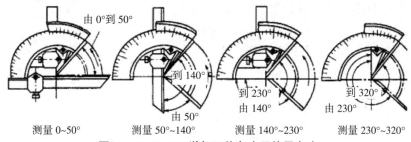

测量 0~50°　　　测量 50~140°　　　测量 140~230°　　　测量 230~320°

图 2-6-8　0~320°游标万能角度尺使用方法

游标万能角度尺要正确使用，否则测量角度不准确，使用时，将扇形尺靠在工件的基准面上，转动微调螺母使直尺与被测表面完全接触，显示的刻度值即为被测表面的角度值。

二、技能操作——角度零件的铣削加工

角度零件的铣削加工以图 2-6-9 为例进行说明。

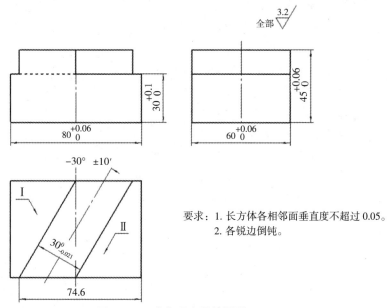

要求：1. 长方体各相邻面垂直度不超过 0.05。
　　　2. 各锐边倒钝。

图 2-6-9　直角凸台滑块零件

（一）图样分析

直角凸台滑块零件（如图 2-6-9 所示）的技术要求，长方体各相邻面垂直，加工时应按照长方体零件的加工工艺顺序进行，保证尺寸及形位公差的精度要求；凸台的宽度尺寸及角度精度要求较高，加工时应先调整夹具的角度，粗加工

侧面Ⅰ面过程中，应将角度调整在公差范围内，粗、精加工Ⅰ面后，再粗、精加工Ⅱ面，保证凸台宽度尺寸在公差范围内。

（二）加工准备

铣削加工图样所示的直角凸台滑块零件需要的工具、设备、材料：机床选择卧式万能升降铣床安装了立铣头（X6132C）或立式升降台铣床（X5032A）；刀具：Φ80端铣刀，硬质合金刀块（五个刀块），Φ18立铣刀；夹具：机用平口虎钳、平行垫铁两块；材料：45#钢，85×65×45；工具：活扳手、叉扳手、虎钳扳手；量具：游标卡尺、千分尺、游标万能角度尺、宽座角尺、塞尺、表面粗糙度对比样块。

（三）加工实施

加工过程如下：

1. 安装铣刀

按照刀具的安装方法正确安装铣刀。

2. 安装机用平口虎钳

先擦净虎钳底座表面和铣床工作台表面，注意是否有铁屑等杂物，以免损伤机床及虎钳底座表面，虎钳底座的定位件放入工作台的T形槽内，即可对虎钳初步定位，拧紧T形螺栓上的螺母。

3. 工件的安装

按照工件的加工工艺正确定位装夹工件。

4. 调整铣削用量

合理选取并计算调整铣削用量。

5. 铣削加工步骤（如表2-6-1所示）

首先按照长方体零件的加工工艺顺序加工长方体，达到尺寸及形位公差要求；粗、精加工台阶Ⅰ面，并调整好台阶Ⅰ面的角度在公差范围内；粗、精加工台阶Ⅱ面，使台阶宽度尺寸在公差范围内。

表 2-6-1　加工工艺步骤

序号	工件加工面	工件定位、夹紧面	工件定位装夹	注意事项
1	加工长方体各面			按照前述的长方体零件的工艺步骤进行加工，保证各相邻面的垂直
2	粗加工台阶面Ⅰ	工件的侧面与底面定位，另一个侧面夹紧		多次进给粗加工并测量调整机用平口虎钳角度，保证台阶面Ⅰ的角度在公差范围内

序号	工件加工面	工件定位、夹紧面	工件定位装夹	注意事项
3	精加工台阶面 I	工件的侧面与底面定位,另一个侧面夹紧		保证台阶面 I 表面粗糙度及长度方向尺寸
4	粗加工台阶面 II	工件的侧面与底面定位,另一个侧面夹紧		留精加工余量
5	精加工台阶面 II	工件的侧面与底面定位,另一个侧面夹紧		注意斜台阶宽度尺寸在公差范围内

(四) 加工工艺卡片

铣削加工图样所示的直角凸台滑块的加工工艺卡片如表 2-6-2 所示。

表 2-6-2 加工工艺卡片

工件名称:直角凸台滑块			图纸编号:图 2-6-9			
毛坯材料:45# 钢			毛坯尺寸:85×65×45			
序号	内容	要求	n (r/min)	v_f (mm/r)	a_p (mm)	工夹量具
1	安装铣刀	铣刀柄擦净,拉杆拉紧铣刀				活扳手、端铣刀
2	安装机用平口虎钳,检验夹具的垂直度	擦净虎钳底座及工作台表面,拧紧紧固螺母				活扳手、叉扳手、百分表及表架、磁力表座
3	装夹工件	工件正确定位装夹				虎钳扳手、平行垫铁
4	铣削用量	查表选铣削用量	v_c=120~150 (m/min)	f_z=0.08~0.20 (mm/z)	粗铣<7 精铣 1~2	
5	粗铣工件六个面	按工艺顺序铣削加工,留精加工余量 0.5~1mm	475	360	<7	150mm 游标卡尺
6	精铣工件六个面	精加工工件,按工艺顺序进行	600	205	1~2	150mm 游标卡尺
7	更换Φ18立铣刀	卸下端铣刀,擦净铣夹头锥柄,安装并拉紧拉杆				勾头扳手、铣夹头
8	转动机用平口虎钳	将机用平口虎钳逆时针转动 30°				叉扳手

序号	内容	要求	n (r/min)	v_f (mm/r)	a_p (mm)	工夹量具
9	铣削用量	查表选铣削用量	v_c=20~35 (m/min)	f_z=0.03~0.06 (mm/z)	粗铣<4 精铣 0.5~1	
10	粗加工台阶面 I	检查并调整夹具角度，保证斜台阶角度	375	78	<4	游标卡尺、深度卡尺、游标万能角度尺
11	精加工台阶面 I	将深度和 I 侧面加工至尺寸	600	58	0.5	游标卡尺、游标万能角度尺
12	粗加工台阶面 II	深度和 II 侧面留加工余量	375	78	<4	游标卡尺、深度卡尺
13	精加工台阶面 II	深度和台阶宽度加工至尺寸	600	58	0.5	游标卡尺、千分尺
13	测量检验	测量检验工件是否达到图纸要求				游标卡尺、千分尺、游标万能角度尺、宽座角尺、塞尺、表面粗糙度对比样块
14	清理整顿现场					

（五）检查评价

铣削加工图样所示的直角凸台滑块的评分标准如表 2-6-3 所示。

表 2-6-3　评分标准

班级：		姓名：		学号：	零件：直角凸台滑块	工时：
项目	检测项目	赋分	评分标准	量具	扣分	得分
加工准备	工具、量具、刀具准备	5	准备不齐全不得分			
	夹具安装、工件定位、装夹	5	定位装夹不正确不得分			
	铣削用量选择及调整	5	选择不合理不得分			
尺寸精度	$80^{+0.06}_{0}$	7	每超 0.02 扣 2 分	游标卡尺		
	$60^{+0.06}_{0}$	7	每超 0.02 扣 2 分	游标卡尺		
	$45^{+0.06}_{0}$	7	每超 0.02 扣 2 分	游标卡尺		
	$30^{+0.10}_{0}$	6	每超 0.02 扣 2 分	游标卡尺		
	$30^{0}_{-0.021}$	10	每超 0.02 扣 2 分	千分尺		
	74.6	5	尺寸超 0.2 不得分	高度卡尺		
	$30°\pm10'$	10	每超 2′ 扣 1 分			
形位公差	长方体各相邻面的垂直度	8	超差不得分	宽座角尺、塞尺		

续表

项目	检测项目	赋分	评分标准	量具	扣分	得分
表面粗糙度	表面 Ra3.2	5	表面没达到粗糙度要求不得分	表面粗糙度对比样块		
量具使用	正确使用量具	5	使用不规范不得分			
操作规范	操作过程规范	5	不按安全操作规程操作不得分			
安全文明	文明生产	5	着装、工作纪律			
	安全操作	5	有安全问题不得分			
累 计						
监考员		检查员		总分		

项目七　复杂综合零件铣削加工

任务一　凹凸滑块零件铣削加工

任务要求

掌握加工零件刀具的选用

掌握零件加工夹具的调整及零件的正确定位装夹

制定合理的加工工艺，加工较复杂的零件

一、加工要求

凹凸滑块零件的铣削加工要求以图 2-7-1 为标准，并以此为例对加工过程进行说明。

二、加工具体实施

（一）图样分析

凹凸滑块零件（如图 2-7-1 所示）的外形不仅有长度尺寸要求，还有形位公差要求，因此加工长方体外轮廓时应注意制定合理的加工工艺顺序，加工时正确定位装夹工件；长方体的下部是直角斜槽，有槽宽尺寸和角度要求，加工时可采用机用平口虎钳装夹，通过转动机用平口虎钳调整角度的方法进行加工；上部的直角凸台有尺寸和形位公差要求，应首先调整固定钳口的平行度。

（二）加工准备

铣削加工图样所示的凹凸滑块零件需要的工具、设备、材料：机床选择卧式万能升降铣床安装了立铣头（X6132C）或立式升降台铣床（X5032A）；刀具：Φ100 端铣刀，硬质合金刀块（五个刀块），Φ18 立铣刀；夹具：机用平口虎钳、平行垫铁两块；材料：45# 钢，85×85×45；工具：活扳手、叉扳手、虎钳扳手、

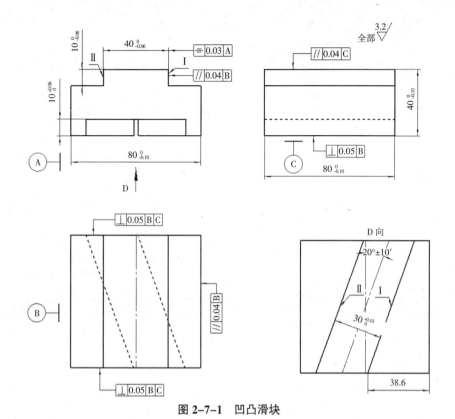

图 2-7-1　凹凸滑块

勾头扳手；量具：游标卡尺、游标深度卡尺、游标万能角度尺、百分表及表座、宽座角尺、塞尺、表面粗糙度对比样块。

(三) 加工实施

加工过程如下：

1. 安装铣刀

按照刀具的安装方法正确安装铣刀。

2. 安装机用平口虎钳

先擦净虎钳底座表面和铣床工作台表面，注意是否有铁屑等杂物，以免损伤机床及虎钳底座表面，虎钳底座的定位件放入工作台的 T 形槽内，即可对虎钳初步定位，拧紧 T 形螺栓上的螺母。

3. 工件的安装

按照工件的加工工艺正确定位装夹工件。

4. 调整铣削用量

合理选取并计算调整铣削用量。

5. 铣削加工步骤（如表2-7-1所示）

（1）按照图纸要求合理确定长方体的加工工艺顺序加工长方体，达到尺寸及形位公差要求。

（2）划出直角斜槽的轮廓线。

（3）粗、精加工直角斜槽Ⅰ面，并检查调整夹具角度，保证斜槽角度在公差范围内，粗、精加工直角斜槽Ⅱ面。

（4）调整夹具固定钳口的平行度，粗、精加工直角台阶Ⅰ面，粗、精加工直角台阶Ⅱ面。

表 2-7-1　加工工艺步骤

序号	工件加工面	工件定位、夹紧面	工件定位装夹	注意事项
1	加工长方体各面	按加工长方体工艺定位装夹工件	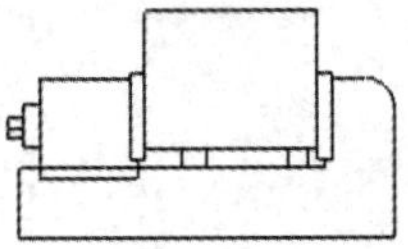	按照前述的长方体零件的工艺步骤进行加工，保证各相邻面垂直
2	划直角斜槽轮廓线		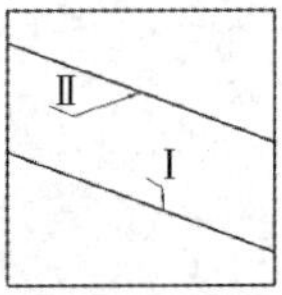	
3	粗加工直角斜槽Ⅰ面	工件的侧面与底面定位，另一个侧面夹紧	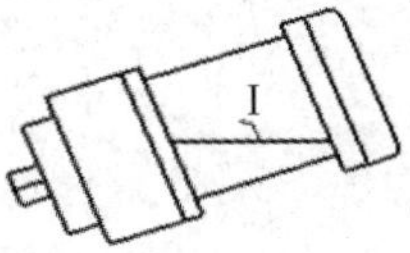	多次进给粗加工并测量调整机用平口虎钳角度，保证台阶面Ⅰ的角度在公差范围内
4	精加工直角斜槽Ⅰ面	工件的侧面与底面定位，另一个侧面夹紧	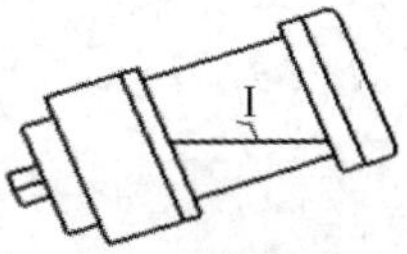	保证台阶面Ⅰ表面粗糙度及长度方向尺寸
5	粗加工直角斜槽Ⅱ面	工件的侧面与底面定位，另一个侧面夹紧	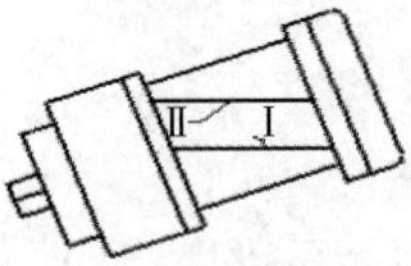	留精加工余量
6	精加工直角斜槽Ⅱ面	工件的侧面与底面定位，另一个侧面夹紧	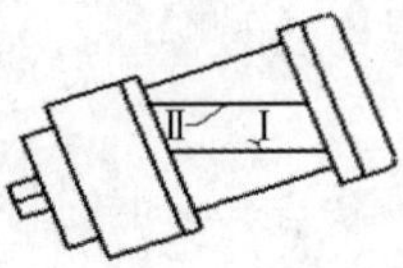	注意斜台阶宽度尺寸在公差范围内

序号	工件加工面	工件定位、夹紧面	工件定位装夹	注意事项
7	粗加工直角台阶Ⅰ面	B面和底面定位，B面的对面为夹紧面		粗加工Ⅰ侧面，留精加工余量
8	精加工直角台阶Ⅰ面	B面和底面定位，B面的对面为夹紧面		Ⅰ侧面加工至尺寸
9	粗加工直角台阶Ⅱ面	B面和底面定位，B面的对面为夹紧面		粗加工Ⅱ侧面，留精加工余量
10	精加工直角台阶Ⅱ面	B面和底面定位，B面的对面为夹紧面		精加工Ⅱ侧面至台阶宽度尺寸，注意台阶的对称度

（四）加工工艺卡片

铣削加工图样所示的凹凸滑块零件的加工工艺卡片如表2-7-2所示。

表 2-7-2　加工工艺卡片

工件名称：凹凸滑块				图纸编号：图 2-7-1		
毛坯材料：45# 钢				毛坯尺寸：85×85×45		
序号	内容	要求	n (r/min)	v_f (mm/r)	a_p (mm)	工夹量具
1	安装铣刀	铣刀柄擦净，拉杆拉紧铣刀				活扳手、端铣刀
2	安装机用平口虎钳，检验夹具的垂直度	擦净虎钳底座及工作台表面，拧紧紧固螺母				活扳手、叉扳手、百分表及表架、磁力表座
3	装夹工件	工件正确定位装夹				虎钳扳手、平行垫铁
4	铣削用量	查表选铣削用量	v_c=120~150 (m/min)	f_z=0.08~0.20 (mm/z)	粗铣<7 精铣1~2	
5	粗铣工件六个面	按工艺顺序铣削加工，留精加工余量0.5~1mm	375	360	<7	150mm 游标卡尺
6	精铣工件六个面	精加工工件，按工艺顺序进行	475	205	1~2	150mm 游标卡尺

序号	内容	要求	n (r/min)	v_f (mm/r)	a_p (mm)	工夹量具
7	划线	划直角斜槽轮廓线				游标万能角度尺、划线针
8	更换 Φ18 立铣刀	卸下端铣刀，擦净铣夹头锥柄，安装并拉紧拉杆				勾头扳手、铣夹头
9	转动机用平口虎钳	将机用平口虎钳逆时针转动20°				叉扳手
10	铣削用量	查表选铣削用量	v_c=20~35 (m/min)	f_z=0.03~0.06 (mm/z)	粗铣<4 精铣 0.5~1	
11	粗加工直角斜槽 I 侧面	检查工件角度并调整夹具，保证斜台阶角度	375	78	<4	游标卡尺、深度卡尺、游标万能角度尺
12	精加工直角斜槽 I 侧面	将深度和 I 侧面加工至尺寸	600	58	0.5	游标卡尺、深度卡尺、游标万能角度尺
13	粗加工直角斜槽 II 侧面	深度和 II 侧面留加工余量	375	78	<4	游标卡尺、深度卡尺
14	精加工直角斜槽 II 侧面	深度和台阶宽度加工至尺寸	600	58	0.5	游标卡尺、深度卡尺
15	调整夹具固定钳口平行度	调整固定钳口与工作台纵向进给方向平行				叉扳手、百分表、磁力表座
16	铣削用量	查表选铣削用量	v_c=20~35 (m/min)	f_z=0.03~0.06 (mm/z)	粗铣<4 精铣 0.5~1	
17	粗加工直角台阶 I 面	深度、宽度方向留精加工余量	375	78	<4	游标卡尺、深度卡尺
18	精加工直角台阶 I 面	将深度和 I 侧面加工至尺寸	600	58	0.5	游标卡尺、深度卡尺
19	粗加工直角台阶 II 面	深度和 II 侧面留加工余量	375	78	<4	游标卡尺、深度卡尺
20	精加工直角台阶 II 面	深度和台阶宽度加工至尺寸	600	58	0.5	游标卡尺、深度卡尺
21	测量检验	测量检验工件是否达到图纸要求				游标卡尺、深度卡尺、游标万能角度尺、宽座角尺、塞尺、表面粗糙度对比样块、百分表及表座
22	清理整顿现场					

（五）检查评价

铣削加工图样所示的凹凸滑块零件的评分标准如表2-7-3所示。

表 2-7-3　评分标准

班级：		姓名：		学号：	零件：凹凸滑块	工时：	
项目	检测项目	赋分	评分标准	量具	扣分	得分	
加工准备	工具、量具、刀具准备	5	准备不齐全不得分				
	夹具安装、工件定位、装夹	5	定位装夹不正确不得分				
	铣削用量选择及调整	5	选择不合理不得分				
外形尺寸	$80^{0}_{-0.10}$	5	每超0.02扣2分	游标卡尺			
	$80^{0}_{-0.10}$	5	每超0.02扣2分	游标卡尺			
	$40^{0}_{-0.10}$	5	每超0.02扣2分	游标卡尺			
斜槽尺寸	$30^{+0.10}_{0}$	5	每超0.02扣2分	游标卡尺			
	$10^{+0.06}_{0}$	5	每超0.02扣2分	千分尺			
	$30°±10'$	8	每超2′扣1分				
	38.6	2	尺寸超0.2不得分	高度卡尺			
台阶尺寸	$40^{0}_{-0.06}$	5					
	$10^{0}_{-0.06}$	5					
形位公差	长方体形位公差	10	超差不得分	宽座角尺、塞尺			
	台阶形位公差	5					
表面粗糙度	表面 Ra3.2	5	表面没达到粗糙度要求不得分	表面粗糙度对比样块			
量具使用	正确使用量具	5	使用不规范不得分				
操作规范	操作过程规范	5	不按安全操作规程操作不得分				
安全文明	文明生产	5	着装、工作纪律				
	安全操作	5	有安全问题不得分				
累计							
监考员		检查员			总分		

任务二　三角凸台零件加工

一、加工要求

三角凸台零件的铣削加工要求以图 2-7-2 为标准，并以此为例对加工过程进行说明。

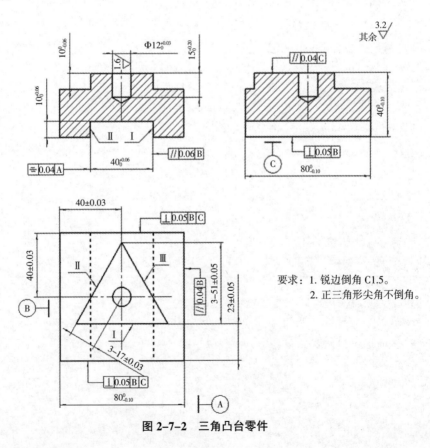

要求：1. 锐边倒角 C1.5。
　　　2. 正三角形尖角不倒角。

图 2-7-2　三角凸台零件

二、加工具体实施

（一）图样分析

三角凸台零件（如图 2-7-2 所示）的外形不仅有长度尺寸要求，还有形位公差要求，因此加工长方体外轮廓时应注意制定合理的加工工艺顺序，加工时正确定位装夹工件；长方体的下部是直角沟槽，有槽宽尺寸和形位公差对称度、平行度要求，加工时可采用机用平口虎钳装夹，首先应调整好固定钳口的平行度，并正确定位装夹工件；长方体的上部是三角凸台和 Φ12 盲孔，孔的尺寸精度和表面粗糙度要求较高，需经铰孔加工，三角凸台可通过转动机用平口虎钳调整角度的方法加工。

（二）加工准备

铣削加工图样所示的三角凸台零件需要准备的工具、设备、材料：机床选择卧式万能升降铣床安装了立铣头（X6132C）或立式升降台铣床（X5032A）；刀具：Φ100 端铣刀，硬质合金刀块（五个刀块），Φ20 立铣刀、Φ11.8 钻头、Φ12 机用铰刀；夹具：机用平口虎钳、平行垫铁两块；材料：45# 钢，85×85×45；工具：活扳手、叉扳手、虎钳扳手、勾头扳手；量具：游标卡尺、游标深度卡尺、游标万能角度尺、百分表及表座、宽座角尺、塞尺、表面粗糙度对比样块。

（三）加工实施

加工过程如下：

1. 安装铣刀

按照刀具的安装方法正确安装铣刀。

2. 安装机用平口虎钳

先擦净虎钳底座表面和铣床工作台表面，注意是否有铁屑等杂物，以免损伤机床及虎钳底座表面，虎钳底座的定位件放入工作台的 T 形槽内，即可对虎钳的初步定位，拧紧 T 形螺栓上的螺母，百分表检验并调整固定钳口的垂直度、平行度。

3. 工件的安装

按照工件的加工工艺正确定位装夹工件。

4. 调整铣削用量

合理选取并计算调整铣削用量。

5. 铣削加工步骤（如表 2-7-4 所示）

（1）按照图纸要求合理确定长方体的加工工艺顺序加工长方体，达到尺寸及形位公差要求。

（2）划出直角沟槽的轮廓线，孔的中心线并打样冲眼。

（3）检验夹具固定钳口的平行度，粗、精加工直角沟槽Ⅰ面，粗、精加工直角沟槽Ⅱ面。

（4）钻孔、铰孔加工。

（5）调整夹具角度，粗、精加工三角凸台。

表 2-7-4　加工工艺步骤

序号	工件加工面	工件定位、夹紧面	工件定位装夹	注意事项
1	加工长方体各面	按加工长方体工艺定位装夹工件	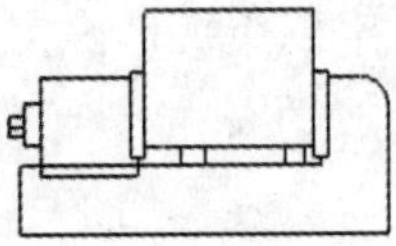	按照前述的长方体零件的工艺步骤进行加工，保证各相邻面垂直
2	划线	按图示尺寸划直角沟槽轮廓线，划孔的中心线、打样冲眼	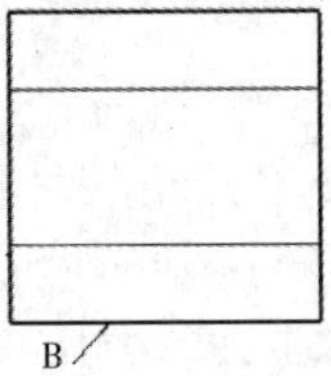 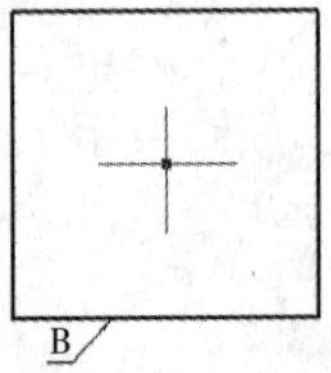	样冲眼应在正中心，先轻打一下样冲眼，若不在中心应及时纠正
3	粗加工直角沟槽Ⅰ侧面	工件的 B 面与底面定位，另一个侧面夹紧	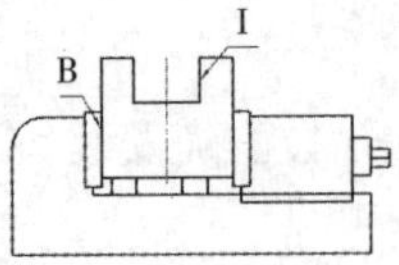	刀具在线中间加工，底面与侧面留余量
4	精加工直角沟槽Ⅰ侧面	工件的 B 面与底面定位，另一个侧面夹紧	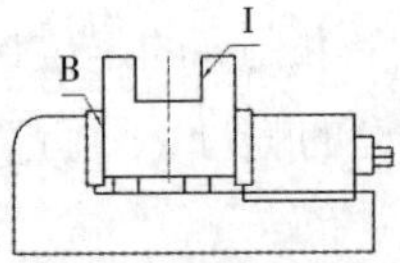	保证直角槽Ⅰ侧面宽度方向尺寸，槽深加工至尺寸，注意表面粗糙度
5	粗加工直角沟槽Ⅱ侧面	工件的 B 面与底面定位，另一个侧面夹紧	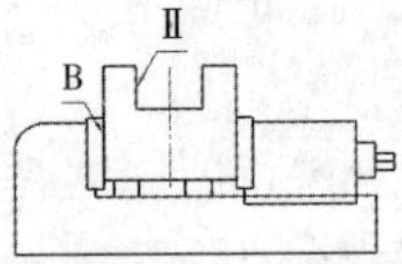	留精加工余量
6	精加工直角沟槽Ⅱ侧面	工件的 B 面与底面定位，另一个侧面夹紧	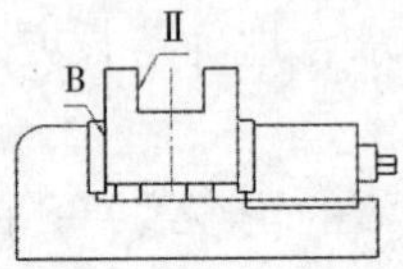	直角槽Ⅱ侧面加工至槽宽尺寸，注意槽的对称度

序号	工件加工面	工件定位、夹紧面	工件定位装夹	注意事项
7	钻、铰Φ12盲孔	工件的侧面与底面定位，另一个侧面夹紧		钻孔引入钻头时，应钻在样冲眼的中心上
8	粗、精加工三角凸台Ⅰ侧面	侧面和底面定位，另一个侧面为夹紧面		粗、精加工三角凸台Ⅰ侧面至尺寸
9	粗、精加工三角凸台Ⅱ侧面	侧面和底面定位，另一个侧面为夹紧面		粗、精加工三角凸台Ⅱ侧面至尺寸，注意测量并调整夹具角度
10	粗、精加工三角凸台Ⅲ侧面	侧面和底面定位，另一个侧面为夹紧面		粗、精加工三角凸台Ⅲ侧面至尺寸，注意测量并调整夹具角度

（四）加工工艺卡片

铣削加工图样所示的三角凸台零件的加工工艺卡片如表2-7-5所示。

表2-7-5 加工工艺卡片

工件名称：三角凸台			图纸编号：图2-7-2			
毛坯材料：45#钢			毛坯尺寸：85×85×45			
序号	内容	要求	n (r/min)	v_f (mm/r)	a_p (mm)	工夹量具
1	安装铣刀	铣刀柄擦净，拉杆拉紧铣刀				活扳手、端铣刀
2	安装机用平口虎钳，检验夹具的垂直度	擦净虎钳底座及工作台表面，拧紧紧固螺母				活扳手、叉扳手、百分表及表架、磁力表座
3	装夹工件	工件正确定位装夹				虎钳扳手、平行垫铁
4	平面加工铣削用量	查表选铣削用量	$V_c=120\sim150$ (m/min)	$f_z=0.08\sim0.20$ (mm/z)	粗铣<7 精铣1~2	
5	粗铣工件六个面	按工艺顺序铣削加工，留精加工余量0.5~1mm	375	360	<7	150mm游标卡尺

序号	内容	要求	n (r/min)	v_f (mm/r)	a_p (mm)	工夹量具
6	精铣工件六个面	精加工工件，按工艺顺序进行	475	205	1~2	150mm 游标卡尺
7	划线	划直角沟槽轮廓线，划孔的中心线，中心点打样冲眼				游标高度尺、样冲子
8	更换 Φ20 立铣刀	卸下端铣刀，擦净铣夹头锥柄，安装并拉紧拉杆				勾头扳手、铣夹头
9	检验调整固定钳口平行度	固定钳口与纵向进给方向平行				叉扳手、百分表
10	直槽加工铣削用量	查表选铣削用量	v_c=20~35 (m/min)	f_z=0.03~0.06 (mm/z)	粗铣<4 精铣 0.5~1	
11	粗加工直角沟槽 I 侧面	检查工件角度并调整夹具，保证斜台阶角度	375	78	<4	游标卡尺、深度卡尺、游标万能角度尺
12	精加工直角沟槽 I 侧面	将深度和 I 侧面加工至尺寸	600	58	0.5	游标卡尺、深度卡尺、游标万能角度尺
13	粗加工直角沟槽 II 侧面	深度和 II 侧面留加工余量	375	78	<4	游标卡尺、深度卡尺
14	精加工直角沟槽 II 侧面	深度和台阶宽度加工至尺寸	600	58	0.5	游标卡尺、深度卡尺
15	钻削用量	查表选钻削用量	v_c=20 (m/min)	F_n=0.25~0.31 (mm/z)	D/2	
16	钻孔	转速及进给速度调整	475	100	5.9	
17	铰削用量	查表选铰削用量	v_c=4~5 (m/min)	F_n=0.5~1.2 (mm/z)	0.1~0.25	
18	铰孔	转速及进给速度调整	118	78	0.1	
19	粗加工三角台阶 I 侧面	深度、宽度方向留精加工余量	375	78	<4	游标卡尺、深度卡尺
20	精加工三角台阶 I 侧面	将深度和 I 侧面加工至尺寸	600	58	0.5	游标卡尺、深度卡尺
21	粗加工三角台阶 II 侧面	转动夹具角度，深度和 II 侧面留加工余量	375	78	<4	游标卡尺、深度卡尺、游标万能角度尺
22	精加工三角台阶 II 侧面	深度和台阶宽度加工至尺寸	600	58	0.5	游标卡尺、深度卡尺、游标万能角度尺
23	粗加工三角台阶 III 侧面	转动夹具角度，深度和 III 侧面留加工余量	375	78	<4	游标卡尺、深度卡尺、游标万能角度尺

续表

序号	内容	要求	n (r/min)	v_f (mm/r)	a_p (mm)	工夹量具
24	精加工三角台阶Ⅲ侧面	深度和台阶宽度加工至尺寸	600	58	0.5	游标卡尺、深度卡尺、游标万能角度尺
25	测量检验	测量检验工件是否达到图纸要求				游标卡尺、深度卡尺、游标万能角度尺、宽座角尺、塞尺、表面粗糙度对比样块、百分表及表座
26	清理整顿现场					

（五）检查评价

铣削加工图样所示的三角凸台零件的评分标准如表 2-7-6 所示。

表 2-7-6 评分标准

班级：　　　　姓名：　　　　学号：　　　　零件：三角凸台　　　工时：

项目	检测项目	赋分	评分标准	量具	扣分	得分
加工准备	夹具安装、工件定位、装夹	5	定位装夹不正确不得分			
	铣削用量选择及调整	5	选择不合理不得分			
外形尺寸	$80^0_{-0.10}$	5	每超 0.02 扣 2 分	游标卡尺		
	$80^0_{-0.10}$	5	每超 0.02 扣 2 分	游标卡尺		
	$40^0_{-0.10}$	5	每超 0.02 扣 2 分	游标卡尺		
直槽尺寸	$40^{+0.06}_0$	5	每超 0.02 扣 2 分	游标卡尺		
	$10^{+0.06}_0$	5	每超 0.02 扣 2 分	游标卡尺		
凸台尺寸	23 ± 0.05	5	超差不得分	游标深度卡尺		
	$10^0_{-0.06}$	3	超差不得分	游标深度卡尺		
	$3-17\pm0.03$	5	超差不得分	游标卡尺		
	$3-51\pm0.05$	5	超差不得分	游标卡尺		
孔尺寸	$\Phi12^{+0.03}_0$	5	超差不得分	检验棒		
	40 ± 0.03	5	超差不得分	游标卡尺		
	$15^{+0.20}_0$	2	超差不得分	游标卡尺		
形位公差	长方体形位公差	5	超差不得分	宽座角尺、塞尺		
	直槽形位公差	5	超差不得分	百分表		
表面粗糙度	表面 Ra3.2	5	表面没达到粗糙度要求不得分	表面粗糙度对比样块		
量具使用	正确使用量具	5	使用不规范不得分			

续表

项目	检测项目	赋分	评分标准	量具	扣分	得分
操作规范	操作过程规范	5	不按安全操作规程操作不得分			
安全文明	文明生产	5	着装、工作纪律			
	安全操作	5	有安全问题不得分			
累计						
监考员		检查员		总分		

项目八　等分零件的加工

任务一　简单分度法铣削加工等分零件

任务要求

掌握万能分度头的结构及传动

简单分度法分度原理

铣削加工等分相等的零件

一、相关理论知识

在机械零件中，经常有一些等分零件（如花键轴、离合器、齿轮等），这些零件的特点是每一份相等，等分精度较高的零件需使用万能分度头装夹分度，等分精度不高的零件需使用圆工作台装夹分度，使用万能分度头加工等分零件应用较广泛。

（一）万能分度头结构

目前常用的万能分度头型号有 F11100、F11125、F11160、F11200、F11250等，其中 F11125 型万能分度头在铣床上较常使用，它的主要功用是：①能够将工件作任意的圆周等分或通过交换齿轮作直线移距分度。②可把工件轴线装夹成水平、垂直或倾斜的位置。③通过交换齿轮，可使分度头主轴随纵向工作台的进给运动做等速连续旋转，用以铣削螺旋面和等速凸轮等。

（二）分度头结构

万能分度头的结构（如图 2-8-1 所示）

F11125 型万能分度头的外形和传动系统如图 2-8-1 所示。

分度头主轴 9 是空心的，两端均为莫氏 4 号内锥孔；前端锥孔用来安装顶尖或锥柄芯轴，后端锥孔用来装交换齿轮芯轴，作为差动分度、直线移距及加工小导程螺旋面时安装交换齿轮之用。主轴的前端外部有一段定位锥体，用于与三爪自定心卡盘的连接盘（法兰盘）配合。

装有分度蜗杆的主轴安装在回转体 8 内，可随回转体在分度头基座 10 的环形导轨内转动。因此，主轴除安装成水平位置外，还可在-6°~90°范围内任意倾斜，调整角度前应松开基座上部靠主轴后端的两个螺母 4，调整之后再予以紧固。主轴的前端固定着刻度盘 13，可与主轴一起转动。刻度盘上有 0~360°的刻度，可作分度用。

分度盘（又称孔盘）3 上有数圈在圆周上均布的定位孔，分度盘左侧有一个分度盘紧固螺钉 1，用以紧固分度盘，或微量调整分度盘。分度头左侧有两个手柄：一个是主轴锁紧手柄 7，在分度时应先松开，分度完毕后再锁紧；另一个是蜗杆脱落手柄 6，它可使蜗杆和蜗轮脱开或啮合。蜗杆和蜗轮的啮合间隙可用偏心套调整。

分度头右侧有一个分度手柄 11，转动分度手柄时，通过一对传动比为 1：1 的直齿圆柱齿轮及一对传动比为 1：40 的蜗杆副使主轴旋转。此外，分度盘右侧

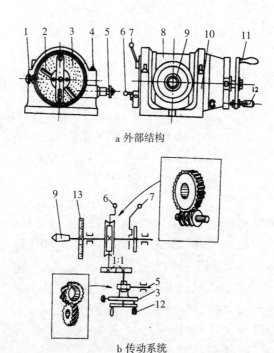

a 外部结构

b 传动系统

1—分度盘紧固螺钉；2—分度叉；3—分度盘；4—紧固螺母；5—交换齿轮轴
6—蜗杆脱落手柄；7—主轴锁紧手柄；8—回转体；9—主轴；10—基座
11—分度手柄；12—分度定位销；13—角度刻度盘

图 2-8-1 万能分度头结构图

还有一根安装交换齿轮用的交换齿轮轴 5，它通过一对转速比为 1∶1 的交错轴斜齿轮副和空套在分度手柄轴上的分度盘相联系。

分度头基座 10 下面的槽里装有两块定位键。可与铣床工作台面的 T 形槽相配合，以便在安装分度头时，使主轴轴线准确地平行于工作台的纵向进给方向。

（三）万能分度头的附件

1. 分度盘

F11125 型万能分度头备有两块分度盘，正、反面都有数圈均布的孔圈，常用分度盘的孔圈数如表 2-8-1 所示。

表 2-8-1　分度盘的孔圈数

盘块数	孔圈分布		盘的孔圈数
带一块盘	正面		24、25、28、30、34、37、38、39、41、42、43
	反面		46、47、49、51、53、54、57、58、59、62、66
带两块盘	第一块盘	正面	24、25、28、30、34、37
		反面	38、39、41、42、43
	第二块盘	正面	46、47、49、51、53、54
		反面	57、58、59、62、66

有了分度盘，就能够解决不是整数圈的分度，进行一般分度工作。

2. 分度叉（如图 2-8-2 所示）

在分度时，为了避免每分度一次都要计数孔数，可利用分度叉来计数。

松开分度叉紧固螺钉，可任意调整两叉之间的孔数，为了防止摇动分度手柄 11 时带动分度叉转动，用弹簧片将它压紧在分度盘上。分度叉两叉的夹角之间的实际孔数，应比所需要孔距数多一个孔，因为第一个孔是做起始点而不计数的。图为每分度一次摇过 5 个孔距的情况。

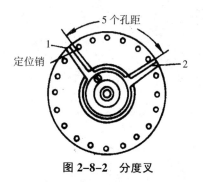

图 2-8-2　分度叉

3. 三爪自定心卡盘（如图 2-8-3 所示）

三爪自定心卡盘与连接盘一起安装在分度头主轴上，用来夹持工件。

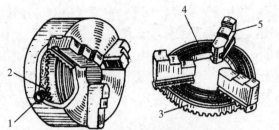

1—方孔；2—小锥齿轮；3—大锥齿轮；4—平面螺纹；5—卡爪

图 2-8-3　三爪自定心卡盘

4. 前顶尖、拨盘和鸡心夹头（如图 2-8-4 所示）

前顶尖、拨盘和鸡心夹头是用来支承和装夹较长工件的。

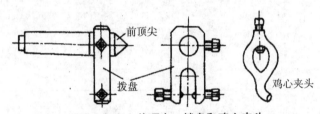

图 2-8-4　前顶尖、拨盘和鸡心夹头

5. 尾座（如图 2-8-5 所示）

尾座与分度头联合使用，一般用来支承较长工件。

6. 千斤顶（如图 2-8-6 所示）

为了使细长轴在加工时不发生弯曲、颤动，在工件下面可以用千斤顶支撑。

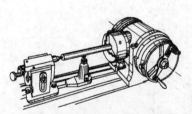

1—螺杆　2—螺母　3—千斤顶座　4—锁紧螺钉

图 2-8-5　分度头及其附件装夹工件　　　图 2-8-6　千斤顶

7. 交换齿轮轴、交换齿轮架、交换齿轮

（1）交换齿轮轴（如图 2-8-7 所示）。交换齿轮轴有两种：装入主轴孔的交换齿轮轴和装在交换齿轮架上的交换齿轮轴。

（2）交换齿轮架（如图 2-8-8 所示）。交换齿轮架是安装于分度头侧轴上，用于安装交换齿轮轴及交换齿轮。

（3）交换齿轮。分度头上的交换齿轮，用来做直线移距、差动分度及铣削螺旋槽等工作，F11125 万能分度头有一套 5 的倍数的交换齿轮，即齿数分别为 15、25、30、35、40、50、55、60、70、80、90、100 共 12 只齿轮。

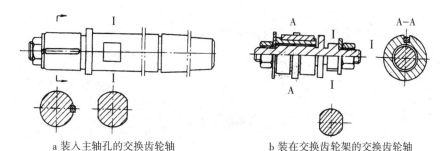

a 装入主轴孔的交换齿轮轴　　　　　　b 装在交换齿轮架的交换齿轮轴

图 2-8-7　交换齿轮轴

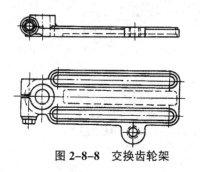

图 2-8-8　交换齿轮架

（四）万能分度头装夹工件的方法

根据零件的形状及加工要求，等分零件的加工使用万能分度头及其附件定位装夹工件，加工等分件的基本形式如表 2-8-2 所示。

表 2-8-2　用万能分度头及其附件装夹工件的一般形式

序号	装夹方式	定位装夹示意图	使用范围和特点
1	双顶尖装夹工件		适用于工件两端有顶尖孔的轴类零件加工，用拨盘和鸡心夹头带动工件旋转工件的同轴精度易于保证
2	一夹一顶装夹工件		适用于一端有中心孔的轴类零件加工，铣削时刚度较好找正工件麻烦及同轴精度不高

序号	装夹方式	定位装夹示意图	使用范围和特点
3	三爪卡盘装夹工件		适用于较短的轴类零件加工。 装夹方便，铣削平稳
4	芯轴、双顶尖装夹工件		适用于多件或较长的套类零件加工，内孔与芯轴配合准确，两端面平行且与内孔垂直 工件的同轴度易于保证
5	芯轴、一夹一顶装夹工件		适用于多件或较长的套类零件加工，工件内孔要与芯轴配合准确、两端面平行且与内孔垂直 铣削刚度较好，装夹方便，同轴度找正困难
6	三爪卡盘、芯轴装夹工件		适用于较短的套类零件加工，分度头主轴能倾斜角度 芯轴结构简单，主轴倾斜角度较大时，铣削时刚度较差
7	主轴锥孔与芯轴装夹工件		适用于短的套类零件加工，工件内孔与芯轴配合要准确，主轴倾斜角度 工件与主轴同轴度易于保证，能承受较大的铣削力
8	主轴锥孔与芯轴及顶尖装夹工件		适用于较大的套类零件加工，工件内孔与芯轴配合要准确 工件与主轴同轴度好，能承受较大的铣削力，尤其加工螺旋类零件较好

（五）简单分度法

简单分度法又叫单式分度法，是最常用的分度方法，分度时孔盘不动。

用简单分度法时，应先将孔盘固定，通过手柄的转动，使蜗杆带动蜗轮旋转，从而带动主轴和工件转过一定的等分数。

1. 分度原理

由 F11125 型万能分度头的传动系统可知，转动分度手柄时，通过一对 1：1 的直齿圆柱齿轮将动力传至蜗杆，蜗杆带动蜗轮旋转，从而使主轴旋转。蜗杆是一个头，蜗轮是 40 个齿，即分度手柄转过 40r，主轴转 1r，手柄与主轴的传动比为 1：40，"40"就叫作分度头的定数。其他各种型号的万能分度头，都采用这个定数。

例如，要分度头主轴转过 $\frac{1}{2}$ r（即把圆周作 2 等分，Z=2）分度手柄就要转过 20r（即 n=20）。如果分度头主轴转过 $\frac{1}{4}$ r（即把圆周作 4 等分，Z=4）分度手柄就要转过 10r（即 n=10）。由此可得出分度手柄转数 n 和工件等分数 Z 的关系如下：

简单分度法公式：$n = \dfrac{40}{Z}$

式中，n——分度手柄转圈数（r）。

　　　40——分度头定数。

　　　Z——工件的等分数（齿数或边数）。

当算得的 n 不是整数而是分数时，可用孔盘上的孔数来进行分度（把分子和分母根据孔盘上的孔圈、孔数，同时扩大或缩小某一倍数，使分母数字有对应的分度盘孔圈数为止）。

2. 简单分度法分度计算

现加工六等分的六角螺母，每加工一等分后，分度盘的孔圈数选择、分度手柄要转过的圈数如下：

$n = \dfrac{40}{Z}$

$n = \dfrac{40}{6} = 6\dfrac{4}{6}$

分度手柄转过 6 整转后再转过 $\frac{4}{6}$ 转，如何计数 $\frac{4}{6}$ 转，需根据分度盘已有的孔圈数将分母、分子同时扩大相同的倍数，比值不变。

即 $n = 6\dfrac{4}{6} = 6\dfrac{16}{24} = 6\dfrac{20}{30} = 6\dfrac{28}{42} = 6\dfrac{36}{54} = 6\dfrac{44}{66}$

分别将分母、分子同时扩大了 4 倍、5 倍、7 倍、9 倍、11 倍，而且分度盘有对应的 24、30、42、54、66 孔圈数。

（六）等分零件的铣削加工

六角螺栓的螺栓头（如图 2-8-9 所示）是六角等分件，需用万能分度头加工等分件，现选用 X5032A 型立式铣床，刀具选用 Φ30 立铣刀，将立铣刀装入变径套并装入铣床主轴上。

1. 工件的装夹与找正

将万能分度头水平安放在工作台中间 T 形槽偏右端，工件长度较小，用三爪自定心卡盘装夹工件，并用百分表找正工件，使其跳动在 0.02 范围内。

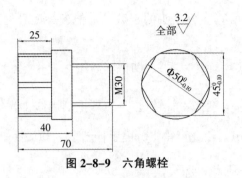

图 2-8-9　六角螺栓

2. 计算调整铣削用量

调整主轴转速 n=300r/min（v_c=20~35m/min），进给速度 V_f=58mm/min（f_z= 0.03~0.06mm/z）。

3. 根据简单分度法幅度计算

$$n = \frac{40}{Z} = 6\frac{4}{6} = 6\frac{16}{24}$$

即铣完一个面后，分度手柄应在 24 个孔圈上转过 6 整转后再转过 16 个孔距。将定位销调整至 24 孔圈上，并将分度叉的间距调整至 16 个孔距。

4. 铣削加工

贴纸对刀，在工件表面贴一层薄纸，开动机床，垂向工作台缓缓上升，使立铣刀擦到薄纸并刮掉，退出工件，根据工件余量铣削加工工件的一个面，然后分度手柄转 20 转，铣出对应的平面并测量调整，直至尺寸在公差范围内，依次分度加工下一个面，分度手柄应在 24 个孔圈上转过 6 整转后再转过 16 个孔距。

二、技能操作——铣削七棱锥工件

铣削七棱锥工件以图 2-8-10 为例进行说明。

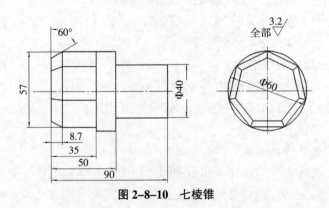

图 2-8-10　七棱锥

（一）图样分析

七棱锥工件（如图 2-8-10 所示）是等分工件而且是回转类零件，可使用三爪卡盘定位装夹工件，使用万能分度头采用简单分度法分度加工，加工分两步进行，首先简单分度法铣削加工七棱柱，然后将万能分度头的回转体转动 30°，加工前端部的棱锥面。

（二）加工准备

加工图样所示的七棱锥工件需要的工具、设备、材料：机床选择卧式万能升降铣床安装了立铣头（X6132C）或立式升降台铣床（X5032A）；刀具：Φ50 端铣刀，硬质合金刀块（五个刀块）；夹具：万能分度头、三爪卡盘；材料：45# 钢，台阶轴半成品；工具：活扳手、叉扳手、卡盘扳手；量具：游标卡尺、游标深度卡尺、游标万能角度尺、百分表及表座、表面粗糙度对比样块。

（三）加工实施

加工过程如下：

1. 安装铣刀

按照刀具的安装方法正确安装铣刀。

2. 安装万能分度头

先擦净万能分度头底座表面和铣床工作台表面，注意是否有铁屑等杂物，以免损伤机床及万能分度头底座表面，万能分度头底座的定位键放入工作台的 T 形槽内，即可初步定位，检验万能分度头水平及纵向平行度，拧紧 T 形螺栓上的螺母。

3. 工件的安装

使用三爪自定心卡盘定位装夹工件。

4. 调整铣削用量

合理选取并计算调整铣削用量。

5. 铣削加工步骤（如表 2-8-3 所示）

（1）简单分度法分度计算，选用 42 孔圈的分度盘。

（2）铣七棱柱。加工完一份后，按简单分度加工下一份，直至加工完毕。

（3）铣棱锥。万能分度头回转体转动 30°后，按简单分度法铣削棱锥。

表 2-8-3　加工工艺步骤

序号	工件加工面	工件定位、夹紧面	工件定位装夹	注意事项
1	加工七棱柱的一个面	三爪自定心卡盘定位装夹工件 Φ40 圆柱面		万能分度头主轴锁紧

续表

序号	工件加工面	工件定位、夹紧面	工件定位装夹	注意事项
2	简单分度法依次加工其余六个面	三爪自定心卡盘定位装夹工件Φ40圆柱面		分度手柄转动圈数 $n = \dfrac{40}{7} = 5\dfrac{5}{7} = 5\dfrac{30}{42}$
3	加工棱锥的一个锥面	三爪自定心卡盘定位装夹工件Φ40圆柱面		万能分度头回转体转动30°，加工后测量检查角度是否正确
4	简单分度法加工棱锥其余六个面	三爪自定心卡盘定位装夹工件Φ40圆柱面		分度手柄转动圈数 $n = \dfrac{40}{7} = 5\dfrac{5}{7} = 5\dfrac{30}{42}$

（四）加工工艺卡片

加工图样所示的七棱锥的加工工艺卡片如表2-8-4所示。

表2-8-4 加工工艺卡片

工件名称：七棱锥				图纸编号：图2-8-10			
毛坯材料：45#钢				毛坯尺寸：半成品			
序号	内容	要求	n (r/min)	v_f (mm/r)	a_p (mm)	工夹量具	
1	安装铣刀	铣刀柄擦净，拉杆拉紧铣刀				活扳手、端铣刀	
2	安装万能分度头，检验夹具水平方向、纵向的平行度	擦净虎钳底座及工作台表面，拧紧紧固螺母				活扳手、叉扳手、百分表及表架、磁力表座	
3	装夹工件	工件正确定位装夹				虎钳扳手、平行垫铁	
4	铣削用量	查表选铣削用量	v_c=120~150 (m/min)	f_z=0.08~0.20 (mm/z)	粗铣<7 精铣1~2		
5	铣削七棱柱一个面	主轴锁紧	600	270	<7	150mm游标卡尺	
6	铣削其余六个面	简单分度法加工	600	270	<7	150mm游标卡尺	
7	铣削棱锥一个锥面	回转体转动30°	600	270	<7	游标万能角度尺、划线针	
8	铣削棱锥其余六个面	简单分度法加工	600	270	<7	勾头扳手、铣夹头	

（五）检查评价

加工图样所示的七棱锥的评分标准如表2-8-5所示。

表 2-8-5　评分标准

班级：		姓名：	学号：	零件：七棱锥		工时：
项目	检测项目	赋分	评分标准	量具	扣分	得分
加工准备	工具、量具、刀具准备	5	准备不齐全不得分			
	夹具安装、工件定位、装夹	5	定位装夹不正确不得分			
	铣削用量选择及调整	5	选择不合理不得分			
尺寸	57	5	每超 0.02 扣 2 分	游标卡尺		
	8.7	5	每超 0.02 扣 2 分	游标卡尺		
	35	5	每超 0.02 扣 2 分	游标卡尺		
	60°	5	每超 2′ 扣 2 分	游标卡尺		
等分	棱柱等分正确	20	分度错误不得分	样板		
	棱锥等分正确	20	分度错误不得分	样板		
表面粗糙度	表面 Ra3.2	5	表面没达到粗糙度要求不得分	表面粗糙度对比样块		
量具使用	正确使用量具	5	使用不规范不得分			
操作规范	操作过程规范	5	不按安全操作规程操作不得分			
安全文明	文明生产	5	着装、工作纪律			
	安全操作	5	有安全问题不得分			
累计						
监考员		检查员		总　分		

任务二　角度分度法铣削加工零件

任务要求
掌握角度分度法的分度原理
角度分度法铣削加工等分零件、不等分零件

一、相关理论知识

在机械零件中，有些零件标注的是零件的中心角，这些零件有的是等分件，有的是不等分件，这样就需要用角度分度法加工。

（一）角度分度法

1. 分度原理

根据万能分度头的传动原理可知，分度手柄转 40 圈时，主轴转过 1 转为 360°；若工件需转过 180°，则分度手柄要转 20 圈；若工件需转过 90°，则分度手柄要转 10 圈；现要加工任意角度 θ° 的工件，分度手柄要转的圈数 n，对应关系为：

$$\frac{40}{360} = \frac{n}{\theta} \quad 即：n = \frac{\theta}{9}$$

角度分度法公式：$n = \dfrac{\theta}{9}$

式中，n——分度手柄转圈数（r）。

40——分度头定数。

θ——等分件的角度（中心角）。

2. 角度分度法分度计算

现要加工中心角为 60° 的等分零件，每加工一等分后，分度盘的孔圈数选择、分度手柄要转过的圈数如下：

$$n = \frac{\theta}{9}$$

$$n = \frac{60}{9} = 6\frac{6}{9}$$

分度手柄转过 6 整转后再转过 $\frac{6}{9}$ 转，如何计数 $\frac{6}{9}$ 转，需根据分度盘已有的孔圈数将分母、分子同时扩大或缩小相同的倍数，比值不变。

即：$n = 6\dfrac{6}{9} = 6\dfrac{16}{24} = 6\dfrac{20}{30} = 6\dfrac{28}{42} = 6\dfrac{36}{54} = 6\dfrac{44}{66}$

分别将分母、分子同时扩大和缩小相同的倍数后，分度盘有对应的 24、30、42、54、66 孔圈数。

在实际工作中用角度分度法加工工件，通常选用 54 孔圈较方便。

（二）角度分度法加工等分工件

如图 2-8-11 所示的中心角为 60° 的等分零件加工，工件给定了中心角，因此，采用角度分度法加工等分件，加工方法与简单分度法相同，主要区别是计算方法不同。

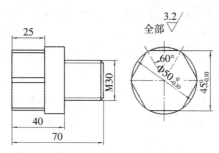

图 2-8-11 六角螺母

1. 角度分度法计算

$$n = \frac{\theta}{9} = \frac{60}{9} = 6\frac{6}{9} = 6\frac{36}{54}$$

分度时，分度手柄转过 6 整转，然后在 54 个孔圈位置转过 36 个孔距，完成一个等分加工。

2. 分度加工

加工前，安装有 54 个孔距的分度盘，先将分度定位销调整至 54 孔圈位置，将分度叉的间距调整至 36 个孔距并紧固。加工完一个等分后，松开主轴锁紧手柄，转动分度手柄 6 整圈 36 个孔距后，将分度叉复位，以便下一次计数使用，锁紧主轴后，进行这一等分的加工。

二、技能操作——铣削不等分工件

铣削不等分工件以图 2-8-12 为例进行说明。

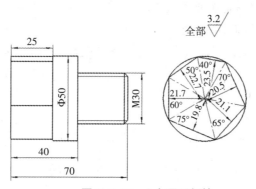

图 2-8-12 六角异形螺栓

（一）图样分析

六角异形螺栓（如图 2-8-12 所示）的六角头为不规则形状，此零件的六角头有中心角要求而且是回转类零件，因此使用万能分度头的三爪自定心卡盘装夹，采用角度分度法分度加工，使用角度分度法不仅可以加工等分件也可以加工不等分工件。

（二）加工准备

铣削加工图样所示的不等分工件需要的工具、设备、材料：机床选择卧式万能升降铣床安装了立铣头（X6132C）或立式升降台铣床（X5032A）；刀具：Φ30立铣刀；夹具：万能分度头、三爪自定心卡盘；材料：45# 钢，台阶轴半成品；工具：活扳手、叉扳手、卡盘扳手；量具：游标卡尺、游标深度卡尺、游标万能角度尺、百分表及表座。

（三）加工实施

加工过程如下：

1. 安装铣刀

按照刀具的安装方法正确安装铣刀。

2. 安装万能分度头

先擦净万能分度头底座表面和铣床工作台表面，注意是否有铁屑等杂物，以免损伤机床及万能分度头底座表面，万能分度头底座的定位键放入工作台的T形槽内，即可初步定位，检验万能分度头水平及纵向平行度，拧紧T形螺栓上的螺母。

3. 工件的安装

使用三爪自定心卡盘定位装夹工件。

4. 调整铣削用量

合理选取并计算调整铣削用量。

5. 铣削加工步骤（如表 2-8-6 所示）

（1）加工 40°中心角所对应的面。

（2）角度分度法分度计算，选用 54 孔圈的分度盘，加工 70°中心角所对应的面，手柄转数：

$$n = \frac{70}{9} = 7\frac{7}{9} = 7\frac{42}{54}$$

（3）加工 65°中心角所对应的面。$n = \frac{65}{9} = 7\frac{2}{9} = 7\frac{12}{54}$

（4）加工 75°中心角所对应的面。$n = \frac{75}{9} = 8\frac{3}{9} = 8\frac{18}{54}$

（5）加工 60°中心角所对应的面。$n = \frac{60}{9} = 6\frac{6}{9} = 6\frac{36}{54}$

（6）加工 50°中心角所对应的面。$n = \frac{50}{9} = 5\frac{5}{9} = 5\frac{30}{54}$

表 2-8-6 加工工艺步骤

序号	工件加工面	工件定位、夹紧面	工件定位装夹	注意事项
1	加工 40°中心角所对应的面	三爪自定心卡盘定位装夹工件Φ30圆柱面		万能分度头主轴锁紧
2	角度分度法加工 70°中心角所对应的面	三爪自定心卡盘定位装夹工件Φ30圆柱面		分度手柄转动圈数 $n = \dfrac{70}{9} = 7\dfrac{7}{9} = 7\dfrac{42}{54}$
3	角度分度法加工 65°中心角所对应的面	三爪自定心卡盘定位装夹工件Φ30圆柱面		分度手柄转动圈数 $n = \dfrac{65}{9} = 7\dfrac{2}{9} = 7\dfrac{12}{54}$
4	角度分度法加工 75°中心角所对应的面	三爪自定心卡盘定位装夹工件Φ30圆柱面		分度手柄转动圈数 $n = \dfrac{75}{9} = 8\dfrac{3}{9} = 8\dfrac{18}{54}$
5	角度分度法加工 60°中心角所对应的面	三爪自定心卡盘定位装夹工件Φ30圆柱面		分度手柄转动圈数 $n = \dfrac{60}{9} = 6\dfrac{6}{9} = 6\dfrac{36}{54}$
6	角度分度法加工 50°中心角所对应的面	三爪自定心卡盘定位装夹工件Φ30圆柱面		分度手柄转动圈数 $n = \dfrac{50}{9} = 5\dfrac{5}{9} = 5\dfrac{30}{54}$

（四）加工工艺卡片

铣削加工图样所示的不等分工件的加工工艺卡片如表 2-8-7 所示。

表 2-8-7 加工工艺卡片

工件名称：不等分工件				图纸编号：图 2-8-12		
毛坯材料：45# 钢				毛坯尺寸：半成品		
序号	内容	要求	n (r/min)	v_f (mm/r)	a_p (mm)	工夹量具
1	安装铣刀	铣刀柄擦净，拉杆拉紧铣刀				活扳手、立铣刀
2	安装万能分度头，检验夹具水平方向、纵向的平行度	擦净虎钳底座及工作台表面，拧紧紧固螺母				活扳手、叉扳手、百分表及表架、磁力表座
3	装夹工件	工件正确定位装夹				卡盘扳手
4	铣削用量	查表选铣削用量	v_c=20~35 (m/min)	f_z=0.03~0.06 (mm/z)	粗铣<4 精铣 0.5~1	

序号	内容	要求	n (r/min)	v_f (mm/r)	a_p (mm)	工夹量具
5	40°中心角所对应的面	分度头主轴锁紧	300	47	<4	游标深度卡尺
6	加工 70° 中心角所对应的面	分度手柄转动圈数 $n = \frac{70}{9} = 7\frac{42}{54}$	300	47	<4	游标深度卡尺
7	加工 65° 中心角所对应的面	分度手柄转动圈数 $n = \frac{65}{9} = 7\frac{12}{54}$	300	47	<4	游游标深度卡尺
8	加工 75° 中心角所对应的面	分度手柄转动圈数 $n = \frac{75}{9} = 8\frac{18}{54}$	300	47	<4	游标深度卡尺
9	加工 60° 中心角所对应的面	分度手柄转动圈数 $n = \frac{60}{9} = 6\frac{36}{54}$	300	47	<4	游标深度卡尺
10	加工 50° 中心角所对应的面	分度手柄转动圈数 $n = \frac{50}{9} = 5\frac{30}{54}$	300	47	<4	游标深度卡尺

（五）检查评价

铣削加工图样所示不等分工件的评分标准如表 2-8-8 所示。

表 2-8-8　评分标准

班级:		姓名:		学号:	零件：不等分工件		工时:
项目	检测项目	赋分	评分标准	量具	扣分	得分
加工准备	工具、量具、刀具准备	5	准备不齐全不得分			
	夹具安装、工件定位、装夹	5	定位装夹不正确不得分			
	铣削用量选择及调整	5	选择不合理不得分			
尺寸	25	5	超 0.02 不得分	游标深度卡尺		
	23.5	5	超 0.02 不得分	游标深度卡尺		
	20.5	5	超 0.02 不得分	游标深度卡尺		
	21.1	5	超 0.02 不得分	游标深度卡尺		
	19.8	5	超 0.02 不得分	游标深度卡尺		
	21.7	5	超 0.02 不得分	游标深度卡尺		
	22.7	5	超 0.02 不得分	游标深度卡尺		
分度	六角分度正确	15	分度错误不得分	样板		

项目	检测项目	赋分	评分标准	量具	扣分	得分
分度头	分度头使用规范	10	分度头使用不规范不得分			
表面粗糙度	表面 Ra3.2	5	表面没达到粗糙度要求不得分	表面粗糙度对比样块		
量具使用	正确使用量具	5	使用不规范不得分			
操作规范	操作过程规范	5	不按安全操作规程操作不得分			
安全文明	文明生产	5	着装、工作纪律			
	安全操作	5	有安全问题不得分			
累计						
监考员			检查员		总分	

模块三

磨削加工技能实训

项目一 平面磨床、外圆磨床基本操作

任务一 磨床的基本操作

任务要求

掌握磨床安全操作规程

掌握磨床基础知识

能熟练掌握磨床空运转操作

相关理论知识

（一）磨床安全文明生产及安全操作规程

1. 磨床的安全操作规程

安全操作规程是预防发生操作事故的前提保障，是企业管理经营的重要内容，也是对操作者安全规范操作的必然要求，操作者必须严格遵守。有关磨床安全操作规程应注意以下方面内容。

（1）防护用品穿戴。防护用品穿戴需要注意以下几点：

1）上课前按规定整齐穿戴好劳动保护用品。

2）工作服上装领口、袖口应扣好，不得松散、敞开。

3）女学生的发辫应盘入帽内，不能松散露在外面。

4）在干磨修整砂轮时要戴防护眼镜。特殊岗位应按照规定穿戴好特殊劳动保护用品。

（2）操作前检查。操作前应检查以下项目：

1）每周进行一次设备安全检查，检查紧急停车按钮和极限开关是否正常。

2）应确认各个防护罩、防护板是否已安装和防护到位。

3）应将各电气开关置于零位，工作台调节速度手柄放在最低速度上，操作

手柄置于左后位置。

4）应确认使用的夹具功能良好，工件安装后要检查工件是否装夹牢固可靠。

5）每周进行一次设备润滑检查，检查各注油孔的油位是否正常，并及时加油。

6）开机前要检查砂轮、卡盘、砂轮罩等是否坚固。

7）检查磨床机械、液压、润滑、冷却系统是否正常，防护装置是否齐全。

8）发现设备故障，应及时通知设备维修人员检查，维修。

（3）装夹工件、更换砂轮、擦拭机床必须停机，防止被磨砂磨伤。

（4）操作中注意事项。操作中需注意以下几项：

1）启动油泵前，应将操作手柄置于左后（靠近机床）位置。

2）操作者在操作机床时，砂轮飞出的方向禁止站人。

3）砂轮必须完全停止后才能进行其他的操作，例如，测量工件、装夹工件、拆卸工件、电磁吸盘等。

4）砂轮启动后，必须慢慢引向工件，严禁突然接触工件。背吃刀量不能过大，以防背向力过大，将工件顶飞而发生事故。

5）如出现工件局部烧伤现象，可能是冷却液不充分或进给量过大，或砂轮钝化等原因所致。

6）如加工后的工件表面局部出现细微波纹，可能是主轴松动、电机振动或其他原因造成的，可视具体情况采取相应措施加以解决。

7）磨削加工为精密加工，磨削掉 0.5mm 需要多次反复的磨削，每次进刀量一般为 0.01~0.02mm。

8）多人共用一台磨床时，只能一人操作并注意他人安全。

（5）量具应放在指定的位置并平衡放好，不应放在机床上。

（6）测量工件的注意事项。测量工件需要注意以下两项：

1）测量外圆。确认砂轮已退到安全位置、机床的部件运动已全部停止时，方可进行测量。

2）测量内圆。确认砂轮已安全停止旋转并已退到安全位置（应注意给测量器具及测量操作留有足够的空间），机床的运动部件也已全部停止时，方可进行测量。

（7）机床在工作过程中，操作人员不应做与操作无关的事情，更不要擅自离开机床。

2. 文明生产

在磨削加工中，作为一个磨床操作者来说，一定要养成文明生产的良好习惯。因为它能使你在井然有序的工作环境中感到精神愉快，避免生产出现忙乱现象和差错，而且还有助于提高生产效率。所以必须重视文明生产。

（1）在工作位置内只应放置为完成本工序所需的物件。

（2）合理放置工具、量具及工件的位置，以便缩短工作时走动的距离和减少不必要的动作。

（3）爱护图纸、量具和工具。不要用脏手去拿图纸，以防弄污图纸，使图纸上的图形和尺寸模糊不清。量具和工具要轻拿轻放，不能使它受到撞击，使用后要擦干净。

（4）堆放精加工后的工件时应注意不要碰伤光洁的表面。

（5）加工完工件后，将机床进行清扫。

（二）磨床的概述

磨床是利用磨具对工件表面进行磨削加工的机床。大多数磨床使用高速旋转的砂轮进行磨削加工，少数使用磨石、砂带等其他磨具和游离磨料进行加工，如珩磨机、超精加工机床、砂带磨床、研磨机和抛光机等。

为了适应零件的精加工需要，出现了以磨粒为切削刃的磨削加工，用磨料磨具为工具进行切削加工的机床统称为磨床。由于砂轮表面上每个磨粒的硬度都很高，磨粒具有锋利的切削刃并能耐高温，因此磨削加工有如下基本特点：①加工精度高，加工完表面粗糙度值低。一般来讲，经磨削加工的工件尺寸公差等级可达 IT7~IT5，表面粗糙度值 Ra 为 $0.8 \sim 0.01 \mu m$，镜面磨削时为 $Ra 0.01 \mu m$ 以上。磨削不但可以精加工，也可以粗磨、荒磨、重载荷磨削。②适合磨削硬度值高的工件，硬度低，塑性好的有色金属（非铁金属）不适合加工。③磨削温度高，切削速度快，是一般切削速度的 10~20 倍，瞬时温度可达到 1000~1500℃。研究表明，磨削产生的切削热 80%~90%传入工件，加上砂轮的导热性差，易造成工件表面烧伤和微裂纹。因此磨削时应采用大量具有高效冷却性能的切削液以降低磨削温度，在高速磨削时，经常对切削液进行单独的冷却处理，以使切削液在工作时达到更好的冷却效果。④砂轮的自锐作用。在磨削过程中，磨粒有破碎产生较锋利的新棱角及磨粒的脱落而露出一层新的锋利磨粒，能够部分地恢复砂轮的切削能力，这种现象叫做砂轮的自锐作用，有利于磨削加工，也是其他切削刀具所没有的。磨削加工时，常常通过适当选择砂轮硬度等途径，以充分发挥砂轮的自锐作用来提高磨削的生产效率。但是磨粒随机脱落的不均匀性会使砂轮失去外形的精度；破碎的磨粒和切屑会造成砂轮的堵塞。因此，砂轮磨削一定时间后，需进行修整以恢复其切削能力和外形精度。

1. 磨床的种类

为了磨削机器零件上的各种表面，现代机械制造业中使用的磨床种类很多，有外圆磨床、内圆磨床、平面磨床、齿轮磨床、螺纹磨床、工具磨床、无心磨床等，其中最常用的是外圆磨床和平面磨床。

2. 磨床的型号

磨床型号以两个具体例子来介绍。

M1432A（外圆磨床型号）   M7120A（平面磨床型号）

M—类别符号，磨床类   M—类别符号，磨床类

14—组、系别，外圆磨床   71—组、系别，卧轴矩台式平面磨床

32—主参数，最大磨削直径的 1/10   20—主参数，工作台面宽 200mm

即最大磨削直径为 320mm

A—重大改进顺序号，第一次。   A—重大改进顺序号，第一次。

3. 磨削运动（如图 3-1-1 所示）

磨削运动有以下几种：

（1）主运动（v）：砂轮的旋转运动。磨削速度即为砂轮外圆的线速度。

普通磨削速度 v 为 30~35m/s，当 v > 45m/s 时，称为高速磨削。

砂轮圆周速度是砂轮外圆表面上任意一磨粒在单位时间内所经过的路径，用 v 表示，砂轮圆周速度可按下列公式计算：

$$v = \frac{\pi dn}{1000 \times 60}$$

式中，v——主运动（或砂轮圆周速度），m/s。

    d——砂轮直径，mm。

    n——砂轮转速，r/min。

（2）工件圆周运动（v_w）。工件的旋转运动是圆周进给运动。

工件被磨削表面上任意一点在单位时间内所经过的路径称为工件圆周速度，用 v_w 表示，故单位用 m/min。工件圆周速度可按下列公式计算：

$$v_w = \frac{\pi d_w n_w}{1000 \times 60}$$

式中，v_w——工件圆周速度，m/min。

    d_w——工件直径，mm。

    n_w——工件转速，r/min。

（3）纵向进给运动（$f_纵$）。工作台带动工件所作的直径往复运动是纵向进给运动（又称轴向进给运动）。工件每转一周相对砂轮在纵向移动的距离称为纵向进给量（又称轴向进给量），用 $f_纵$ 表示，其单位为 mm/r。纵向进给量受砂轮宽度 B 的约束，不同材料磨削纵向进给量如下：

粗磨钢件 $f_纵$ = (0.3~0.7) B

粗磨铸件 $f_纵$ = (0.7~0.8) B

粗磨 $f_纵 = (0.1~0.3)$ B

（4）横向进给运动（$f_横$）。砂轮沿工件径向上的移动是横向进给运动（又称径向进给运动）。在工件台每次行程终了时，砂轮在横向移动的距离，称为横向进给量（又称径向进给量或背吃刀量），其单位为 mm/行程。

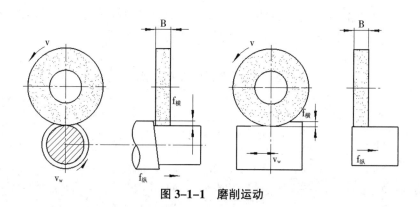

图 3-1-1 磨削运动

4. 磨削加工的应用范围

磨削主要用于零件的内、外圆柱面和圆锥面、平面、螺旋面以及各种成形面（如花键、螺纹、齿轮等）的精加工，还可用于刃磨刀具，工艺范围非常广泛（如图 3-1-2 所示）。

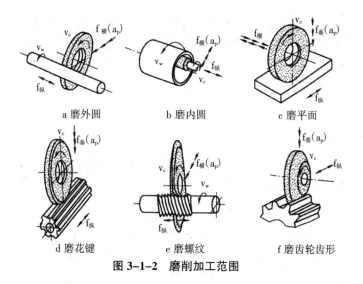

a 磨外圆   b 磨内圆   c 磨平面

d 磨花键   e 磨螺纹   f 磨齿轮齿形

图 3-1-2 磨削加工范围

5. 砂轮的种类、用途及材料

砂轮是磨削的切削工具，它是由许多细小而坚硬的磨粒用结合剂粘结而成的多孔体，有着各种各样的形状和尺寸，也具有不同的性能和适用范围。其特性主要取决于磨料、粒度、结合剂、硬度和组织五个因素。

（1）磨料。磨料是砂轮的主要原料，直接担负着切削工作。磨削时磨料在高温条件下要经受剧烈的摩擦和挤压，所以磨料应具有很高的硬度、耐热性及一定的韧性。常用的磨料有刚玉类和碳化硅类（如表 3-1-1 所示）。

表 3-1-1　常见砂轮材料明细

类型	名称	代号	特性	用途
刚玉类	棕刚玉	A	棕褐色，硬度高，韧性好，价格便宜	磨削碳钢、合金钢、硬青铜
	白刚玉	WA	白色，硬度比棕刚玉高，韧性低，磨削发热少	磨削淬火钢、高速钢、易变形的钢
	铬刚玉	PA	玫瑰色或紫红色，韧性比白刚玉好	磨削淬火钢、高碳钢、薄壁零件
碳化硅类	黑碳化硅	C	黑色或深蓝色，有光泽，硬度比白刚玉高，性脆而锋利，导热性能好	磨削铸铁、黄铜、耐火材料、铝及非金属材料
	绿碳化硅	GC	绿色，硬度和脆性比黑色碳化硅高，导热，导电性能好	磨削硬质合金、宝石、玉石、玻璃、陶瓷等
超硬磨料	人造金刚石	SD	无色透明或淡黄色、黄绿色、黑色，性脆，硬度高，价格高	磨削硬质合金、玻璃、宝石、半导体等难加工的硬脆材料
	立方氮化硼	CBN	黑色或淡白色的立方晶体，硬度略低于人造金刚石，耐磨性好，发热量小	磨削高温合金钢、高钒、高钼、高钴钢、不锈钢等

（2）粒度。粒度是表示磨粒大小的参数。粒度有两种表示方法：筛分法、光电沉降仪法或沉降管粒度仪法。筛分法是以网筛孔尺寸来表示的。微粉是以沉降时间来测定的。粒度号越小，磨粒越粗；粒度号越大，磨粒相应也越细（如表 3-1-2 所示）。

表 3-1-2　不同粒度磨具应用范围

粒度代号	用途
F14 以下	用于荒磨或重负荷磨削、磨皮革、磨地板、喷砂、除锈等
F14~F30	用于磨钢锭、铸铁去毛刺、切断钢坯钢管、粗磨平面、磨大理石及耐火材料
F30~F46	用于一般平面磨、外圆磨、无心磨、工具磨等磨床上粗磨淬火钢件、黄铜及硬质合金
F60~F100	用于精磨、各种刀具的刃磨、螺纹磨、粗研磨、珩磨等
F100~F220	用于刀具的刃磨、螺纹磨、精磨、粗研磨、珩磨等
F150~F1000	用于精磨、螺纹磨、齿轮精磨、仪器仪表零件精磨、精研磨及珩磨等
F1000 以上	用于超精磨、镜面磨、精研磨与抛光等

（3）结合剂。结合剂是将磨粒黏合起来，起到使砂轮具有一定的形状、强度、气孔、硬度的作用。砂轮的强度、抗冲击性、耐热性及耐蚀性，主要取决于结合剂的性能。常见结合剂有陶瓷结合剂、树脂结合剂、橡胶结合剂等（如表 3-1-3 所示）。

表 3-1-3 结合剂种类

名称及代号	性能	应用范围
陶瓷结合剂 V（A）	化学性能稳定、耐热、抗酸碱、气孔率大、磨耗小、强度高、能较好地保持外形，应用广泛 含硼的陶瓷结合剂，强度高，结合剂的用量少，可相应增大磨具的气孔率	适于内圆、外圆、无心、平面、成形及螺纹磨削、刃磨、珩磨及超精密磨等。适于磨削各种钢材、铸铁、有色金属及玻璃、陶瓷等 适于大气孔率砂轮
树脂结合剂 B（S）	结合强度高，具有一定弹性，高温下容易烧毁，自锐性好、抛光性较好、不耐酸碱 可加入石墨或铜粉制成导电砂轮	适于荒磨、切割和自由磨削，如薄片砂轮，高速、重负荷、小表面粗糙度值磨削，打磨铸、锻件毛刺等的砂轮及导电砂轮
增强树脂结合剂 BF	树脂结合剂加入玻璃纤网增加砂轮强度	适于高速砂轮（v = 60~80m/s），薄片砂轮，打磨焊缝或切断
橡胶结合剂 B（S）	强度高，比树脂结合剂更富弹性，气孔率较小，磨粒钝化后易脱落。缺点是耐热性差（150℃），不耐酸碱，磨削时有臭味	适于精磨、镜面磨削砂轮，超薄片状砂轮，轴承、叶片、钻头沟槽等用抛光砂轮、无心磨导轮等
菱苦土结合剂 Mg（L）	结合强度较陶瓷结合剂差，但有良好的自锐性能，工作时发热量小，因此在某些工序上磨削效果反而优于其他结合剂。缺点是易水解不宜湿磨	适于磨削热传导性差的材料及磨具与工件接触面大的磨削 适于保安刀片、切纸刀具、农用工具、粮食加工、地板及胶体材料加工等，砂轮速度一般小于 20m/s

（4）硬度。砂轮的硬度是指砂轮工作表面上的磨砂粒受外力作用时脱落的难易程度，磨粒不易脱落就表明砂轮硬，反之称为软。砂轮硬度对磨削生产率和磨削表面质量影响都很大，一般情况下，工件材料越硬，砂轮的硬度应选软些，使磨钝的砂粒及时脱落，提高砂轮的自锐作用，避免磨削温度过高产生工件烧伤；磨削材料软的工件应选用硬砂轮，以充分发挥磨粒的切削作用。另外，砂轮的硬度主要决定于结合剂的性质、数量以及砂轮的制造工艺，例如，砂轮中结合剂的数量愈多，它的硬度就愈高。砂轮的硬度等级及代号如表 3-1-4 所示。

表 3-1-4 砂轮的硬度等级

代		号		硬度等级
A	B	C	D	极软
E	F	G	—	很软
H	—	J	K	软

续表

代 号				硬度等级
L	M	N	—	中级
P	Q	R	S	硬
T	—	—	—	很硬
—	Y	—	—	极硬

注：硬度等级用英文字母标记，"A"到"Y"由软至硬。

（5）砂轮的组织。砂轮的总体积是由磨粒、结合剂和气孔构成的，这三部分体积的比例关系叫做砂轮的组织，代表了砂轮的松紧程度，组织号越大，砂轮组织越松，磨粒磨削时不易堵塞，磨削效率高，但由于磨刃少，磨削后工件表面较粗。砂轮组织号由 0、1、2、……、14 共 15 个号组成，号数越小，组织愈紧密。砂轮的组织分类及选用如表 3-1-5 所示。

表 3-1-5　砂轮组织的分类及选用

项目	类别														
	紧密				中等				疏松						
组织号	0	1	2	3	4	5	6	7	8	9	10	11	12	13	14
磨料的体积百分比（%）	62	60	58	56	54	52	50	48	46	44	42	40	38	36	34
应用	为了获得较小的表面粗糙度值，在精密磨削时，选用紧密组织的砂轮，主要用于成形磨削、精密磨削				一般用于磨削淬火钢工件和刃磨刀具等				磨削韧性大、硬度不高而面积大的工件时，适于选用组织疏松的砂轮						

（6）砂轮的形状和尺寸。为了适应不同磨床和加工工件的形状需要，砂轮有着各种各样的形状和尺寸，也具有不同的性能和适用范围。其常用的几种砂轮的形状、代号和用途如表 3-1-6 所示。

表 3-1-6　常用砂轮形状、代号和用途

砂轮名称	断面简图	代号	用途
平形砂轮		P	磨削外圆、内圆、平面、无心磨、刃磨
双斜边砂轮		PSX	主要用于磨齿轮齿面和磨单线螺纹
简形砂轮		N	立轴端面平磨
杯形砂轮		B	主要用其刃磨刀具，也可用其圆周磨平面和内圆

续表

砂轮名称	断面简图	代号	用途
碗形砂轮		BW	主要用其刃磨刀具，也可用于磨削机床导轨
碟形砂轮		D	主要用于刃磨铣刀、铰刀、拉刀和其他刀具
薄片砂轮		PD	主要用于切断和开槽

砂轮的特性一般用代号和数字标注在砂轮上，有的砂轮还标出安全速度。砂轮的特性代号一般标注在砂轮端面上，砂轮特性标示及含义举例如下：

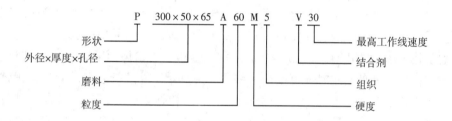

6. 磨床夹具

工件的装夹是否正确、稳固、迅速和方便，将直接影响工件的加工精度、表面粗糙度和生产效率。而工件的形状、尺寸、加工要求以及生产条件等具体情况不同，其装夹方法也不同。下面介绍一下外圆磨床和平面磨床磨削工件时，最常用的方法。

（1）外圆磨床工件装夹方法——前、后顶尖装夹（如图 3-1-3 所示）。这种方法是外圆磨削加工中最常用的装夹方法之一。此方法特点是安装方便、定位精度高。装夹时利用工件两端面的中心孔，把工件支承在前、后顶尖之间。在工件的一端安装有鸡心夹头，工件由头架的拨盘和拨杆带动鸡心夹头旋转，同时也就带着工件一起旋转，其旋转的方向与砂轮旋转方向相同。前、后顶尖装夹均采用固定顶尖（俗称死顶尖），它们固定在头架和尾座中，磨削加工时顶尖不跟工件旋转。这样头架主轴的径向圆跳动误差和顶尖本身的同轴度误差就不再对工件的旋转运动产生影响。只要中心孔和顶尖的形状正确，安装得当，就可以使工件磨削的旋转轴线始终固定不变，获得较高的加工精度。

用前、后顶尖进行工件的安装，一般适于长轴、长丝杠等较长工件，或需经过多次装夹，或有较多工序的工件等情况。用顶尖安装工件，需在工件的两端面上预先钻出中心孔。另外，磨削外圆时采用的装夹方法有用自定心卡盘或单动卡

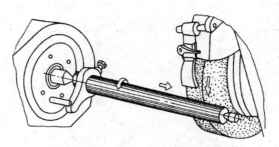

图 3-1-3 前、后顶尖装夹工件

盘装夹、一夹一顶装夹、心轴和堵头装夹等。

（2）平面磨床工件装夹方法——电磁吸盘（如图 3-1-4 所示）。矩形电磁吸盘系平面磨床的磁力工作台，用以吸附各类导磁工件，实现工件的定位和磨削加工。该系列吸盘吸力均匀，定位可靠，操作方便，可直接安装在平面磨床或铣床上使用，是一种理想的磁力夹具。其主要工作原理：当线圈中通过直流电时，铁芯被磁化，磁力线由铁芯经过盖板—工件—盖板—吸盘体而闭合，工件被吸住。另外，在电磁吸盘上同时也可以用一些辅助夹具对工件进行装夹，例如，正弦精密平口虎钳、精密平口虎钳、精密角铁装夹、精密 V 形块装夹、组合夹具装夹等。对于钢、铸铁等导磁性工件可直接安在工作台上，对于铜、铝等非导磁性工件，要通过精密平口虎铁等装夹。

图 3-1-4 电磁吸盘装夹工件

7. 磨削液

（1）磨削液的要求。磨削液主要用来降低磨削温度，改善加工表面质量，提高磨削效率，延长砂轮使用寿命，避免工件烧伤、裂纹和受热变形。从提高磨削效果来看，磨削液应起以下作用：

1）冷却作用。磨削液的冷却作用主要是将磨削热从磨削区带走，使磨削温度降低。

2）润滑作用。磨削液能渗入到磨粒与工件表面之间，并黏附在金属表面形成润滑膜，以减少磨粒与工件表面的摩擦，改善砂轮的切削性能，以获得较小的表面粗糙度值。

3）清洗与冲屑作用。磨削液流动性大，能及时将切屑和脱落的磨粒等冲洗掉，通过排屑沟排走。

4）防锈作用。磨削液中加入防锈添加剂，以在金属表面形成一层保护膜，在一定的时间内保护工件和机床不致生锈。

除以上作用外，还要求磨削液无毒、无臭、不刺激皮肤、无腐蚀、化学稳定性好、不易腐败变质、不易产生泡沫、废液易处理与再生、避免污染环境等。

（2）磨削液的种类和应用。磨削液的种类非常多，通常可分为两大类型：水溶性磨削液和油溶性磨削液。

水溶性磨削液又可分为：乳化液、透明性水溶液、电解质水溶液。水溶性磨削液的主要成分是水，再配加其他添加剂而成。它具有很好的冷却效果，且配制方便、成本低廉、不易污染。

油溶性磨削液的主要成分多为矿物油。普通矿物油是在低黏度或中黏度矿物油中加防锈添加剂。如在机械油、轻质柴油、煤油中加脂肪酸以增强润滑作用。详细内容如表3-1-7所示。

表3-1-7 常用磨削液的组成、性能及使用说明

类别	型别	序号	名称	组成（体积分数，%）		使用性能
油溶性磨削液	非活性	1	矿物油	石油磺酸钡	2	清洗性能好，用于研磨、超精磨、硬质合金磨削，加质量分数为0.5%的亚硝酸钠可增加防锈性
				煤油	98	
		2	复合油	煤油	80~90	用于铸铁、有色金属研磨及磨光学玻璃
				L-AN15全损耗系统用油	10~20	
		3	复合油	煤油	55	用于研磨钢、铸铁、青铜、铝合金等材料
				油酸	40	
				松节油	5	
	活性	4	极压油	石油磺酸钡	0.5~2	润滑性能好，无腐蚀性，用于超精磨削，可替代硫化油使用
				环烷酸铅	6	
				氯化石蜡	10	
				L-AN10高速全损耗系统用油	10	
				L-AN32高速全损耗系统用油	余量	
		5	F43极压油	氯化石油脂钡皂	4	用于磨削不锈钢、耐热钢和耐蚀钢
				二烷基二硫代磷酸锌	4	
				二硫化钼	0.5	
				石油磺酸钡	4	
				石油磺酸钙	4	
				L-AN7高速全损耗系统用油	83.5	

类别	型别	序号	名称	组成（体积分数，%）		使用性能
油溶性 磨削液	活性	6	磨削油	石油磺酸钡 6411 氯化石蜡 油酸 L-AN32 汽轮机油	4 5 10 7 74	用于高速磨削，极压性能好，对防止局部烧伤退火有良好效果
水溶性 磨削液	乳化液	7	69-1 乳化液	石油磺酸钡 磺化蓖麻油 油酸 三乙醇胺 氢氧化钾 L-AN7-10 高速全损耗系统用油	10 10 2.4 10 0.6 余量	用于磨削钢与铸铁件，清洗性能好，有防锈性能配比 2%~5%（体积分数，下同）
		8	F74-8 乳化液	聚氧乙烯醚烷基酚 五氧化二磷 三乙醇胺 石油磺酸钠 L-AN7-10 高速全损耗系统用油	4.5 0.5 5 15 75	用于轴承内外圆磨削配比 1%~2%
		9	F25D-73 防锈乳化油	石油磺酸钠 高碳酸钠皂 L-AN30 全损耗系统用油	13 4 余量	用于磨削及铣削等加工配比 3%~5%
		10	NL乳化液	石油磺酸钠 蓖麻油酸钠皂 三乙醇胺 苯并三氮唑 L-AN15 高速全损耗系统用油	36 19 6 0.2 余量	乳化剂含量高，低浓度，浅色透明液，防锈性能好，用于磨削金属配比 2%~3%
		11	防锈乳化液	石油磺酸钠 石油磺酸钡 环烷酸钠 三乙醇胺 L-AN15 全损耗系统用油	11~12 8~9 12 1 余量	用于磨削黑色金属和光学玻璃，加入质量分数为0.3%的亚硝酸钠及质量分数为0.5%的碳酸钠于已配比好的溶液中，可进一步提高防锈性能配比 2%~5%
		12	半透明乳化液	石油磺酸钠 三乙醇胺 油酸 乙醇 L-AN15 全损耗系统用油	39.4 8.7 16.7 4.9 34.9	用于精磨，配制时可加质量分数为0.2%的苯乙醇胺配比 2%~3%
		13	极压乳化油	防锈甘油络合物（硼酸62份，甘油92份，质量分数为45%的氢氧化钠65份） 硫代硫酸钠 亚硝酸钠 三乙醇胺 聚乙醇胺（相对分子质量400） 碳酸钠 水	22.4 9.4 11.7 7 2.5 5 余量	有良好的润滑和防锈性能，多用于黑色金属磨削配比 5%~10%

续表

类别	型别	序号	名称	组成（体积分数，%）		使用性能
水溶性磨削液	化学合成液	14	420号磨削液	甘油 三乙醇胺 苯甲酸钠 亚硝酸钠 水	0.5 0.4 0.5 0.8~1 余量	用于高速磨削与缓进给磨削及磨高温合金，有时要加消泡剂。如将甘油换为硫化油酸聚氧乙烯醚可提高磨削效果，如换为氯化硬脂酸硫化油酸聚氧乙烯醚适于磨In-738叶片
		15	高速高负荷磨削液	氯化硬脂酸 含硫添加剂 Tx-10非离子型表面活性剂 硼酸 三乙醇胺 742消泡剂 水	0.4 0.6 0.1 0.1 0.2 1.6 余量	稀释成质量分数为2%的溶液使用，用于高速磨削及高负荷磨削
		16	M—2磨削液	油酸丁二酸乙醇酰胺 癸二酸乙醇酰胺 苯甲酸钠		用于一般磨削（不含亚硝酸钠）
		17	3号高负荷磨削液	硫化油酸 三乙醇胺 非离子型表面活性剂 硼酸盐 消泡剂（有机硅）另外（质量分数为0.25%） 水	30 23.3 16.7 5 25	具有良好的清洗、冷却性能，有较高的极压值（pK值大于2500N）
		18	H—1精磨油	蓖麻油顺丁烯二酸酐 二乙醇胺 三乙醇胺 癸二酸 硼酸		用于精密磨削，也适用于普通磨削，可代替乳化液和苏打水
		19	GMY—2高速磨削液	亚硝酸钠 油酸钠 2010（表面活性剂） 三乙醇胺 水	16 4 15 18 余量	用于高速磨削、精密磨削配比：普通磨削2%~3%，高速及特殊磨削3%~5%
		20	SM—2磨削液	EP-SS极压添加剂 表面活性剂 防锈添加剂		用于轴承钢、黑色金属等磨削 配比3%~5%
		21	NY—802磨削液	油酸钠 阴离子表面活性剂 聚乙二醇 亚硝酸钠 防腐剂 辅助润滑剂等		用于普通及精密磨削 配比：1%~2%

类别	型别	序号	名称	组成（体积分数，%）		使用性能
水溶性磨削液	化学合成液	22	10°强力磨削液	全成氯化硬脂酸聚氧乙烯醚	0.5	用于缓进磨削，不稀释，直接使用
				苯甲酸钠	0.3	
				三乙醇胺	0.4	
				亚硝酸钠	1.0	
				消泡剂	0.1	
				水	97.7	
		23	QM强力磨削液			用于高速、强力、缓进磨削，QM176，QM189用于磨钢材，QM186用于磨激冷铸铁 配比：普通磨削2%~3%，强力磨削3%~4%
		24	研磨液	磺化蓖麻油（中性）	0.5	有良好的冷却性能与清洗性能，代替煤油研磨，或用碳酸钠代替磺化蓖麻油
				磷酸三钠	0.6	
				亚硝酸钠	0.25	
				硼砂	0.25	
				水	余量	
		25	磨削液	洗净剂6503（椰子油烷基醇酰胺磷酸酯）	3	清洗性能好，用于磨削
				亚硝酸钠	0.5	
				OP—10	0.5	
				水	余量	
		26	磨削液	聚乙二醇	10	棕色透明水溶液，用于磨削，防锈性能好，润滑性较差 配比：4%~8%
				蓖麻酸二乙醇胺盐	4	
				三聚磷酸钾	3	
				亚硝酸钠	5	
				防锈络合物（山梨醇50份，三乙醇胺30份，苯甲酸8份，硼酸12份）	30	
				水	余量	
		27	精磨液	石油磺酸钠	0.3~0.5	用于精磨
				高碳酸三乙醇胺	0.3~0.5	
				水（用三乙醇胺调至pH=7.5）	余量	
		28	QTS—1磨削液	氯化脂肪酸	0.25	用于精磨和其他切削加工
				聚氧乙烯醚	0.50	
				磷酸三钠	0.8	
				亚硝酸钠	1.0	
				三乙醇胺	0.5~1	
				水	余量	
		29	研磨液	环烷皂	0.6	用于研磨
				磷酸三钠	0.6	
				亚硝酸钠	0.25	
				水	余量	

续表

类别	型别	序号	名称	组成（体积分数，%）		使用性能
水溶性 磨削液	化学合 成液	30	轴承钢 磨削液	三乙醇胺 油酸 癸二酸 乳化剂 水	0.4~0.6 0.3~0.4 0.1~0.2 0.2~0.3 余量	用于磨轴承钢
		31	磨削液	含硫添加剂 聚乙二醇（相对分子质量 400） TX-10 表面活性剂 6503 清洗剂 硼酸 三乙醇胺 亚硝酸钠 742 消泡剂 水	0.4~0.9 0.5 0.1 0.1~0.2 0.1 0.2 0.5 0.4~0.6 余量	用于高、中复合磨削
		32	磨削液	三乙醇胺 癸二酸 聚乙二醇（相对分子质量 400） 苯并三氮唑 水	17.5 10 10 2 余量	用于磨削金属，不磨钢件 时可不加苯并三氮唑 配比：1%~2%
		33	透明 水溶液	碳酸钠 亚硝酸钠 甘油 聚乙二醇（相对分子质量 400） 水	0.15 0.8 0.8~1.0 0.3~0.5 余量	用于无心磨床与外圆磨床 配比：2%~3%
		34	101 磨 削液	高分子化合物（PAM） 防锈剂 防腐剂 表面活性剂		可代替油类及乳化液
		35	苏打水 （Ⅰ）	碳酸钠 亚硝酸钠 水	0.8~1.0 0.15~0.25 余量	用于金属磨削，适于磨球 墨铸铁，雨季可加入适量 三乙醇胺，水的硬度高 时，加入一些碳酸钠
		36	苏打水 （Ⅱ）	碳酸钠 亚硝酸钠 甘油 水	0.5 0.15~0.25 0.5~1 余量	用于金属磨削，适于金刚 石砂轮磨削（树脂结合剂 砂轮不用）
		37	—	硼砂 三乙醇胺 水		用于金刚石砂轮磨削和一 般砂轮磨削，但不适于立 方氮化硼砂轮

（3）磨削液的正确使用。磨削液的正确使用方法如下：

1）磨削液应该直接浇注在砂轮与工件接触的部位。

2）磨削液流量应充足，并应均匀地喷射到整个砂轮磨削宽度上，并能达到冷却效果。

3）磨削液应用一定的压力注入磨削区域，以达到良好的清洗作用，防止磨屑在磨削区域堵塞砂轮表面。

4）合理配置挡水板，防止磨削液飞溅出磨床。

5）水箱中的切削液要保持一定的液面高度。

6）磨削液应经常保持清洁，尽量减少切削液中磨屑和磨粒碎粒的含量，变质的切削液要及时更换，超精密磨削时可以采用专门的过滤装置。

7）磨削液的液流要保持通畅，防止液流在通道中被磨屑堵塞，堵塞的磨屑要及时清除。

8）不要把其他杂物带入水箱中。

9）在夏天特别要注意防止乳化液锈蚀工件和磨床工作台表面，乳化液的含量可取高些。

10）防止磨削液溅入眼中，特别要防止磨削液中的亚硝酸钠进入口中或吸入肺中，注意保护身体健康。

11）树立环保意识。

（三）磨床的基本操作

1. 外圆磨床

外圆磨床分为普通外圆磨床和万能外圆磨床。普通外圆磨床可以磨削外圆柱面、端面及外圆锥面，万能外圆磨床还可以磨削内圆柱面、内圆锥面。下面以M1432A 型万能外圆磨床为例介绍该机床各部分功用及操作。

（1）M1432A 型万能外圆磨床的结构。M1432A 型万能外圆磨床由头架、尾座、工作台、砂轮架、内圆磨头和床身等部件组成（如图 3-1-5 所示）。

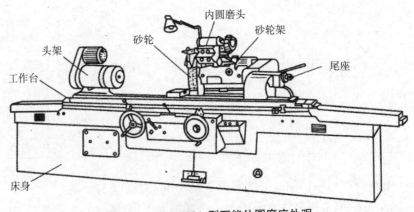

图 3-1-5　M1432A 型万能外圆磨床外观

1）头架。头架上主要有主轴和变速机构。顶尖安装于主轴的前端，用于支顶工件。通过调节传动变速机构，可以使主轴获得不同级别的转速。拨盘通过拨杆带动工件做圆周进给运动。头架可绕垂直轴线逆时针回转 0~90°。

2）尾座。尾座套筒内也可以安装顶尖，用来支顶工件的另一端。尾座后端安装有弹簧，用来调节顶尖对工件顶紧力的大小，也可以在较长零件受磨削热影响而变长或弯曲变形的情况下便于零件的装卸。

3）工作台。工作台有两层，下工作台可在床身导轨上作纵向往复运动，上工作台相对于下工作台在水平面内能偏转一定的角度以便磨削圆锥面。头架和尾座安装在上工作台之上，一起沿着床身纵向导轨移动，实现工件的纵向进给运动。工作台的行程位置由挡铁控制。

4）砂轮架。砂轮架是用来支承砂轮主轴，安装在床身的横向导轨上，由单独的电动机经 V 带直接带动旋转。砂轮架可沿床身后部的横向导轨前后移动，其移动方法有自动周期进给、快速引进或退出、手动三种，其中前两种是靠液压传动来实现的。另外，安装在主轴上的砂轮由一处独立电动机驱动，其转速能达到 1670r/min。

5）床身。床身是一个箱形铸铁件，它是磨床的基础部件，用来支承磨床上的其他部件，并保持各个部件间的相对正确位置和运动部件的正确运动。床身的纵向导轨上安装有工作台，横向导轨上则安装有砂轮架。由于磨床主要采用液压传动的方式，所以箱体内装有 160kg 液压油，液压传动具有无级变速、传动平衡、操作简便、安全可靠等优点。

6）内圆磨头。内圆磨头的支架与砂轮架通过铰链连接。使用时将其向下翻转至工作位置（并通过电气控制将砂轮主轴的电动机互锁），不使用时将其抬起。内圆磨头的主轴前端用来安装磨内圆的砂轮，后端是皮带轮，由单独的电动机通过皮带传动实现内圆磨具的旋转运动。

（2）按钮台及各按钮的说明。按钮台及各按钮的说明如图 3-1-6 所示。

（3）操纵台及各操纵杆说明。操纵台及各操纵杆说明如图 3-1-7 所示。

（4）M1432A 型万能外圆磨床的操作。M1432A 型万能外圆磨床的操作方法如下：

1）机身正面的左侧手轮为工作台纵向进给手动手轮，顺时针转动纵向进给手轮，工作台向右移动，反之工作台向左移动。

2）机身下面的右侧手轮为砂轮架横向进给手动手轮，顺时针旋转砂轮架横向进给手轮，砂轮架带动砂轮移向工件，反之砂轮架向后退回远离工件。手轮的正下端有一拉杆，当拉杆推进时为粗进给，即手轮每转过一周时砂轮架移动 2mm，每转过一小格时砂轮移动 0.01mm；当拉杆拔出时为细进给，即手轮每

电源指示灯　头架运转（点动/停/开/自动循环/停/手动）　照明（停/开）　头架转速指示表

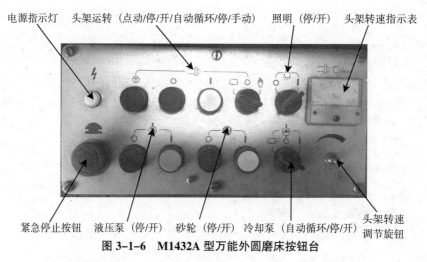

紧急停止按钮　液压泵（停/开）　砂轮（停/开）　冷却泵（自动循环/停/开）　头架转速调节旋钮

图 3-1-6　M1432A 型万能外圆磨床按钮台

工作台纵向运动进给开关　工作台纵向运动调速旋钮　砂轮架横向运动进给开关

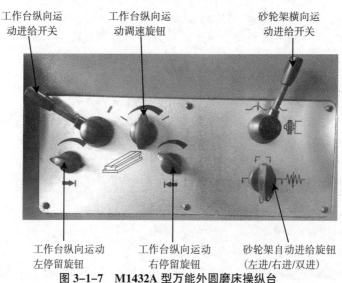

工作台纵向运动左停留旋钮　工作台纵向运动右停留旋钮　砂轮架自动进给旋钮（左进/右进/双进）

图 3-1-7　M1432A 型万能外圆磨床操纵台

转过一周时砂轮架移动 0.5mm，每转过一个小格时砂轮架移动 0.0025mm（如图 3-1-8 所示）。

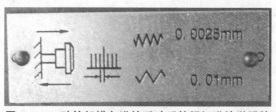

0.0025mm

0.01mm

图 3-1-8　砂轮架横向进给手动手轮粗细进给说明牌

3）工作台液压传动操作练习。按下液压泵启动按钮，使液压启动；顺时针方向转动开停阀手柄到启动位置；开启放气阀旋钮，排掉气缸内的空气；工作台做纵向往复运动 2~3 次，关闭放气阀；再次调节调整阀旋钮，使工作台达到所需的移动速度；微调挡铁后调节停留阀旋转，使工作台右停或左停，并调节工作台的停留时间；逆时针方向转动开停阀手柄到停止位置，工作台停止移动。

4）砂轮的转动和停止。按下砂轮电动机启动按钮，砂轮旋转，按下砂轮电动机停止按钮，砂轮停止转动。

5）头架主轴的转动和停止。使头架电动机旋转处于慢转位置时，头架主轴慢转；使其处于快转位置时，头架主轴处于快转；使其处于停止位置时，头架主轴停止转动。

6）尾座顶尖的运动。脚踩脚踏板时，接通其液压传动系统，使尾座顶尖缩进；脚松开脚踏板时，断开其液压传动系统使尾座顶尖伸出。

（5）M1432A 型万能外圆磨床安全操作注意事项。操作过程中应注意以下几点：

1）练习时做到动作自如、反应灵活、分清手轮旋转方向与工作台向左和向右运动的关系。

2）仔细调整并紧固挡铁，以防砂轮和头架、尾座等部件碰撞，造成事故。操作前，一定要熟悉各手柄和旋转的位置和作用。

3）为了便于操作者装卸和测量工件，借助液压装置，砂轮架可以实现快速进退。液压泵启动后，逆时针转动手柄到工作位置，砂轮架快速引进；顺时针转动手柄至退出位置，砂轮架快速退出。引进和退出的距离都是 50mm。

4）操作时要注意操作顺序，并且要熟悉手柄位置。

5）横向进给量可以按照磨削要求来确定。

6）砂轮架快速进退时，要避免砂轮与工件相撞。

2. 平面磨床

平面磨床是用砂轮磨削零件平面的机床。下面以 M7130A 型平面磨床为例介绍该机床各部分功能及操作方法。

（1）M7130A 型平面磨床的结构。M7130A 型卧轴矩台式平面磨床主要由床身、工作台、磨头、立柱、砂轮修整器等部分组成（如图 3-1-9 所示）。

1）砂轮架。安装砂轮并带动砂轮作高速旋转，砂轮架可沿滑座的导轨作手动或液动的横向间隙运动。

2）滑座。安装砂轮架并带动砂轮架沿立柱导轨作上下运动。磨头滑座的水平导轨可作横向进给运动，该运动可由液压驱动或由手轮操作。

3）立柱。支承滑座及砂轮架。滑座可沿立柱的垂直导轨移动，以调整磨头

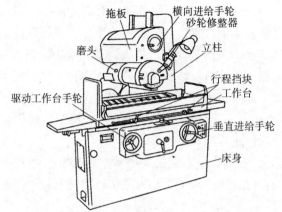

图 3-1-9   M7130A 卧轴矩台式平面磨床外观

的高低位置及完成垂直进给运动，这一运动通过转动手轮来实现。

4）工作台。安装工件并由液压系统驱动作往复直线运动。

5）床身。支承工作台、安装其他部件。

6）M7130A 型机床手轮、手柄、按钮用途如图 3-1-10 所示。

（2）M7120A 型平面磨床的操作。M7120A 型平面磨床的操作方法如下：

1）工作台手动操作练习。顺时针转动工作台移动手轮，工作台右移，反之工作台左移。

2）砂轮架（磨头）的垂直升降。顺时针转动磨头垂直进给手轮，砂轮移动向工作台，反之砂轮向上移动。手轮每转一小格，垂直移动量为 0.01mm，每转过一周，垂直移动为 2mm。另外，砂轮架的进刀方法分为手动进刀和机动进刀两种方法。在砂轮架垂直进给手轮的正下方有一个砂轮架垂直进刀离合器拉杆，把拉杆拉出来为机动进刀，把拉杆顶进去为手动进刀。详细说明请参照图 3-1-11。

3）工作台的往复运动。按下液压泵启动按钮，油泵工作。顺时针转动工作台往复进给速度控制手柄，工作台往复运动。调整换向挡块间的位置，可调整往复行程长度。挡块碰撞工作台往复运动换向手柄时，工作台可换向。逆时针转动手柄，工作台由快到停止移动。

4）磨头的横向进给移动。该移动有"连续"和"间歇"两种情况。连续移动就是磨头在横向方向上连续的移动。而间歇运动就是当工作台纵向进给运动一个行程时，磨头在横向方向上移动一段距离。

（3）M7120A 型平面磨床安全操作注意事项。M7120A 型平面磨床安全操作注意下列各项：

1）机床在使用后应检查机床的左右自动控制杆是否归位。

2）工作台开启前应注意左右是否有人。

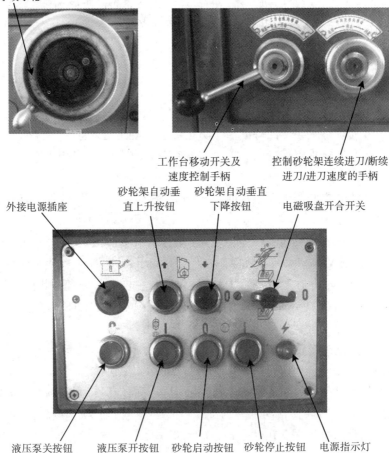

砂轮架垂直进
给手动手轮

工作台移动开关及
速度控制手柄

控制砂轮架连续进刀/断续
进刀/进刀速度的手柄

外接电源插座

砂轮架自动垂
直上升按钮

砂轮架自动垂直
下降按钮

电磁吸盘开合开关

液压泵关按钮　　液压泵开按钮　　砂轮启动按钮　　砂轮停止按钮　　电源指示灯

图 3-1-10　M7130A 型机床手轮、手柄、按钮

图 3-1-11　砂轮架垂直进刀离合拉杆

3）工件在加工前，应将工件上的毛边除掉，工件和工作台必须擦干净。

4）工件放置在电磁吸盘工作台时，注意确认是否已吸磁固定。

5）砂轮工作时，工作平台上不可放置不相关的工件或物品。

6）不可用其他物品敲打工作台面。

（四）磨床的保养

1. 磨床的日常保养

磨床的日常保养工作内容如下：

（1）电气设备应经常保持清洁，防止油水、尘土进入。

（2）遇有电路短路熔断时，应换以同容量的熔丝，可以用锡银丝，勿用铜丝作代用品。

（3）旋转电机使用滚动轴承时，每隔六个月应清洗（用火油或轻柴油）一次并更换清洁润滑脂。

（4）用变压器油冷却的电机，电器应定期检查油液的含水量或油的绝缘强度，如低于 10kV/mm 时应予更换清洁干燥的变压器油。

（5）电机、电器在潮湿季节中停置过久（超过一个月）使用时，应对电器绝缘进行复查，并经去渣处理，即用降低电压到额定的 1/3 时，将电机空转 48 小时，以逐步驱除湿气，然后再满压运转方保无虑。

（6）直流电机之碳刷与换向器的接触面应保持熨帖，发现碳刷破碎或残缺应及时更换，其软硬选择应合适，以免换向器过早磨损。

（7）有换向器及碳刷的旋转电机，换向器表面应保持光滑圆润，如发现凹凸不平，应及时修磨并将换向片间的绝缘合成云母全部铲除，深度至少 1.5~2mm，以保证碳刷换向过程平衡跳动。

（8）注意机床接地情况必须良好，如接地螺钉端面有油污或锈蚀时，应随时加以清理。

（9）注意外露软管及电线不使其轧偏或拉断。

（10）经常检查各触点及连锁装置的灵敏度。

（11）按照使用说明书的规定安全使用电气设备。

2. 机床的全面维护保养

除日常维护保养之外，还要按一定的期限对机床作全面的维护保养。设备累计运行 500h 要进行一次一级保养。一级保养以操作工人为主，维修工人为辅，对设备进行局部解体和检查，清洗所规定的部位，疏通油路，调整设备各部位的配合间隙等。设备累计运转 2500h 后要进行一次二级保养。二级保养以维修工人为主，操作工人为辅，对设备进行部分解体和检查修理，局部恢复精度。

3. 机床的润滑

润滑是机床维护保养工作的重要内容之一。正确的润滑能使机床处于良好的工作状态，可以减少机件磨损，保持机床精度，同时，可以使操纵轻便。润滑不良是造成机床故障的主要原因之一。

为了达到良好的润滑目的，应根据机床说明书的规定选用不同的润滑油。不同的润滑油具有不同的黏度和润滑性能，适合不同的工作条件，要正确使用。

（五）检查评价

检查评价有以下内容：

1. 公称尺寸

公称尺寸检查，例如，外径 $\Phi35\pm0.015$mm、厚度 25 ± 0.015 等。

2. 形状精度

形状精度检查，例如，圆柱度公差值 0.01mm、平行度公差值 0.01mm 等。

3. 表面精度

表面精度检查，例如，Ra0.8μm。

4. 文明安全生产

文明安全生产是否做到位等。

任务二　砂轮的安装与平衡

任务要求

正确的安装砂轮

了解砂轮的平衡原理

相关理论知识

（一）正确地安装砂轮

砂轮的圆周速度很高，一般都能达到 35m/s，甚至会更高，磨削时砂轮旋转运动又是主运动，对工件质量有很大的影响，因而正确使用砂轮对保证加工质量很重要。

如果砂轮安装得不正确或修整不当，会严重影响工件的质量，甚至引起砂轮碎裂，危及人身和设备的安全。

一般砂轮安装采用法兰盘安装。安装时要注意以下几点：

1. 装夹前应进行音响检查

砂轮安装之前，要认真仔细检查砂轮是否有裂纹，方法是将砂轮吊起（较小的砂轮也可拿在手里），用木棍轻轻敲打砂轮，无裂纹的砂轮声音是清脆的，没有颤音或杂音。如果发现哑声（特别是陶瓷结合剂砂轮），说明已有裂纹，绝对不能使用。砂轮安装前，还应仔细检查是否受潮，因为受潮的砂轮（特别是部分受潮），砂轮在平衡时，就遇到很大的困难，甚至无法平衡好砂轮。

2. 两个法兰盘的直径必须相等

两个法兰盘的直径相等，以便砂轮不受弯曲应力而导致破裂。法兰盘的最小直径要不小于砂轮直径的 1/3，在没有防护罩的情况不应小于 2/3。

3. 砂轮安装时，砂轮孔与法兰轴套外圆的配合，松紧要恰当

砂轮孔与法兰轴套配合要适当，如果太松，砂轮的中心与法兰的中心偏移太大，砂轮将会失去平衡。另外砂轮和法兰之间必须放橡胶、毛毡等弹性材料，以增加接触面积，使受力均匀。装夹，经平衡后，砂轮应在最高转速下试转 5 分钟后才能正式使用（如图 3-1-12 所示）。

（二）砂轮的平衡原理及平衡操作

1. 手工操作

采用手工操作调砂轮停车静平衡时，需使用平衡架、平衡心轴、平衡块以及水平仪等工具。

（1）平衡块。平衡块的作用就是在砂轮不平衡的情况下调整若干个平衡块的位置，使砂轮的重心与它的旋转轴线重合。

（2）平衡心轴。要求平衡心轴两端尺寸大小要一致，并应严格地与外锥同心，此外，外锥应与法兰盘内锥孔有良好的配合。

（3）圆棒导柱式平衡支架。圆棒导柱式平衡支架是一种最常用的平衡支架。它是由一个支架和两根直径相同而且互相平行的淬火光滑轴组成。两根光滑轴是支承平衡心轴的导轨，使用时必须严格处于水平位置，平衡架通过三只螺钉支承在地面上。调整时，可在两根光滑轴上横着放两根长条形平铁，以放置水平仪。用水平仪在纵、横两个方向上校验平衡架水平。特别要求：校正光滑轴纵向水平时一定要严格。

（4）水平仪。用来测量圆棒导柱式平衡支架水平位置，使平衡支架在横、纵两个方向的空间位置上保证水平后，才能够进给静平衡砂轮（如图 3-1-13 所示）。

2. 砂轮静平衡调整方法（如图 3-1-14 所示）

（1）将砂轮放在平衡支架的两根导轨上，砂轮应在两根导轨中间，平衡心轴在导轨上慢慢转动，转到某一个位置时，砂轮来回摆动直至静止。此时砂轮最下面的 A 点即为砂轮的重心，然后在直径方向上的轻点 B 用粉笔作一记号。

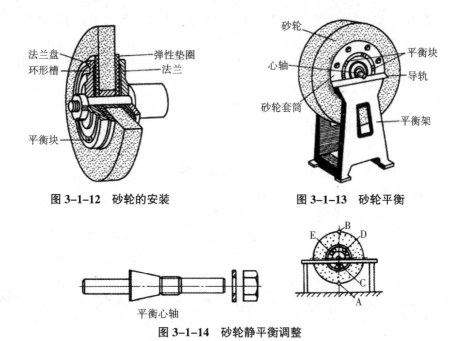

图 3-1-12 砂轮的安装　　　　　图 3-1-13 砂轮平衡

平衡心轴

图 3-1-14 砂轮静平衡调整

（2）在砂轮的下方加入平衡块 C，要求 A、B 两点的位置不变。否则，需调整平衡块 C 的位置，直到 B 点恢复到原来位置。

（3）再加入平衡块 D、E，并仍使 A 和 B 两点位置不变。如有变动，可上下调整 D、E 使 A、B 两点恢复原位。此时砂轮左右已平衡。

（4）将砂轮转动 90°。如有不平衡，将 D、E 同时向 A 或 B 点移动，直到 A、B 两点平衡为止。

（5）如此调整，直到砂轮能在任何方位上稳定下来，砂轮就平衡好了。根据砂轮直径的大小，检查 6 个或 8 个方位即可。

3. 平衡砂轮注意事项

平衡砂轮要注意以下几点：

（1）平衡架要放水平，特别是纵向。

（2）将砂轮中的冷却液甩净。

（3）砂轮要紧固，法兰盘、平衡块要洗净。

（4）砂轮、法兰盘内锥孔与平衡心轴配合要紧密，心轴不应弯曲。

（5）砂轮平衡后，平衡块应紧固。

平衡架最好采用刀口式，因与心轴接触面小，反映较灵敏。

4. 砂轮的修整

（1）砂轮的钝化。砂轮在工作一定时间后，磨粒出现钝化、表面空隙被磨屑堵塞、外形失真等现象时，必须除去表层的磨料，重新修磨出新的刃口，以恢复砂轮本身的切削能力和外形精度。

砂轮钝化一般有三种情况：①磨粒的微刃钝化。②砂轮表面被磨屑堵塞。③磨粒不均匀脱落，使砂轮本身丧失原有的几何形状。

（2）修整砂轮的基本原则。修整砂轮的基本原则应根据砂轮的性质、工件材料、工件表面精度要求及加工形式等决定砂轮表面修整的粗细及采用的修整方法。

1）工件表面精度要求高，砂轮修整要粗糙。

2）工件材料硬，接触面积大，砂轮修整要粗糙。

3）粗磨比精磨的砂轮修整要粗糙。

4）横向、纵向进给量大时，砂轮表面要粗糙。

5）高精度、小表面粗糙度值磨削时，砂轮应适当增加光修次数。

（3）砂轮的修整方法及注意事项。砂轮的修整方法及注意事项如下：

1）砂轮的修整。砂轮的修整是用砂轮修整工具将砂轮工作表面已钝化的表层修去，以恢复砂轮的切削性能和砂轮的几何形状。常用的修整方法就是用金刚石刀车削法、滚轮式割刀滚轧法等。车削法多采用单颗金刚石工具，其颗粒大小应根据砂轮直径来确定。修整时，金刚石将磨粒打碎，形成切刃，并使磨粒脱落。适用于粗磨和精磨，能获较好的修整效果。用金刚石修整砂轮时金刚石刀与砂轮之间在空间位置的角度如图 3-1-15 所示。修整时要用大量的切削液，并浇注在整个砂轮宽度上，以避免金刚石笔因温度剧升而破裂。

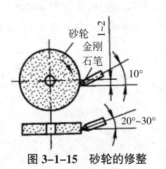

图 3-1-15　砂轮的修整

2）用金刚笔修整砂轮时应注意：①修整厚度一般为 0.1mm 左右，修整砂轮的厚度不能太薄也不要过厚。②金刚石刀装在专用刀架上，金刚石刀伸出度要短，装夹必须牢固，以免修整时发生振动，影响修整质量。③金刚石刀的安装角度一般取 10°左右，安装高度要低于砂轮中心 1~2mm，装夹要牢固，防止金刚石刀扎入砂轮。④必须根据加工要求确定修整用量，修整的进给速度越低，砂轮表面就修得越平整光滑，微刃的等高性就越好。精修整时，在无背吃刀量的情况下作一次纵向进给。

项目二　平面磨削、外圆磨削基本加工

任务一　磨削加工的工件定位装夹

任务要求
掌握磨床常用夹具的选用及定位原理
会使用夹具定位装夹工件

一、相关理论知识

（一）工件的定位原理

工件的定位就是使一批工件每次放置到夹具中都能占据同一位置。一个尚未定位的工件，其位置是不确定的，这种位置的不确定性称为自由度。由刚体运动学可知，一个自由刚体，在空间有且仅有六个自由度。如果要使一个自由刚体在空间有一个确定的位置，就必须设置相应的六个约束，分别约束刚体的六个运动自由度。在讨论工件的定位时，工件就是我们所指的自由刚体。如果工件的六个自由度都加以约束了，工件在空间的位置也就完全被确定下来了。因此，定位实质就是约束工件的自由度。

（二）双顶尖装夹定位分析

双顶尖装夹的方法，在磨削外圆时是最常用的方法之一，由于头架和尾座所用的顶尖都是不随工件转动的固定顶尖（俗称死顶尖）方法，提高了工件的加工精度，而且减小了外界因素对工件的旋转运动产生的影响。根据工件定位原理分析，一个工件在空间有六个自由度，而双顶尖的装夹方法限制了工件的五个自由度，唯一没有限制的就是工件在轴向转动，而且转动的方向同砂轮转动的方向一致。

（三）电磁吸盘定位装夹及注意事项

在平面磨床上，采用电磁吸盘工作台吸住工件。电磁吸盘工作台的绝磁层由铅、铜或巴氏合金等非磁性材料制成，它的作用是使绝大部分磁力线都通过工件再回到吸盘体，以保证工件被牢固地吸在工作台上。

磨削平面时，一般是以一个平面为定位基准，磨削另一个平面。如果两个平面都要求磨削并要求平行时，可互为基准反复磨削。

1. 电磁吸盘的工作原理

电磁吸盘是根据电的磁效应原理制成的。在由硅钢片叠成的铁芯上绕有线圈，当电流通过线圈，铁芯即被磁化，成为带磁性的电磁铁，这时若把铁块引向铁芯，立即会被铁芯吸住。当切断电流时，铁芯磁性中断，铁块就不再被吸住。

电磁吸盘的外形有矩形和圆形两种，分别用于矩形工作台平面磨床和圆形工作台平面磨床。

2. 使用电磁吸盘装夹工件的特点

（1）工件装卸迅速方便，并可以同时装夹多个工件。

（2）工件的定位基准面被均匀地吸紧在台面上，能很好地保证平行平面的平行度公差。

（3）装夹稳固可靠。

3. 电磁吸盘装夹工件注意事项

（1）选准基准面。与电磁吸盘吸附的工件表面应尽可能比工作台接触面积大一些，这样装夹更牢固。

（2）装夹工件时，工件底面盖住绝磁层条数应尽可能地多，以充分利用磁性吸力。对于小而薄的工件应放在绝缘磁层中间并在其左右放置低于工件厚度而面积较大的挡板，以防止在磨削时工件松动（如图 3-2-1a 所示）。

（3）装夹高度较高而定位面积较小的工件时，应在工件四周放上低于工件厚度而面积较大的挡板，以防止在磨削时工件松动，或借助精密平口虎钳进行装夹（如图 3-2-1b 所示）。

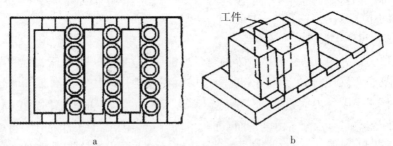

图 3-2-1　电磁吸盘装夹小工件方法

（4）要加充足的切削液，以防止工件表面烧伤而影响加工质量。

（5）当磨削完毕，切断电磁吸盘的电源后，仍会保留一部分磁性，即剩磁，因此工件不易取下。这时只要将开关转到退磁位置，多次反复改变线圈中的电流方向，把剩磁去掉，工件就容易取下。

（6）电磁吸盘使用较长时间后，中间部分的精度较差，假如要磨较小的工件，平行度要求较高，此时可将工件安装在台面的两端进行磨削。

（7）工作结束后，应将吸盘台面擦干净，以防冷却液渗入吸盘，损坏内部线圈。

（8）电磁吸盘台面如果拉毛，可用油石或细砂皮修光，再用砂纸将台面抛光。如果台面上划纹和细麻点较多，或台面已经不平时，可以对电磁吸盘台面进行一次修磨。修磨时，电磁吸盘应接通电源，使它处于工作状态，磨削量和走刀量要小，冷却要充分，待磨光至无火花出现时即可。

二、技能操作——如何在电磁吸盘上摆放工件

使用电磁吸盘装夹工件时，工件定位表面盖住绝缘磁层条数应尽可能地多，以便充分利用磁性吸力，小而薄的工件应放在绝缘磁层中间（如图 3-2-2b 所示），要避免放成图 3-2-2a 所示位置，并在其左右放置旋转挡板，以防止工件松动（如图 3-2-2c 所示）。

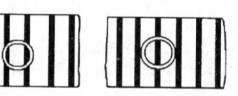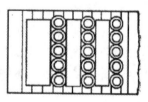

图 3-2-2　电磁吸盘摆放工件

任务二　操作平面磨床磨削平面

任务要求

掌握平面磨削方法

按安全操作规程磨削加工平面，保证工件尺寸在公差范围内

一、相关理论知识

(一) 平面磨削安全操作规程

1. 磨削前

(1) 作业前，应按工件磨削长度，调整好换向撞块的位置，并紧固。

(2) 磨削前，应检查工件是否被电磁铁牢牢吸住，加工高而狭长的工件时，要用适当的挡铁靠住或用虎钳夹住，以防发生意外（一般以低于工件 3~5mm 为宜）。不准磨削薄的铁板。不准在无端面磨削结构的磨床用砂轮端面磨削工件端面。

2. 磨削过程

(1) 正确选择磨削步骤，可先将面积较大、平面度与表面质量较好的表面作为粗基准。

(2) 启动磨床空转 3~5min，观察运转情况，应注意砂轮离开工件 3~5mm；确认润滑冷却系统畅通，各部运转正常无误后再进行磨削作业。

(3) 刚开始磨削时，进给量要小，切削速度要慢些，防止砂轮因冷脆破裂，特别是气温低时更应注意。

(4) 不准在工作面、工件、电磁盘上放置非加工物品，禁止在工作面、电磁盘上敲击、校准工件。

3. 磨削后

(1) 作业完毕，应先关闭冷却液，将砂轮空转 2min 以上后，切断电源停止设备，将各手柄置于非工作位置并切断电源。

(2) 检查工件、装卸工件、处理机床故障要将砂轮退离工件后停车进行。

(3) 零件批量大时，应根据工件余量的多少进行分组磨削，以提高生产效率。

(4) 砂轮不准磨削铜、锡、铅等软质工件，用金刚石修整砂轮时，金刚石刀具要装夹牢固，刀具支点与砂轮间距尽量缩小，进刀量要缓慢进给。

(二) 平面磨削加工方法

平面磨床主要用于磨削各种工件上的平面，工件安装在矩形或圆形工作台上，作纵向往复直线运动或圆周进给运动，砂轮可以用周边磨削（卧式主轴），也可以端面磨削（立式主轴）。

1. 周磨法（如图 3-2-3a 所示）

用砂轮周边磨削工件时，由于砂轮和工件接触面积小，发热变形小，冷却和排屑条件好，可获得较高的加工精度和较小的表面粗糙度。但磨削时要用间断的横向进给来完成整个工件表面的磨削，仅适用于精磨各种平面零件，一般能达到 0.01/100mm ~0.02/100mm 的平面度公差，表面粗糙度值可达到 Ra1.25μm ~ Ra0.20μm。但因磨削时要用间断的横向进给来完成整个工作表面的磨削，所以生产效率较低。

2. 端磨法（如图 3-2-3b 所示）

用砂轮端面磨削平面时，需要磨床刚性好，可采用较大的磨削用量。其特点与周磨法相反，端磨法砂轮与工件的接触面积大，参与磨削的磨粒多，生产效率较高，但发热量大，冷却条件差，排屑困难，工件热变形大，加工精度低。

针对端面磨削方法的不足，可以采取以下措施加以改善：

（1）选用粒度较粗、硬度较软的树脂结合剂砂轮。

（2）冷却液供给要充分。

（3）改进砂轮，采用镶块砂轮（如图 3-2-3c 所示）。镶块砂轮由几块扇形砂瓦，用螺钉、楔块等固定在金属法兰盘上构成。采用镶块砂轮磨削，减少了砂轮与工件的接触面积，改善了冷却和排屑条件，提高了砂轮的使用寿命，但镶块砂轮是间断切削，磨削时易产生振动，磨削表面粗糙度较差。

（4）将砂轮端面修成内锥形，这样磨削时为端面圆线接触，可以改善散热条件。

（5）调整砂轮架使其倾斜一个微小的角度，以减小砂轮与工件的接触面积，改善散热条件，但这样容易引起被加工表面凹陷。

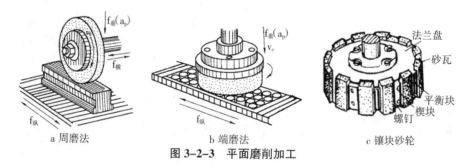

图 3-2-3　平面磨削加工

（三）平面磨削切削用量的选择

1. 往复式平面磨床粗磨平面磨削用量的选择

往复式平面磨床粗磨平面磨削用量的选择如表 3-2-1 所示。

表 3-2-1　往复式平面磨床粗磨平面磨削用量

（1）纵向进给量					
加工性质	砂轮宽度 B（mm）				
	32	40	50	63	80	100
	工作台单行程纵向进给量 f_a（mm/st）				
粗磨	16~24	20~30	25~38	32~44	40~60	50~75
（2）磨削深度					
纵向进给量 f_a（以砂轮宽度计算）	寿命 T（s）	工件速度 v_w（m/min）				
		6	8	10	12	16	20

（2）磨削深度							
纵向进给量 f_a（以砂轮宽度计算）	寿命 T（s）	6	8	10	12	16	20
		工作台单行程磨削深度 a_P（mm/st）					
0.5	540	0.066	0.049	0.039	0.033	0.024	0.019
0.6	540	0.055	0.041	0.033	0.028	0.020	0.016
0.8	540	0.041	0.031	0.024	0.021	0.015	0.012
0.5	900	0.053	0.038	0.030	0.026	0.019	0.015
0.6	900	0.042	0.032	0.025	0.021	0.016	0.013
0.8	900	0.032	0.024	0.019	0.016	0.012	0.0096
0.5	1440	0.040	0.030	0.024	0.020	0.015	0.012
0.6	1440	0.034	0.025	0.020	0.017	0.013	0.010
0.8	1440	0.025	0.019	0.015	0.013	0.0094	0.0076
0.5	2400	0.033	0.023	0.019	0.016	0.012	0.0093
0.6	2400	0.026	0.019	0.015	0.013	0.0097	0.0078
0.8	2400	0.019	0.015	0.012	0.0098	0.0073	0.0059

（3）磨削深度 a_P 的修正系数

k_1（与工件材料及砂轮直径有关）

工件材料	砂轮直径 d_s（mm）			
	320	400	500	600
耐热钢	0.7	0.78	0.85	0.95
淬火钢	0.78	0.87	0.95	1.06
非淬火钢	0.82	0.91	1.0	1.12
铸铁	0.86	0.96	1.05	1.17

k_2（与工作台充满系数 k_f 有关）

k_f	0.2	0.25	0.32	0.4	0.5	0.63	0.8	1.0
k_2	1.6	1.4	1.25	1.12	1.0	0.9	0.8	0.71

注：工作台一次往复行程的磨削深度应将表列数值乘 2。

2. 往复式平面磨床精磨平面磨削用量的选择

往复式平面磨床精磨平面磨削用量的选择如表 3-2-2 所示。

表 3-2-2 往复式平面磨床精磨平面磨削用量

（1）纵向进给量						
加工性质	砂轮宽度 B（mm）					
	32	40	50	63	80	100
	工作台单行程纵向进给量 f_a（mm/st）					
精磨	8~16	10~20	12~25	16~32	20~40	25~50

（2）磨削深度

工件速度 v_w（m/min）	工作台单行程纵向进给量 f_a（mm/st）								
	8	10	12	15	20	25	30	40	50
	工作台单行程磨削深度 a_P（mm/st）								
5	0.086	0.069	0.058	0.0146	0.035	0.028	0.023	0.017	0.014
6	0.072	0.058	0.046	0.039	0.029	0.023	0.019	0.014	0.012
8	0.054	0.043	0.035	0.029	0.022	0.017	0.015	0.011	0.0086
10	0.043	0.035	0.028	0.023	0.017	0.014	0.012	0.0086	0.0069
12	0.036	0.029	0.023	0.019	0.014	0.012	0.0096	0.0072	0.0058
15	0.029	0.023	0.018	0.015	0.012	0.0092	0.0076	0.0058	0.0016
20	0.022	0.017	0.014	0.012	0.0086	0.0069	0.0058	0.0043	0.0035

（3）磨削深度 a_P 的修正系数

与加工精度及余量有关系数 k_1							与工件材料及砂轮直径有关系数 k_2				
尺寸精度（mm）	加工余量（mm）						工件材料	砂轮直径 d_s（mm）			
	0.12	0.17	0.25	0.35	0.5	0.7		320	400	500	600
0.02	0.4	0.5	0.63	0.8	1.0	1.25	耐热钢	0.56	0.63	0.7	0.8
0.03	0.5	0.63	0.8	1.0	1.25	1.6	淬火钢	0.8	0.9	1.0	1.1
0.05	0.63	0.8	1.0	1.25	1.6	2.0	非淬火钢	0.96	1.1	1.2	1.3
0.08	0.8	1.0	1.25	1.6	2.0	2.5	铸铁	1.28	1.45	1.6	1.5

与工作台充满系数 k_f 有关系数 k_3							
k_f	0.2	0.25	0.32	0.4	0.5	0.63	0.8	1.0
K_3	1.6	1.4	1.25	1.12	1.0	0.9	0.8	0.71

注：①精磨的 f_a 不应该超过粗磨的 f_a 值。

②工件的运动速度，当加工淬火钢时用大值；加工非淬火钢及铸铁时用小值。

（四）千分尺的使用及工件测量

磨削加工是对机械零件进行精加工的主要方法之一，也是一种应用广泛的高效精密加工工艺方法。因此测量工件使用的量具也应采用比较精密的量具。而千分尺就是一种精密的量具。生产中常用的千分尺测量精度为 0.01mm，它的精度比游标卡尺高，并且比较灵敏，因此磨削加工的零件要用千分尺来进行测量（如图 3-2-4 所示）。

千分尺的种类很多，有外径千分尺、内径千分尺、深度千分尺等，其中以外径千分尺用得最为普遍。

1. 千分尺结构

以图 3-2-4 的 0~25mm 的外径千分尺为例，简单介绍一下千分尺的结构。弓架左端有固定砧座，右端的固定套筒在轴线方向上刻有一条中线（基准线），上、下两排刻线互相错开 0.5mm，即为主尺。活动套左端圆周上刻有 50 等分的刻线，即副尺。活动套筒转动一圈，带动螺杆一同沿轴向移动 0.5mm。因此，活动套筒每转过一格，螺杆沿轴向移动的距离为 0.5/50 = 0.01mm。

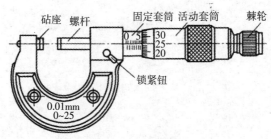

砧座　螺杆　　固定套筒　活动套筒　　棘轮

锁紧钮

0.01mm
0~25

图 3-2-4　外径千分尺

其读数方法为：被测工件的尺寸 = 副尺所指的主尺上的整数（应为 0.5mm 的整倍数）+ 主尺中线所对副尺的格数 × 0.01 + 估读值。

2. 千分尺使用注意事项

（1）读取测量数值时，要防止读错 0.5mm，也就是要防止在主尺上多读或少读半格（0.5mm）。

（2）千分尺应保持清洁。使用前应先校准尺寸，检查活动套筒上零线是否与固定套筒上基准线对齐。如果没有对准，必须进行调整。

（3）测量时，最好双手操作千分尺，左手握住弓架，用右手旋转活动套筒，当螺杆即将接触工件时，改为旋转棘轮盘，直到棘轮发出"咔咔、咔咔"声为止。

（4）从千分尺上读数尺寸，可在工件未取下时进行，读完后，松开千分尺，再取下工件；也可将千分尺用锁紧钮锁紧后，取下时千分尺后读数。

（5）千分尺只适用于测量精确度较高的尺寸，不能测量毛坯面，更不能在工件转动时测量。

（五）平面磨削加工工艺准备

平面磨削工件上相互平行的两个平面或平行于某一基准面的一个平面，是平面磨削的主要加工内容。平面加工主要技术要求是尺寸精度、平面度、平面之间平行度和表面精度。

平面磨削加工工艺准备步骤：

1. 处理工件

去工件表面毛刺、表面氧化层，检查余量大小。

2. 检查砂轮

（1）检查砂轮状态，如钝化应进行及时修整。

（2）将砂轮运动到工件上面，使砂轮工作表面至工件表面的距离约 0.5mm。

3. 调整挡铁

调整好工作台的纵向进给挡铁。

（六）磨削加工平面类工件的常用方法

磨削加工平面类工件的常用方法如表 3-2-3 所示。

表 3-2-3　磨削加工平面类工件的常用方法

磨削方法	磨削表面特征	图示	磨削要点	夹具
周边纵向磨削	较宽的长形平面		（1）清除工件和吸盘上的铁屑、毛刺 （2）工件反复翻转磨削，左右不平，向左右翻转；前后不平，向前后翻转 （3）粗、精、光磨要修整砂轮	电磁吸盘
	平形平面		（1）选准基准面 （2）工件摆放在吸盘绝磁层的对称位置上 （3）反复翻转 （4）小尺寸工件磨削用量要小	电磁吸盘、挡板或挡板夹具
	环形平面		（1）选准基准面 （2）工件摆放在吸盘绝磁层的对称位置上 （3）反复翻转 （4）小尺寸工件磨削用量要小	圆电磁吸盘
	薄片平面		（1）垫纸、橡胶、涂蜡、低熔点合金等，改善工件装夹 （2）选用较软砂轮，常修整以保持锋利 （3）采用小背吃刀量，快送进，磨削液要充分	电磁吸盘
	斜面		（1）选将基准面磨好 （2）将工件装在夹具上，调整夹具到要求角度 （3）按磨削一般平面磨削	正弦精度平口钳，正弦电磁吸盘，精密角铁等
	直角槽		（1）找正槽外侧基准面与工作台进给方向平行 （2）将砂轮两端修成凹形	电磁吸盘
	圆柱端面		（1）将圆柱面紧靠 V 形铁装夹好 （2）工件在 V 形铁上悬伸不宜过高	电磁吸盘、精密 V 形铁
端面纵向磨削	长形平面		（1）粗磨时，磨头倾斜一小角度；精磨时，磨头必须与工件垂直 （2）工件反复翻转 （3）粗、精磨要修整砂轮	电磁吸盘

磨削方法	磨削表面特征	图示	磨削要点	夹具
端面纵向磨削	垂直平面		(1) 找正工件 (2) 正确安装基准面	电磁吸盘
	环形平面		(1) 圆台中央部分不安装工件 (2) 工件小、砂轮宜软，背吃刀量宜小	圆电磁盘

（七）平面磨削精度检验

精度检验主要检验平面的平面度、平行度、垂直度、角度以及尺寸精度。

1. 平面度的检验

（1）透光法。用样板平尺检验。样板平尺有刀刃式（也叫直刃尺）、宽面式和楔式等几种，以刀刃式最准确，应用最广。测量时，将样板平尺刃口放在被测平面上，如图 3-2-5a 所示，对着光源看透光情况。可以多观察几个方向。依据经验，估计出平面误差的大小。这种方法比较常用。

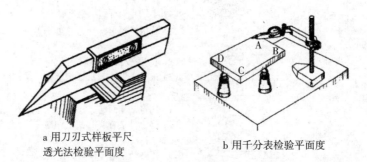

a 用刀刃式样板平尺
透光法检验平面度

b 用千分表检验平面度

图 3-2-5　平面度的检验

（2）着色法。在工件的被测平面上均匀地涂上一层极薄的红丹粉或蓝油，再将工件放在精密平板上，平稳地前后左右移动几下，取下工件，观察平面上摩擦痕迹分布情况，就可以确定平面度的好坏。

（3）用千分表检验。如图 3-2-5b 所示，在精密平板上用三只千斤顶将工件顶住，用千分表把工件表面的 A、B、C、D 四个点调至高度相等，误差不大于 0.005mm。再用千分表测量整个平面，看千分表的读数是否有变化，变动量即平面度误差。

2. 平行度的检验

（1）用千分尺或杠杆式千分尺测量。当基准面的平面度符合要求时，可以采用此方法。相隔一定距离测量厚度，厚度差值的最大值即为工件的平行度误差。

（2）用百分表或千分表测量。将工件和表架放在平板上，装上测量头，顶在被测平面上，然后移动工件或拖动表架，读数变动量的最大值即为工件的平行度误差。

3. 垂直度的检验

（1）用角尺检验。检验小型工件两平面的垂直度时，可以用角尺测量。如图 3-2-6a 所示，测量时先将角尺的一个边紧贴平板的一个面，让角尺的另一个边逐渐靠近工件，通过透光情况判断垂直度误差。

（2）用圆柱角尺检验。圆柱角尺检验在实际生产中应用很广。如图 3-2-6b 所示，检验时将圆柱尺放在精密平板上，被测工件慢慢向圆柱角尺的素线靠拢，根据透光情况判断垂直度误差。

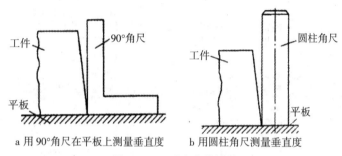

a 用 90°角尺在平板上测量垂直度　　b 用圆柱角尺测量垂直度

图 3-2-6　垂直度的检验

（3）用百分表直接测量。上面两种方法只能定性地判断垂直度的情况，不能做定量分析。为了确定工件垂直度的具体数值，可用百分表直接测量，如图 3-2-7 所示。测量时，应事先将工件的平行度测量好，将工件的平面轻轻地向圆柱量棒靠紧，此时可从百分表上读出数值；工件转向 180°，百分表及圆柱量棒位置不动，将另一平面也轻轻靠向圆柱量棒，从百分表上再读出数值。两次读数差值的一半即为底面与被测量平面的垂直度误差。

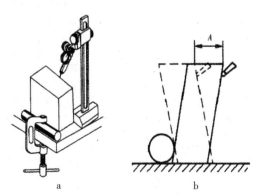

a　　　　　　b

图 3-2-7　用百分表直接测量垂直度

(八) 平面磨削常见缺陷的产生原因和消除措施

平面磨削常见缺陷的产生原因和消除措施如表 3-2-4 所示。

表 3-2-4 平面磨削常见缺陷产生原因和消除措施

缺陷名称	产生原因	消除措施
工件表面烧伤	(1) 径向进给量过大 (2) 冷却不充分 (3) 砂轮硬度较硬 (4) 砂轮钝化等	(1) 根据工件的形状和尺寸大小严格控制径向进给量, 特别是薄片工件 (2) 保持切削液清洁, 充分冷却并注意切削液浇注位置 (3) 选用较软砂轮 (4) 修磨砂轮
表面粗糙度不符合要求	(1) 砂轮垂向或横向进给量过大 (2) 冷却不充分 (3) 砂轮钝化后没有及时修整 (4) 砂轮修整不符合磨削要求	(1) 选择合适的进给量 (2) 保证磨削时充分冷却 (3) 磨削中要及时修整砂轮, 使砂轮经常保持锋利
表面进给痕迹	(1) 砂轮素线不直 (2) 进给量过大 (3) 砂轮主轴轴承间隙大	(1) 精细修整砂轮 (2) 减小进给量 (3) 调整机床主轴轴承间隙
工件平面呈中凹形	(1) 进给量过大 (2) 砂轮硬度偏高 (3) 冷却不充分	(1) 减小进给量 (2) 选择合适砂轮, 改善砂轮自锐性 (3) 充分冷却
塌角或侧面呈喇叭口	(1) 主轴轴承间隙过大 (2) 砂轮磨钝 (3) 进给量过大	(1) 调整机床主轴轴承间隙, 或在工作台两端加辅助设备一起磨削 (2) 修整砂轮 (3) 减小进给量
表面产生波纹	(1) 磨头系统刚性不足 (2) 塞铁间隙过大 (3) 主轴轴承间隙过大 (4) 砂轮不平衡 (5) 砂轮硬度太硬, 砂轮堵塞 (6) 工作台换向冲击太大 (7) 液压系统振动 (8) 径向进给量过大	(1) 如果可能、更换磨头系统, 或减小主轴轴承间隙 (2) 调整塞铁 (3) 调整机床主轴轴承间隙 (4) 重新静平衡砂轮, 或增加砂轮自动平衡系统 (5) 选择适宜的砂轮 (6) 调整工作台换向阀, 减小冲击 (7) 找出振动部位, 然后采取措施消除 (8) 减小径向进给量
线性划伤	(1) 磨削液太少 (2) 工作表面排屑不良	(1) 加大切削液流量 (2) 调整切削液喷嘴位置
垂直度超差	(1) 工件的定位面选择不合理 (2) 定位面本身的平面度、平行度超差 (3) 装夹方法不正确 (4) 测量的方法不当	(1) 正确选择工件的定位面, 并保证定位面本身的平面精度 (2) 选择正确的装夹方法 (3) 根据工件的精度要求, 合理选择测量方法, 提高测量精度
平面度超差	工件变形	采取措施减少工件变形; 合理选择磨削用量; 修整砂轮

续表

缺陷名称	产生原因	消除措施
平行度超差	(1) 工件定位面和电磁吸盘表面不清洁 (2) 有电磁吸盘表面毛刺或本身平面度超差 (3) 砂轮磨损不均匀	(1) 清洁工件定位面和电磁吸盘表面 (2) 修磨电磁吸盘,较小的工件可放在吸盘的两端 (3) 修整砂轮

二、技能操作——平面磨削加工实例

平面磨削加工以图 3-2-8 所示磨削平面垫板工件的磨削为例进行说明。

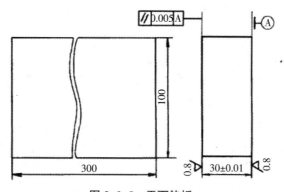

图 3-2-8 平面垫板

1. 图样及技术要求分析

(1) 工件材料为 45# 钢,热处理淬火硬度为 40~45HRC。

(2) 厚度尺寸为 30mm±0.01mm,现平面平行度公差为 0.005mm。

(3) 表面粗糙度均为 Ra0.8μm。

2. 技术要求

(1) 砂轮的选择。平面磨削应采用硬度低、粒度粗、组织疏松的砂轮。选择特性为 WA46KV 的平形砂轮。修整砂轮用金刚石笔。

(2) 装夹方法。用电磁吸盘装夹,装夹前要将吸盘台面和工件的毛刺、氧化层清除干净。

(3) 磨削方法。采用横向磨削法,考虑到工件的尺寸精度和平行度的要求较高,应划分粗、精磨,分配好两面的磨削余量,并选择合适的磨削用量。

(4) 切削液。采用乳化液切削液,为防止磨削热的影响,切削液要充分。

3. 操作步骤

在 M7130A 型卧轴矩台式平面磨床上进行磨削操作。操作步骤如下：

（1）操作前检查、准备。操作前检查、准备下列各项：

1）擦净电磁吸盘台面，清除工件毛刺、氧化皮。

2）将工件装夹在电磁吸盘上。

3）修整砂轮。

4）检查磨削余量。

5）调整工件台行程挡铁位置。

（2）粗磨上平面，留 0.08~0.10mm 的精磨余量。

（3）翻身装夹，装夹前清除毛刺。

（4）粗磨另一平面，留 0.08~0.10mm 的精磨余量，保证平行度误差不大于 0.005mm。

（5）精修整砂轮。

（6）精磨平面，表面粗糙度在 Ra0.8μm 以内，保证另一面的磨削余量为 0.08~0.10mm。

（7）翻身装夹，装夹前清除毛刺。

（8）精磨另一平面。厚度尺寸为 30mm±0.01mm，平行度误差不大于 0.005mm，表面粗糙度在 Ra0.8μm 以内。

任务三　操作外圆磨床磨削外圆

任务要求

掌握外圆磨削方法

按安全操作规程磨削加工外圆，保证工件尺寸在公差范围内

相关理论知识

（一）外圆磨削安全操作规程

1. 操作前

（1）操作前要穿工作服，扣紧衣扣、袖口，不得敞开工作服操作，严禁戴手套，不得在开动的机床旁穿、脱换衣服，防止机器绞伤。不得穿凉鞋、拖鞋。

（2）油箱中的油液应确保油面高度，累计工作 1000 小时时应更换，确保油

液清洁。滤油器要经常检查清洗，油管接头处要密封良好，防止空气进入系统。检查调整机床液压系统压力结束后，将压力表开关关闭。

（3）工作前，检查冷却液液面高度，发现不足，及时添加。

（4）按机床润滑系统润滑周期要求加注润滑油。

（5）根据磨削的工作确定磨头类型，并进行安装，砂轮应经静平衡后方可使用。检查是否安装到位，卡紧，调整好转速。

2. 操作过程

（1）开动机床前，快速进给手柄应在后退位置。砂轮离工作台距离不少于快速进给的行程量。

（2）其余操作，进给手柄必须在停止位置，行程撞块调整妥当并紧固。

（3）打开电源开关，电源指示灯亮，启动油泵、砂轮架、头架、冷却泵电机运转正常，方可进行正常操作。

（4）开动砂轮时，人不得站在砂轮正前方，以免发生意外。

（5）修整砂轮与对刀时，砂轮必须完成快进，进给应平稳缓慢以确保安全。

（6）调整好尾架顶尖压紧力，将工件顶紧，工件应夹持牢固。

（7）启动工作台液动开关和速度控制手柄，试磨工件，按图纸要求进行加工。

（8）切记不要随意触及旋转移动的手柄及电器按钮，以免发生事故。

（9）磨内孔时必须将快速进给手柄的插销插入孔中，固定进退手柄。

（10）机床所装砂轮防护罩，皮带防护罩，在机床工作时均应备齐，不准任意拆掉。

3. 操作后

工作完毕，切断主电源开关，要及时清洁设备表面，清除脏污，冷却液所用滤网，要定期清洗，同时清理掉过滤出来的脏污。

（二）外圆磨削加工方法

外圆磨削的方法很多，按机床砂轮架相对工件进给方式可分为轴向磨削法（即纵磨法）、径向磨削法（切入法）、分段磨削法和深度磨削法四种。磨削时一般根据工件的形状、尺寸、磨削余量、磨削要求以及工件的刚性来选择合适的磨削方法。

1. 轴向磨削法（纵磨法）

轴向磨削法是一种最常用的磨削方法。磨削外圆时，工件支承在两顶尖间或用其他方式夹持，工件作低速转动（圆周进给）并和工作台一起作直线往复运动（轴向进给），当每一轴向行程或往复行程终了时，砂轮按要求的磨削深度作一次径向进给，每次的进给量很小，磨削余量要在多次往复行程中磨去。当工件磨到接近最后尺寸时，可作几次无横向进给的光磨行程，直到火花消失为止（如图 3-2-9a 所示）。

轴向磨削法的磨削精度高，表面粗糙度 Ra 值小，适应性好，因此该方法被广泛用于单件小批量和大批量生产中。

轴向磨削法的特点：

（1）加工精度高和较小的表面粗糙度。轴向磨削时，在砂轮的整个宽度上，磨粒的工作状况是不一样的。砂轮的左端面（或右端面）尖角担负主要的切削作用，切除工件绝大部分余量，而砂轮宽度上大部分磨粒则担负减小工件表面粗糙度值的作用。轴向磨削法产生的磨削力和磨削热较小，可获得较高的加工精度和较小的表面粗糙度值。

（2）背吃刀量小。由于工件的磨削余量需经多次纵向进给切除，故机动时间较长，生产效率较低。

（3）适合加工的工件。由于磨削力和磨削热较小，故适于加工细长、精密或薄壁的工件。

2. 径向磨削法（切入法或横磨法）

径向磨削法又称切入磨削法或横磨法，它是一种高效率的磨削方法，它使用的砂轮宽度最小要等于或略大于被磨削工件的长度。磨削外圆时，工件不作纵向进给运动，砂轮缓慢地、连续或断续地向工件作横向进给运动，直至磨去全部余量为止（如图 3-2-9b 所示）。

径向磨削的特点：

（1）生产率高。磨削时，砂轮工作面上磨粒负荷基本一致，充分发挥所有磨粒的切削作用。同时，由于采用连续的横向进给，缩短了机动时间，在一次磨削循环中，可分为粗、精、光磨，故生产率较高。

（2）表面粗糙值较大。由于无纵向进给运动，砂轮表面的形态（修整痕迹）会复映到工件表面上，表面粗糙值较大，可达 Ra0.32~0.16μm。为了消除这一缺陷，可在切入法终了时，作微量的纵向移动。

（3）砂轮易堵，工件易烧伤、变形。砂轮整个表面连续横向切入，排屑困难，砂轮易堵塞和磨钝；同时磨削热大，散热差，工件易烧伤和发热变形，因此切削液要充分。

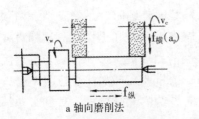
a 轴向磨削法

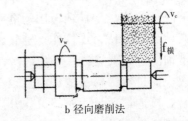
b 径向磨削法

图 3-2-9 轴向、径向磨削法

（4）不宜磨削细长件。磨削径向力大，工件易弯曲变形，不宜磨细长件，适宜磨削长度较短的外圆表面、两边都有台阶的轴颈及成形表面。

3. 分段磨削法

分段磨削法又称综合磨削法或混合磨削法，是轴向磨削和径向磨削的综合。磨削时，先用横向磨削法分段粗磨外圆（相邻两端之间应有 3~5mm 的重叠，横向手轮刻度值应保证每段切入数相同），留精磨余量 0.03~0.05mm，再用纵向磨削法精磨至规定尺寸。另外，考虑到磨削效率，分段磨削时应选用较宽的砂轮，以减少分段数目。当加工长度为砂轮宽度的 2~3 倍且有台阶的工件时，用此方法最为合适。分段磨削法不宜加工长度过长的工件，通常分段数大都为 2~3 段（如图 3-2-10a 所示）。

这种方法既有径向磨削法生产效率高的优点，又兼有轴向磨削法加工精度高的优点，是数控外圆磨床最常用的加工方法之一。

4. 深度磨削法

深度磨削法是一种高效率的磨削方法，将砂轮磨成阶梯状，采用较大的磨削深度和较小的轴向进给量，在一次轴向进给中将工件的全部磨削余量切除（如图 3-2-10b 所示）。

这种方法生产效率高，是高效的磨削方法，适用于大批量生产。

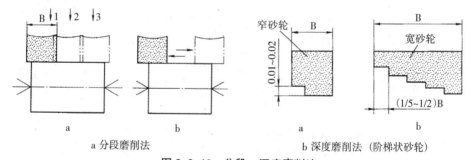

a 分段磨削法　　　　　　　　　b 深度磨削法（阶梯状砂轮）

图 3-2-10　分段、深度磨削法

以上四种磨削方法，无论采用哪种方法，选取磨削用量的原则都是粗磨时以提高生产效率为主，精磨时以保证精度和表面粗糙度为主。为此，粗磨时可选较大的背吃刀量、较高的工件转速、较大的纵向进给量，而且要选择粒度大、硬度软、组织松的砂轮。但切入磨削则不能用太软的砂轮。精磨时，就选取较小的背吃刀量、较慢的工件转速和较小的纵向进给量。另外，砂轮的粒度要小，硬度要适当提高，组织要相应紧密些。

（三）外圆磨削切削用量的选择

外圆磨削粗加工时，砂轮速度 v_s（m/s）为：陶瓷结合剂砂轮≤35；树脂结合剂砂轮≤50，纵向进给粗磨外圆磨削用量可参考表 3-2-5。纵向进给精磨外圆磨削用量可参考表 3-2-6。

表 3-2-5　纵向进给粗磨外圆磨削用量

(1) 工件速度						
工件磨削表面直径 d_W (mm)	20	30	50	80	120	200	300
工件速度 v_w (m/mm)	10~12	11~22	12~24	13~26	14~28	15~30	17~34

(2) 纵向进给量 f_a = (0.5~0.8) B (B 为砂轮宽度，单位：mm)

(3) 背吃刀量 a_P

工件磨削表面直径 d_W (mm)	工件速度 v_w (m/mm)	工件纵向进给量 f_a（以砂轮宽度计）			
		0.5	0.6	0.7	0.8
		工作单行程背吃刀量 a_P (mm/行程)			
20	10	0.0216	0.0180	0.0154	0.0135
	15	0.0144	0.0120	0.0103	0.0090
	20	0.0108	0.0090	0.0077	0.0068
30	11	0.0222	0.0185	0.0158	0.0139
	16	0.0152	0.0127	0.0109	0.0096
	22	0.0111	0.0092	0.0079	0.0070
50	12	0.0237	0.0197	0.0169	0.0148
	18	0.0157	0.0132	0.0113	0.0090
	24	0.0118	0.0098	0.0084	0.0074
80	13	0.0242	0.0201	0.0172	0.0151
	19	0.0165	0.0138	0.0118	0.0103
	26	0.0126	0.0101	0.0086	0.0078
120	14	0.0264	0.0220	0.0189	0.0165
	21	0.0176	0.0147	0.0126	0.0110
	28	0.0132	0.0110	0.0095	0.0083
200	15	0.0287	0.0239	0.0205	0.0180
	22	0.0196	0.0164	0.0140	0.0122
	30	0.0144	0.0120	0.0103	0.0090
300	17	0.0287	0.0239	0.0205	0.0179
	25	0.0195	0.0162	0.0139	0.0121
	34	0.0143	0.0119	0.0102	0.0089

(4) 背吃刀量 a_P 修正系数

与砂轮寿命及直径有关 k_1					与工件材料有关 k_2	
寿命 T/s	与砂轮寿命及直径有关 k_1				加工材料	系数
	400	500	600	700		
360	1.25	1.4	1.6	1.8	耐热钢	0.85
540	1.0	1.12	1.25	1.4	淬火钢	0.95

（4）背吃刀量 a_p 修正系数

与砂轮寿命及直径有关 k_1					与工件材料有关 k_2	
寿命 T/s	与砂轮寿命及直径有关 k_1				加工材料	系数
	400	500	600	700		
900	0.8	0.9	1.0	1.12	非淬火钢	1.0
1440	0.63	0.71	0.8	0.9	铸铁	1.05

注：工作台一次往复行程背吃刀量 a_p 应将表列数值乘以 2。

表 3-2-6 纵向进给精磨外圆磨削用量

（1）工件速度 v_w (m/s)

工件磨削表面直径 d_w (mm)	加工材料		工件磨削表面直径 d_w (mm)	加工材料	
	非淬火钢	淬火钢及耐热钢		非淬火钢	淬火钢及耐热钢
20	15~30	20~30	120	30~60	35~60
30	18~35	22~35	200	35~70	40~70
50	20~40	25~40	300	40~80	50~80
80	25~50	30~50			

（2）纵向进给量

表面粗糙度 Ra0.8μm　$f_a = (0.4~0.6)$ B

表面粗糙度 Ra $(0.4~0.2)$ μm　$f_a = (0.2~0.4)$ B

（3）背吃刀量 a_p

工件磨削表面直径 d_w (mm)	工件速度 v_w (m/mm)	工件纵向进给量 f_a (mm/r)								
		10	12.5	16	20	25	32	40	50	63
		工作台单行程背吃刀量 a_p (mm/行程)								
20	16	0.0112	0.0090	0.0070	0.0056	0.0045	0.0035	0.0028	0.0022	0.0018
	20	0.0090	0.0072	0.0056	0.0045	0.0036	0.0028	0.0022	0.0018	0.0014
	25	0.0072	0.0058	0.0045	0.0036	0.0029	0.0022	0.0018	0.0014	0.0011
	32	0.0056	0.0045	0.0035	0.0028	0.0023	0.0018	0.0014	0.0011	0.0009
30	20	0.0109	0.0088	0.0069	0.0055	0.0044	0.0034	0.0027	0.0022	0.0017
	25	0.0087	0.0070	0.0055	0.0044	0.0035	0.0027	0.0022	0.0018	0.0014
	32	0.0068	0.0054	0.0043	0.0034	0.0027	0.0021	0.0017	0.0014	0.0011
	40	0.0054	0.0043	0.0034	0.0027	0.0022	0.0017	0.0014	0.0011	0.0009
50	23	0.0123	0.0099	0.0077	0.0062	0.0049	0.0039	0.0031	0.0025	0.0020
	29	0.0098	0.0079	0.0061	0.0049	0.0039	0.0031	0.0025	0.0020	0.0016
	36	0.0079	0.0064	0.0049	0.0040	0.0032	0.0025	0.0020	0.0016	0.0013
	45	0.0063	0.0051	0.0039	0.0032	0.0025	0.0020	0.0016	0.0013	0.0010
80	25	0.0143	0.0115	0.0090	0.0072	0.0058	0.0045	0.0036	0.0029	0.0023
	32	0.0112	0.0090	0.0071	0.0056	0.0045	0.0035	0.0028	0.0023	0.0018
	40	0.0090	0.0072	0.0057	0.0045	0.0036	0.0028	0.0022	0.0018	0.0014
	50	0.0072	0.0058	0.0046	0.0036	0.0090	0.0022	0.0018	0.0014	0.0011
120	30	0.0146	0.0117	0.0092	0.0074	0.0059	0.0046	0.0037	0.0029	0.0023
	38	0.0115	0.0093	0.0073	0.0058	0.0046	0.0036	0.0029	0.0023	0.0018

续表

（3）背吃刀量 a_P

工件磨削表面直径 d_W (mm)	工件速度 v_w (m/mm)	工件纵向进给量 f_a （(mm/r)								
		10	12.5	16	20	25	32	40	50	63
		工作台单行程背吃刀量 a_P (mm/行程)								
120	48	0.0091	0.0073	0.0058	0.0046	0.0037	0.0029	0.0023	0.0019	0.0015
	60	0.0073	0.0059	0.0047	0.0037	0.0030	0.0023	0.0018	0.0015	0.0012
200	35	0.0162	0.0128	0.0101	0.0081	0.0065	0.0051	0.0041	0.0032	0.0026
	44	0.0129	0.0102	0.0080	0.0065	0.0052	0.0040	0.0032	0.0026	0.0021
	55	0.0103	0.0081	0.0064	0.0052	0.0042	0.0032	0.0026	0.0021	0.0017
	70	0.0080	0.0064	0.0050	0.0041	0.0033	0.0025	0.0020	0.0016	0.0013
300	40	0.0174	0.0139	0.0109	0.0087	0.0070	0.0054	0.0044	0.0035	0.0028
	50	0.0139	0.0111	0.0087	0.0070	0.0056	0.0043	0.0035	0.0028	0.0022
	63	0.0110	0.0088	0.0069	0.0056	0.0044	0.0034	0.0028	0.0022	0.0018
	70	0.0099	0.0079	0.0062	0.0050	0.0039	0.0031	0.0025	0.0020	0.0016

（4）背吃刀量 a_P 修正系数

	与加工精度及余量有关 k_1						与加工材料及砂轮直径有关 k_2					
精度等级	直径余量 (mm)						加工材料	砂轮直径 d_S (mm)				
	0.11~0.15	0.2	0.3	0.5	0.7	1.0		400	500	600	750	900
IT5 级	0.4	0.5	0.63	0.8	1.0	1.12	耐热钢	0.55	0.6	0.71	0.8	0.85
IT6 级	0.5	0.63	0.8	1.0	1.2	1.4	淬火钢	0.8	0.9	1.0	1.1	1.2
IT7 级	0.63	0.8	1.0	1.25	1.5	1.75	非淬火钢	0.95	1.1	1.2	1.3	1.45
IT8 级	0.8	1.0	1.25	1.6	1.9	2.25	铸铁	1.3	1.45	1.6	1.75	1.9

注：①工作台单行程背吃刀量 a_P 不应超过粗磨的 a_P。②工作台一次往复行程的 a_P 应将表列数值乘以 2。

（四）外圆锥面的磨削加工方法

日常生活中，经常会接触到很多圆锥表面，如铣刀柄、刀具的莫氏锥柄、顶尖的锥柄、机床主轴两端的圆锥体等。这些圆锥一般用于经常安装而又要求保持精确定心的场合，所以精度要求比较高。外圆锥面一般在外圆磨床或万能外圆磨床上磨削，根据工件形状和圆锥角度的大小不同，采用不同的磨削方法，下面介绍一下圆锥面的磨削常用方法。

1. 转动工作台磨削外圆锥面

转动工作台磨削外圆锥面的方法适用于锥角小于 12°~18°的外圆锥面。与磨削外圆一样，把工件装夹在两顶尖之间，现根据工件锥角的半角 （α/2） 大小，按工件台右端标尺上的刻度，将上工作台绕下工作台逆时针转过 α/2 角度即可（如图 3-2-11 所示）。

转动工作台磨削外圆锥面的特点是：

（1）工件装夹在两顶尖之间，装夹方便，磨削精度高，生产效率高。

（2）机床调整方便。根据锥度将上工作台转一个圆锥半角就可以了。

338

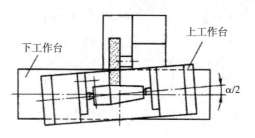

图 3-2-11　转动工作台磨削外圆锥面

（3）可采用轴向磨削法磨削工件，工作表面粗糙度值小。

2. 转动头架磨削外圆锥面

当工件的圆锥半角较大，超过上工作台所能回转的角度时，可采用转动头架的方法来磨削外圆锥面。磨削时将工件装夹在头架锥孔内或自定心卡盘中，头架回转一个圆锥半角 α/2 就可以进行磨削（如图 3-2-12 所示）。

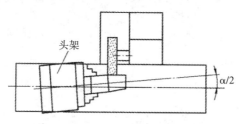

图 3-2-12　转动头架磨削外圆锥面

转动头架磨削外圆锥面的特点是：

（1）工件的圆周运动由头架主轴带动，主轴的转动误差（如跳动）会直接反映到工件上来。因此这种方法的磨削精度不高。

（2）此方法适用于磨削锥度大而长度较短的工件。

3. 转动头架和上工作台磨削外圆锥面

生产中有时会遇到锥度大、长度也较长的工件，常采用工作台旋转和头架体旋转结合的方式解决锥度大问题，但是要避免长工件与砂轮架体的干涉，如果工件与砂轮不干涉，可以把上工作台也转动一个角度 β_2，使头架的偏转角度 β_1 比原来小些。头架转动角度 β_1 与上工作台转动角度 β_2 的和应该等于工件圆锥半角，即 $\beta_1 + \beta_2 = \alpha/2$（如图 3-2-13 所示）。

（五）外圆磨削工件的装夹

在外圆磨床上磨削零件，须十分重视工件的装夹。工件的装夹包括定位和夹紧两部分。工件定位必须正确，夹紧要牢固，否则会直接影响工件的加工精度和

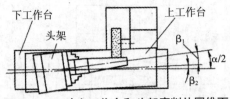

图 3-2-13 动上工作台和头架磨削外圆锥面

操作的安全性，磨削外圆柱面时，工件一般采用两顶尖装夹，有时也用卡盘对工件进行装夹，有内孔的则需用心轴。

1. 中心孔

（1）中心孔的种类和结构。磨削装夹工件前要检查清理或修研中心孔，以保证工件正确的定位。中心孔的形状误差和其他缺陷，如椭圆（如图 3-2-14a 所示）、过深（如图 3-2-14b 所示）、过浅（如图 3-2-14c 所示）、钻偏（如图 3-2-14d 所示）、两端不同轴（如图 3-2-14e 所示）、圆锥角过大（如图 3-2-14f 所示）、圆锥角过小（如图 3-2-14g 所示）以及碰伤、拉毛等都会影响工件的加工精度。中心孔的椭圆形会"复印"到工件上，中心孔深度不正确，会使顶尖与中心孔的接触不良，中心孔钻偏或两端不同轴，会影响顶尖与中心孔的接触位置，圆锥角超差会使接触面减小，影响定位精度。

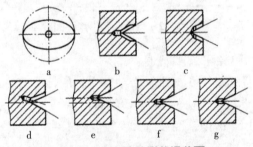

图 3-2-14 中心孔的形状误差面

（2）为了保证磨削质量，中心孔必须达到以下要求：

1）60°内圆锥面圆度和锥角的误差要小，不能有椭圆形和多角形等误差。中心孔用涂色法检验，与顶尖的接触面应大于 75%。

2）工件两端的中心孔应处在同一轴线上。径向圆跳动误差要小；精度要求较高的工件，两端中心孔轴线的同轴度误差应小 1~3μm。

3）60°内圆锥面的表面粗糙度值要小（要求较高的中心孔，表面粗糙度要在 Ra0.4μm 以内），且内圆锥面不能有碰伤、毛刺等缺陷。

4）小圆柱孔不能太浅。中心孔尺寸应与工件的直径和重量相适应。对直径大且较重的工件，应取较大的中心孔，反之亦然。

5）对于精度要求较高的轴，淬火前、后要修研中心孔。

（3）中心孔的修研。修研中心孔的方法很多，常用的方法有如下几种：

1）用油石或橡胶砂轮在车床上修研。

2）用铸铁顶尖在车床上修研。

3）用成形内圆砂轮在内圆磨床或万能外圆磨床上修研。

4）用四棱硬质合金顶尖在中心孔研磨机上刮研。

5）用中心孔磨床磨削。

2. 顶尖

用两顶尖装夹工件是磨削时最常用的方法，顶尖是用来装夹工件，决定工件的回转轴线，与工件两端中心孔相配合，起到支承工件的作用。特点是装夹方便、定位精度高。只要顶尖和中心孔的形状位置正确，装夹合理，可以使工件回转轴线固定不变，获得很小的形状位置误差。

（1）顶尖的种类和结构。顶尖由头部、颈部和柄部组成。顶尖头部成 60°锥面，用来支承工件，顶尖的柄部制成莫氏锥体，使顶尖能精确地在头架和尾座的锥孔中安装。如锥孔是莫氏 3 号锥度，则顶尖柄部也是同样锥度号锥体。

如图 3-2-15 所示为不同种类的顶尖，以适合不同工件的装夹。普通顶尖（如图 3-2-15a 所示）适用于一般工件的装夹；在磨削直径较小的工件时，可以使用半顶尖（如图 3-2-15b 所示），顶尖的缺口部分可使砂轮超出工件端面；有时也可用长颈顶尖（如图 3-2-15e 所示）；一些小直径工件装夹时可使用反顶尖（如图 3-2-15c 所示）；大头顶尖（如图 3-2-15d 所示）则用于大中心孔或大孔壁的工件。由于顶尖与工件中心孔之间产生滑动摩擦，普通顶尖易磨损，近年来，在精密或超精密磨削中已广泛采用硬质合金顶尖（如图 3-2-15f 所示）。硬质合金压入顶尖体以后用铜焊焊牢。硬质合金的硬度很高，耐磨性好，有很高的定心精密。但其脆性较大，使用时需注意防止焊接处松动和产生裂纹。

a 普通顶尖 b 半顶尖 c 反顶尖

d 大头顶尖 e 长颈顶尖 f 硬质合金顶尖

图 3-2-15 不同种类的顶尖

（2）对顶尖的技术要求。对顶尖的技术要求如下：

1）顶尖的 60°锥面锥角要准确，可用量规检查，与工件中心孔配合的接触面应大于 80%。

2）锥面要光洁，表面粗糙度一般为 Ra0.4μm 或更低，表面无毛刺和压痕、碰伤等缺陷。

3）顶尖的头部和柄部应有较高的同轴度，一般控制在 5μm 以内，柄部的莫氏锥体与机床锥孔配合的接触面也应大于 80%。

4）操作中应注意对顶尖的保养，发现损伤应及时进行修磨。

（3）用两顶尖装夹工件应注意的事项。两顶尖装夹工件需要注意：

1）两顶尖安装后，要检查头架顶尖与尾座顶尖对正情况。

2）注意清理中心孔内的残留杂物，防止用硬物撞击中心孔端部。

3）磨削时，中心孔内应加润滑油，大型工件则可加润滑脂。

4）使用半顶尖时，要防止削偏部分刮伤中心孔。

5）合理调节顶紧力。尾座的顶紧力太大，会引起细长工件的弯曲变形，并且会加快中心孔磨损；磨削大型工件时，则需要较大的顶紧力。磨削时需将尾座套筒锁紧。磨削一批工件时，需逐件调整顶紧力。

6）要注意夹头偏重对加工的影响，防止将工件磨成心脏形。

3. 夹头

夹头主要起传动使用。磨削时，将夹头套在工件的一端，用螺钉直接顶紧或间接夹紧工件，并由拨盘带动工件进行旋转。（如图 3-2-16a 所示）。

（1）常用夹头的种类。常用夹头的种类很多，适用于不同的场合。常用的夹头有以下几种：

1）圆形夹头。用于一般工件的装夹（如图 3-2-16b 所示）。

2）鸡心夹头。用于中小型工件的装夹。鸡心夹头又分直尾鸡心夹头（如图 3-2-16d 所示）和曲尾鸡心夹头（如图 3-2-16c 所示）两种形式。

3）方形夹头。用于大型工件的装夹（如图 3-2-16e 所示）。

4）自夹夹头。夹头由偏心杆自动夹紧，适于批量加工（如图 3-2-16f 所示）。

（2）使用夹头注意事项。使用夹头应注意：

1）夹持工件时，螺钉不宜拧得过紧，以免损伤工件表面。夹持精密的表面时，应衬垫铜片。

2）紧固工件的螺钉不宜过长，以免影响安全，最好能改用沉头螺钉。

3）拨销。当工件轴端面有槽时，工件可由专用拨销直接传动。

4）拨盘。拨盘装在主轴上，并拨动夹头，以带动工件旋转。带有缺口的拨盘，适于和曲尾鸡心夹头配套使用；带有销轴的拨盘，适于和直尾鸡心夹头配套使用。

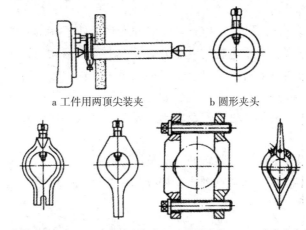

a 工件用两顶尖装夹   b 圆形夹头

c 曲尾鸡心夹头   d 直尾鸡心夹头   e 方形夹头   f 自夹夹头

图 3-2-16　夹头的种类

（六）外圆磨削加工工艺准备

1. 加工工艺制定

（1）机械加工工艺路线。外圆磨削一般的工艺路线为：①下料。②热处理。③粗车端面、外圆，打中心孔。④修研中心孔。⑤半精车外圆、倒角。⑥精修中心孔。⑦粗磨外圆。⑧精磨外圆。⑨检测。

（2）磨前毛坯。磨削加工是机械加工工艺过程中的一部分，一般作为零件的精加工和终序加工。为了降低机械加工的成本，在磨削加工之前，要进行切削加工，去除工件上大部分的余量，只留有一小部分余量来进行磨削加工。

（3）磨削工艺。从工件的加工质量、生产率和经济性出发，而且还要看工件的加工数量。如果是大批量生产中，轴类零件磨削加工一般采用粗磨和精磨两道工序，为了提高生产率粗磨和精磨分别在不同的磨床上进行磨削加工，采用的砂轮也不同。在单件、小批量生产时或技能鉴定中，一般在一台磨床上进行磨削，通过对同一砂轮进行不同的修整来实现粗磨和精磨，即粗磨后精修砂轮进行精磨，因此，砂轮的特性选择要兼顾粗磨和精磨的要求。

（4）工件装夹。外圆类工件的设计基准一般为轴心线，根据工艺基准与设计基准重合的原则，在粗磨和精磨时，工件上的定位表面均为中心孔，一般采用磨床的头架和尾座上的顶尖装夹工件，如工件过长还应适当在工件中间加上中心架。

（5）外圆磨削方法。根据轴的形状来进行判断采用何种磨削方法，例如，轴的长度大于砂轮的宽度，外圆的粗磨和精磨均采用纵向磨削法。如轴的部分外圆宽度小于砂轮的宽度，其粗磨和精磨均采用切入磨削法。

2. 磨削操作准备

（1）机床启动。启动前应检查各电气开关是否处于零位，工作台运动速度调整放在最低速度上，合上电柜的电源开关，按下油泵启动按钮，油泵启动，然后观察压力表，是否在允许值范围内。启动油泵后，其他电动机方可启动。按下砂轮启动按钮，砂轮启动，启动后观察砂轮主轴回转是否正常，润滑是否良好。扳动头架开停旋钮，头架主轴或拨盘转动是否正常。扳动切削液泵开停旋钮，切削液泵启动。

（2）机床调整。纵横向导轨的润滑及液压缸排气。为把工作台液压缸内的空气排净，工作台应以最高速移动全行程往复多次。工作台以低速移动，检查工作台移动的平稳性。

（3）安装工件及工作位置调整。除油泵外，所有电动机均要处在停止的状态。根据工件所决定的磨削位置调整头架、尾座在工作台面上的位置并安装好工件。调整工作台换向碰块位置，一般情况下砂轮的出刀量为砂轮宽度的 2/3~1/2。

项目三　高精度外圆磨削

任务　磨削加工高精度外圆

任务要求

掌握外圆磨床锥度消除的操作方法

保证工件加工的尺寸公差和形状公差

相关理论知识

（一）外圆磨削锥度产生的原因

外圆磨削锥度产生的原因及消除方法请阅读表 3-3-1 中的"圆柱度超差"一项。

（二）外圆磨削中常见的问题、原因及预防措施

在外圆磨削过程中，经常遇到的问题、原因及预防措施如表 3-3-1 所示。

表 3-3-1　外圆磨削常见的缺陷、产生原因及消除措施

缺陷名称	产生原因	消除措施
工件弯曲变形	（1）磨削用量过大 （2）切削液浇注不充分，致使工件发热变形	（1）减小背吃刀量 （2）充分浇注切削液
圆柱度超差	（1）工作台没有调整好 （2）工件与机床的弹性变大 （3）头架和尾座顶尖的轴线不重合 （4）工作台导轨润滑油产生的浮力过大，使导轨在运行过程中有摆动现象	（1）调整上工作台时要耐心细致，应微量转动调整螺钉，反向转动螺钉时应注意消除间隙 （2）须在砂轮微刃锋利的情况下仔细找正工作台。精磨时，砂轮的锋利程度、磨削用量以及光磨行程次数应与找正工作台时的情况一致，否则需要用不均匀进给加以消除 （3）擦净工作台和尾座的接触面，如果接触面磨损，则应在尾座下面加垫铜片，使尾座和头架顶尖旋转轴线重合 （4）调整导轨润滑油压力

缺陷名称	产生原因	消除措施
拉毛划伤	(1) 切削液不清洁 (2) 磨料选择不当，砂轮硬度太软	(1) 严格过滤切削液 (2) 合理选择磨料和砂轮硬度
工件表面烧伤	(1) 砂轮太硬或粒度太小 (2) 砂轮修整得太细，不锋利 (3) 背吃刀量、纵向进给量太大或工件的圆周速度过低 (4) 切削液浇注不充分	(1) 根据零件的材质及工艺合理选择砂轮 (2) 合理选择修整量 (3) 适当减小背吃刀量、纵向进给量或增加工件的圆周速度 (4) 加大切削液流量
螺旋形波纹	(1) 砂轮硬度过高，修复过细。而背吃刀量过大 (2) 纵向进给量过大 (3) 砂轮磨损，母线不直 (4) 修整砂轮和磨削时切削液供应不足 (5) 工作台导轨润滑油过多，使台面浮起，在运动中产生摆动 (6) 工作台有爬行现象 (7) 砂轮主轴发生轴向窜动，或配合间隙过大	(1) 合理选用砂轮硬度和修整用量减少背吃刀量 (2) 适当降低纵向进给量 (3) 修整砂轮 (4) 增大切削液 (5) 降低润滑油压力 (6) 打开放气阀，排除液压系统中的空气，或检修机床 (7) 调整轴承间隙或检修机床
圆度超差	(1) 中心孔形状不正确或中心孔有污垢、切屑等 (2) 中心孔或顶尖磨损 (3) 顶尖与主轴和尾座套筒锥孔贴合不紧密 (4) 砂轮过钝 (5) 未及时或充分浇注切削液 (6) 工件刚度差，磨削余量不均匀，引起背吃刀量变化，使工件产生弹性变形 (7) 工件不平衡 (8) 砂轮主轴轴承间隙较大 (9) 头架主轴径向圆跳动过大	(1) 修研或重钻中心孔，并擦干净中心孔 (2) 注意润滑，修研或修磨顶尖 (3) 卸下顶尖，擦净后重新安装 (4) 修整砂轮 (5) 及时充分地浇注切削液 (6) 适当减小背吃刀量，随着加工余量的减小，背吃刀量也应逐步减小 (7) 磨削前应对工件加以平衡 (8) 仔细调整主轴轴承间隙 (9) 仔细调整头架主轴轴承间隙

（三）找正工件圆柱度时的注意事项

1. 注意安全

找正工件圆柱度时一定要注意安全，当工件圆柱度误差较大时，操作者在调整前应将砂轮退离工件远一些，以防砂轮与工件相撞。

2. 细致、微量调整

调整上工作台找正工件圆柱度一定要细致，微量转动调整螺钉，转动量太大，反而无法找正工件圆柱度。反向旋转螺钉时，要注意消除间隙。

3. 调整螺钉，注意上工作台的旋转方向

转动调整螺钉，要注意上工作台的旋转方向，比如我们在操作 M1432A 型万

能外圆磨床时，顺时针转动调整螺钉，上工作台则逆时针转动，方向和其他型号的磨床正好相反。

4.砂轮进刀方向

在找正工件圆柱度的过程中，调整好上工作台之后，砂轮应从工件直径较大的一端进刀，以免工作台移动后，工件火花越来越大，影响磨削加工的精度和发生操作事故。

（四）测量检验及误差分析

测量检验及分析误差以磨削一外径 Φ35±0.015 的光轴为例进行实际操作，表3-3-2 为其评分标准。

表 3-3-2 光轴磨削评分标准

班级：	姓名：		学号：	任务：光轴磨削		工时：	
项目	检测内容	分值	评分标准	检测手段	自检	复检	得分
外径	Φ（35±0.015）mm	30	超差不得分	外径千分尺			
形状精度	圆柱度公差值：0.01mm	30		外径千分尺			
表面粗糙度	Ra0.8μm	30	一处不合格扣2分	目测			
安全文明生产		10	视情况酌情扣分				
监考人		检验员			总分		

另外，有些精度高的长光轴要求有形状公差直线度的要求，可以用简单的方法进行测量，将平尺放在被检查的外圆素线上，用光隙法进行观察和比较，转动工件，整个圆周上的最大间隙，即为被测外圆柱素线的直线度误差（如图3-3-1所示）。当光隙较大时，可用塞尺检查。当光隙较小而又无判断经验时，可与标准光隙进行对比。

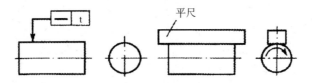

图 3-3-1 用平尺测量直线度误差示意图

生产中一般采用顶尖装夹工件，通过千分表测几个位置处的读数来间接得出直线度。较长的工件采用水平仪和自准直仪分级测量法测量直线度，如导轨的直线度。

项目四 平面类零件磨削加工

任务 平面类零件磨削加工

任务要求

能够正确地选择磨削用量，正确定位装夹工件

磨削加工平面类零件达到图纸要求

一、相关理论知识

(一) 平面磨削加工工艺特点

对于精度要求高的平面以及淬火零件的平面加工，一般需要采用平面磨削的方法。平面磨削主要在平面磨床上进行。平磨时，对于简单的铁磁性材料，可用电磁吸盘装夹工件。对于形状复杂或非铁磁性材料，可先用精密平口虎钳或专用夹具装夹，再用电磁吸盘或真空吸盘吸牢。

平面磨削按砂轮的工作面的不同分为两大类：周磨法和端磨法。周磨法采用的是砂轮的圆周面进行磨削加工，工件与砂轮的接触面少，磨削力小，磨削热少，且冷却和排屑条件好，工件表面加工质量好。端磨法采用的是砂轮的端面进行磨削加工，工件与砂轮的接触面大，磨削力大，磨削热多，且冷却和排屑条件较差，工件变形大，工件表面加工质量差。

(二) 平面磨削零件工艺分析

机械加工工艺过程就是指用机械加工方法直接改变毛坯的形状、尺寸、材料等机械性能，使之成为成品的生产过程，是生产过程的主要组成部分。而将比较合理的机械加工工艺过程确定下来，编写为加工过程中依据的规程文件，生产操作人员按照规程文件进行生产加工，就是制定机械加工工艺的过程。机械加工工艺是由一个或若干个顺序排列的工序所组成，毛坯依次通过这些工序变成成品。

1. 工序

一个（或一组）工人在一个固定的工作地点（如机床和钳台等）对一个或几个工件所连续完成的工艺过程的一部分，称为工序。而划分工序的主要依据是零件加工过程中工作地是否变动。一个工件安排几个工序，工序的先后顺序，对于保证工件的加工质量和生产效率有着极大的关系。

2. 安装

工件加工前，使其在机床或夹具中占据一正确而固定位置的过程称为安装。在一个工序中，工件可能安装一次，也可能安装多次。而平面磨床在加工过程中，应尽可能减少安装次数。因为安装次数多，安装误差就增加，而且安装工件的辅助时间也增加。

3. 工位

工件在一次安装中，在平面磨床上所占据的每一个加工位置称为工位。工件在一次安装中可能只有一个工位，也可能有几个工位。例如，用精密平口虎钳磨垂直平面时，可以在一次安装中，利用两个工位（翻转平口钳），把工件的垂直面磨出来。这样可以减少安装次数，既提高工件的加工精度，又缩短辅助时间，提高劳动生产率。

4. 工步

在一个工序内，往往需要采用不同的刀具和切削用量对不同的表面进行加工。当加工表面、切削刀具和切削用量中的转速和进给量都保持不变时所完成的那一部分工序即为工步。例如，磨台阶面，为了保证两个台阶面的平行度，此时磨削时的加工表面发生了改变，因此磨削两个台阶面时就是两个工步。

但成型磨削时，为了保证工件精度和提高劳动生产率，常常利用一个成型砂轮加工几个表面，这种情况称为复合工步。在工艺文件上，复合工步应看作为一个工步。

5. 走刀

当加工表面、切削刀具和切削用量中的转速和进给量都保持不变时，切去一层金属的加工过程，称为走刀。一个工步可包括一次走刀或数次走刀。

6. 工艺规程

以上内容确定后，将制定平面磨床磨削工件的工艺规程，它一般包括下述内容：

（1）工件加工工艺路线（包括方法和顺序）。

（2）各工序的内容及所采用的机床和工艺装备（包括刀具、量具和夹具）。

（3）在选用的平面磨床上确定切削用量。

（4）工件的检验项目及方法。

（5）工时定额及工人技术等级等。

平面磨削的装夹方法应根据工件的形状、尺寸和材料而定，可用电磁吸盘装

夹、相邻面夹持及黏附装夹。电磁吸盘是最常用的夹具之一，凡是由钢、铸铁材料制成的有平面的工件，都可用它装夹。

当磨削工件平面不能直接以定位基准面在电磁吸盘上装夹时（主要是定位基准面太小，或仰面倾斜，或底面为不规则表面等），可采用相邻面夹持（如表 3-4-1 所示）。

表 3-4-1　相邻面的夹持方法

夹持方法	说明
	（1）相邻面中有与被磨平面垂直表面的工件的夹持
用侧面有吸力的电磁吸盘装夹	有一种电磁吸盘不仅能在工作台板的上平面吸住工件，而且其侧面也能吸住工件。若被磨平面有与其垂直的相邻面，且工件体积又不大时，用此装夹方法比较方便可靠
用导磁直角铁装夹	导磁直角铁由钝铁和黄铜片制成，它的四个工作面是相互垂直的，而且各面之间有很高的平行度和垂直度。黄铜片间隔分布，距离与电磁吸盘上的绝磁层距离相等，由铜螺栓装配成整体。使用时使导磁直角铁的黄铜片与电磁吸盘对齐，电磁吸盘上的磁力线就会延伸到导磁直角铁上，因而当电磁吸盘通电时，工件的邻近侧面就被吸在导磁直角铁的侧面上 用导磁直角铁装夹
用精密平口钳装夹	下图所示为精密平口虎钳，精密的固定钳口、凸台和平口钳体为整体结构。凸台内装有螺母，转动螺杆，活动钳口即可夹紧工件。精密平口钳的平面对侧面有较小的垂直度公差，因此，工件一次装夹后，通过翻转平口钳，可磨出相互垂直的基面或相互平行的表面。精密平口钳适用于小型或非磁性材料的工件。被磨平面的相邻面为垂直平面夹装效果好 用精密平口钳装夹
用精密角铁装夹	精密角铁用铸铁制成，上面有两个经刮研相互垂直的工作平面，其垂直度公差为0.005 mm，工作平面上有 T 形槽或通孔，可通过螺钉平装夹工件。磨削平面时，相邻的垂直表面在角铁上定位，并用螺钉压板夹紧。工件装在角铁上校正后可以磨削平面、斜面和垂直面 用精密角铁装夹

· 350 ·

夹持方法	说明
用精密 V 形块装夹	精密 V 形块由 V 形铁、弓架、夹紧螺钉组成。V 形铁的侧面、端面与底面相互垂直，使用时可以翻转，用来磨削圆柱形工件端面，保证端面对圆柱轴线的垂直度要求。此法能保证端面对圆柱轴线的垂直度公差，适用于加工较大的圆柱端面工件 精密 V 形块
（2）相邻面为不规则表面的工件的装夹	
用精密平口钳装夹	当工件尺寸不大时，可用精密平口虎钳加垫铁、圆棒等将工件装夹在精密平口虎钳上，使所磨平面与工作台平行，即可进行平面磨削
用千斤顶加挡铁装夹	若工件被磨平面的相邻面与底部均为不规则表面，可在电磁吸盘上用三只千斤顶顶住并校平上平面，四周用略低于上平面的挡铁挡住，以便进行磨削
用专用夹具装夹	当工件批量较大时，可用专用夹具进行装夹，以与工件平面相邻的特征表面如内孔、凸台、沟槽等处定位，并加以紧固。用专用夹具可保证所磨平面与相邻面之间的位置精度
用组合夹具装夹	对单件小批量生产工件，磨削平面时，可用组合夹具装夹。组合夹具可根据平面相邻面的形状和加工条件进行组装，定位可靠，使用方便

二、技能操作——平面磨削加工实例

平面磨削加工以图 3-4-1 为例的六面体进行说明。

（一）图样和技术要求分析

六面体工件尺寸如图 3-4-1 所示，现分析如下：图所示工件材料为 HT200；40mm±0.01mm 两个面的平行度公差为 0.01mm，70mm±0.01mm 的右侧对左侧平行度公差为 0.01mm，50mm±0.01mm 两个面的平行度公差为 0.01mm，对左侧基准面 A 的垂直度公差为 0.01mm，且上平面对基准面 A 的垂直度公差也为 0.01mm；六面的表面粗糙度均为 Ra0.8μm。

（二）技术要求

根据工件材料和加工技术要求，进行如下选择和分析。

1. 选砂轮

所选砂轮采用特性为 C36MV 的平形砂轮，修整砂轮用金刚笔。

2. 装夹

装夹采用电磁吸盘装夹。在平行面磨好后，准备磨削垂直面时，应清除毛

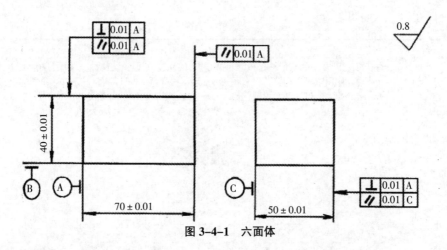

图 3-4-1　六面体

刺，以保证定位精度，在磨削 70mm 两平面时，由于高度较高，要放置挡铁，以保证磨削安全。

3. 选择磨削法

磨削采用横向磨削法，由于工件尺寸精度和位置精度有较高的要求，需反复装夹与找正，并需划分粗、精加工。

4. 选择切削液

选用乳化液切削液，由于铸铁磨屑易与切削液混合成糊状，所以切削液流量要大，以利排屑和散热。

（三）操作步骤

在 M7130A 型卧轴矩台式平面磨床上进行磨削操作。

1. 操作前检查、准备

（1）擦净电磁吸盘台面，清除工件毛刺、氧化皮，检查磨削加工余量。

（2）工件以 B 面为基准，装夹在电磁吸盘上。

（3）修整砂轮。

（4）调整工作台行程挡铁位置。

2. 磨削过程

（1）粗磨 B 面上平面，留 0.08~0.10mm 精磨余量，表面精糙度为 Ra0.8μm。

（2）翻身装夹，装夹前清除毛刺。

（3）粗磨 B 面，留 0.08~0.10mm 精磨余量，保证平行度误差不大于 0.01mm，表面精糙度为 Ra0.8μm。

（4）清除工件毛刺。

（5）以 A 面为基准装夹在电磁吸盘上。

（6）用百分表找正 B 面与工作台纵向运动方向平行。即将百分表架底座吸附于砂轮架上，百分表量头压入工件，手摇工作台纵向移动，观察百分表指针摆动情况，在 B 面全长上误差不大于 0.005mm。找正后用精密挡铁紧贴 B 面。

（7）粗磨 A 面上平面，留 0.08~0.10mm 精磨余量。

（8）去毛刺，翻身装夹，仍以 B 面紧贴挡铁。

（9）粗磨 A 面，留 0.08~0.10mm 精磨余量，保证平行度误差不大于 0.01mm，对 B 面的垂直度误差不大于 0.01mm，留 0.08~0.10mm 精磨余量。

（10）清除工件毛刺，以 C 面为基准装夹在电磁吸盘上。

（11）找正 B 面，方法同步骤（6）。

（12）粗磨 C 面上平面，留 0.08~0.10mm 精磨余量。

（13）清除毛刺，翻身装夹，仍以 B 面紧贴挡铁。

（14）粗磨 C 面，留 0.08~0.10mm 精磨余量，保证平行度误差不大于 0.01mm，对 A、B 面的垂直度误差不大于 0.01mm，表面精糙度为 Ra0.8μm。

（15）精修整砂轮。

（16）擦净电磁吸盘工作台面，清除工件毛刺。

（17）装夹 B 面，装夹时找正 C 面或 A 面，方法同步骤（6）。

（18）精磨 B 面上平面，表面精糙度为 Ra0.8μm，并保证 B 面精磨余量。

（19）翻身，去毛刺，装夹，找正。

（20）精磨 B 面，磨至尺寸 40mm±0.01mm，保证平行度误差不大于 0.01mm，表面精糙度为 Ra0.8μm。

（21）去毛刺，装夹 A 面，找正 B 面。

（22）精磨 A 面上平面，表面精糙度为 Ra0.8μm，并保证 A 面有余量。

（23）翻身，去毛刺，装夹，找正。

（24）精磨 A 面，磨至尺寸 70mm±0.01mm，保证平行度误差不大于 0.01mm，表面精糙度为 Ra0.8μm。

（25）去毛刺装夹 C 面，找正 B 面或 A 面。

（26）精磨 C 面上平面，表面粗糙度为 Ra0.8μm，并保证 C 面有余量。

（27）翻身，去毛刺，装夹，找正。

（28）精磨 C 面，磨至尺寸 50mm±0.01mm，表面粗糙度为 Ra0.8μm，保证平行度、垂直度误差不大于 0.01mm。

项目五 轴类零件磨削加工

任务 轴类零件磨削加工

任务要求

能够正确地选择磨削用量，正确定位装夹工件

磨削加工轴类零件达到图纸要求

一、相关理论知识

(一) 轴类零件磨削加工工艺特点

轴类零件常用的加工方法为车削和磨削，当表面质量要求很高时，还应增加光整加工。轴类零件的一般加工工艺特点如下：

1. 轴类零件的预备加工

在预备加工中有校直、切断、切端面和钻中心孔。钻中心孔时的注意点：中心孔应有足够大的尺寸和准确的锥角。因中心孔在加工过程中要承受零部件的重量和切削力，因此尺寸过小和锥角不准确，将会使中心孔和顶尖很快被磨损。两端中心孔应在同一轴心线上。中心孔和顶尖接触不良，容易产生变形和磨损，使加工的外圆产生圆度误差。

2. 轴类零部件定位基准的选择

轴类零件在磨削加工时，一般采用两中心孔作为定位基准。在加工外圆时总是先加工轴的两端面和中心孔，为后续加工工序作定位基准的准备。轴类零件各外圆、锥孔、螺纹等表面的设计基准一般都是轴的中心线，因此选择两中心孔定位是符合基准重合原则的，加工时能达到较高的相互位置精度，且工件装夹方便，故两中心孔定位方式应用最为广泛。

(二) 轴类零件磨削工艺分析

以砂轮的高速旋转与工件转动相配合进行切削加工的方法称为轴类磨削。磨削时砂轮的旋转运动为主运动，工件的低速旋转为（或磨头的移动）为进给运动。

砂轮是一种特殊的切削刀具。磨削是通过分布在砂轮表面的磨粒进行切削的，每颗磨粒相当于一把车刀，整个砂轮即相当于刀齿多的铣刀。在砂轮高速旋转时，凸出的具有尖棱的磨粒从工件表面上切下细微的切屑，不凸出或磨钝了的磨粒只能在工件表面划出小的沟纹，比较凹下的磨粒则和工件表面产生滑动摩擦，后两种磨粒在磨削时产生微尘。因此，磨削除和一般刀具的切削过程有共同之处（切削作用）外，还具有刻划和修光作用。

外圆磨床加工工艺特点：①磨粒硬度高，能加工一般金属切削刀具所不能加工的工件表面，例如，带有不均匀铸、锻硬皮的工件表面，淬硬表面等。②能切除极薄、极细的切屑，修正误差能力强，加工精度高，加工表面粗糙度小。③由于大负前角磨粒在切除金属过程中消耗的摩擦功大，再加上磨屑细薄，切除单位体积金属所消耗的能量比车削大得多。

(三) 外圆磨床零件定位装夹方法

外圆磨床零件定位装夹方法如表 3-5-1 所示。

表 3-5-1　外圆磨床装夹工件方法

夹持方法	说明
用两顶尖装夹工件	本装夹方法是一种常用的装夹方法，此方法特点是装卸工件方便、定位精度高，但夹紧力小，适用于中、小型工件的装夹 两顶尖装夹工件
用自定心卡盘或单动卡盘装夹工件	如一些零件端面不能留中心孔，可以用自定心卡盘来装夹圆柱形工件，用单动卡盘来装夹外形不规则的工件 自定心卡盘是通过法兰盘装到磨床主轴上的，法兰盘与卡盘通过"定心台阶"配合，然后用螺钉紧固。法兰盘的结构，根据磨床主轴结构不同而不同 带锥柄的法兰盘　　　带锥孔的法兰盘

夹持方法	说明
用卡盘和顶尖装夹工件	本装夹方法是一端用卡盘夹住，另一端用顶尖顶住的方法，装夹紧固、安全、刚性好。但要保证磨床主轴的旋转轴线与后顶尖在同一直线上 一夹一顶装夹
利用主轴锥孔装夹工件	磨削顶尖或工件圆锥与主轴圆锥相同时，可采用此装夹方法。但要注意内、外圆锥配合情况，并做好配合前的清洁工件
用心轴和堵头装夹工件	磨削中有时会碰到一些套类零件，而且多数要求要保证内、外圆的同轴度。这时一般都是先将工件内孔磨好，然后再以工件内表面为定位基准磨外圆，此时就需要使用心轴装夹工件 用小锥度心轴装夹工件

二、技能操作——外圆磨削加工实例

外圆磨削加工以图 3-5-1 所示的光轴零件为例进行说明。

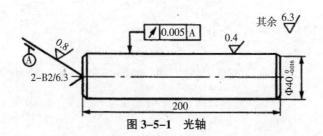

图 3-5-1　光轴

（一）零件分析

图 3-5-1 所示的光轴是最简单的轴，材料为 45# 钢，热处理调质 220~250HBS。外圆的直径尺寸和上下偏差为 $\Phi 40_{-0.016}^{0}$ mm，长度为 200mm，对中心孔轴线的圆跳动公差为 0.005mm，表面粗糙度为 Ra0.4μm。光轴磨削的工作项目和

要求如表 3-5-2 所示。

表 3-5-2　光轴磨削的工作项目和要求

项目类型	工作内容	工作要求
主要项目	外圆 Φ40mm	（1）尺寸为 $\Phi 40_{-0.016}^{0}$ mm （2）磨后外圆无明显接刀痕迹 （3）圆跳动公差为 0.005mm
一般项目	外圆 Φ40mm	表面粗糙度为 Ra0.4μm，无表面烧伤现象
安全文明生产	（1）国家颁布的安全生产法规及企业有关实施规定 （2）企业有关文明生产的规定	按规定的标准操作
时间定额	90min	要求在 90min 内完成

（二）工艺制定

1. 机械加工工艺路线

机械加工工艺路线为：①下料。②调质。③粗车端面、外圆，打中心孔。④修研中心孔。⑤半精车外圆、倒角。⑥精修中心孔。⑦粗磨外圆。⑧精磨外圆。⑨检测。

2. 磨前毛坯

磨削加工是机械加工工艺过程中的一部分，一般作为零件的精加工和终序加工。为了降低机械加工的成本，在磨削加工之前，要进行切削加工，去除工件大部分的加工余量。加工外圆尺寸 $\Phi 40_{-0.016}^{0}$ mm、表面粗糙度为 Ra0.4μm 的加工方案（加工路线）为：粗车→半精车→粗磨→精磨。半精车后的工件就是磨削的毛坯，半精车光轴的外圆达到：$\Phi 40.20_{-0.05}^{0}$ mm，表面粗糙度为 Ra3.2μm。

3. 磨削工艺

从工件的加工质量、生产率和经济性出发，在大批量生产中，光轴磨削一般采用粗磨和精磨两道工序，分别在不同的磨床上进行磨削，采用的砂轮也不同。在单件、小批量生产时或在技能鉴定中，一般在一台磨床上进行磨削，通过对同一砂轮进行不同的修整来实现粗磨和精磨，即粗磨后精修砂轮进行精磨，因此，砂轮的特性选择要兼顾粗磨和精磨的要求。

4. 工件装夹

外圆类工件的设计基准一般为轴心线，根据工艺基准与设计基准重合的原则，在粗磨和精磨时，工件上的定位表面均为中心孔，一般用磨床头架和尾座上的顶尖装夹工件。

5. 外圆的磨削方法

由于光轴的长度大于砂轮的宽度，外圆的粗磨和精磨均采用纵向磨削法；接刀部分（装夹头部分外圆）小于砂轮的宽度，其粗磨和精磨均采用切入磨削法。

（三）磨削操作准备

1. 选择磨床

外圆磨削一般采用外圆磨床或万能外圆磨床。选择磨床，一般根据磨床型号及其技术参数进行选择。根据被加工工件尺寸的精度和形位公差精度的要求来选择合适的磨床，而表面粗糙度不仅与机床精度有关，而且与磨削参数、砂轮修整、光磨次数等有关，表面粗糙度不是选择磨床精度的主要因素。综上所述，可选择 M1420 型或 M1432A 型磨床。

2. 选择砂轮

砂轮可以根据工件材料、加工精度、粗磨和精磨等情况选择砂轮的特性。本实例中可采用白刚玉或棕刚玉砂轮，粒度 F40~F60，砂度为 L~M，陶瓷结合剂 V，中等组织 4~7。修整砂轮用金刚石笔。

3. 选择夹具

选用硬质合金顶尖装夹工件，用鸡心夹头夹紧工件一端，由头架上的拨杆通过夹头带动工件在顶尖上作圆周进给运动。

4. 选择量具

根据工件的形状、尺寸精度和表面粗糙度，选用千分表测量圆跳动，千分尺测量工件尺寸，用粗糙度样块与外圆表面进行对比，通过目测法测量外圆表面的粗糙度。

5. 选择磨削液

磨削液采用工业用苏打水，冷却效果好，视觉清晰。应注意充分冷却，防止表面烧伤。

（四）磨削操作步骤

1. 操作前的检查、准备

（1）检查工件中心孔。用涂色法检查工件中心孔，要求中心孔与顶尖的接触面积大于 80%。若不符合要求，需要进行清理或修研，符合要求后，应在中心孔内涂抹适量的润滑脂。

（2）找正头架、尾座的中心，不允许偏移。生产过程中采用试磨后，检测轴的两端尺寸，然后对机床进行调整。

（3）粗修整砂轮。

（4）检查工件磨削余量。

（5）将工件的一端插入夹头，拧紧夹头上的螺钉夹紧工件，然后使夹头上的开口槽对准机床上的拨杆，将工件装夹在两顶尖间。

（6）调整工作台行程挡铁位置，以控制砂轮接刀长度和砂轮超出工件长度。

2. 试磨

试磨时，用尽量小的背吃刀量，磨出外圆表面，用千分尺检测工件两端直径差不大于 0.003mm。若超出要求，则调整、找正工作台至理想位置。

3. 粗磨外圆

用纵向磨削法粗磨外圆，留精磨余量 0.03~0.05mm，圆跳动公差不大于 0.005mm。

在万能外圆磨床（M1432A）上，用纵向磨削法粗磨本例中光轴外圆的磨削用量为：

（1）砂轮的磨削速度 1670r/min。

（2）初选工件圆周速度为 21m/min。

（3）工件转一转，砂轮沿工件轴向（工作台纵向）进给量 f_a=0.6 B=0.6×50=30mm/r。

（4）工作台往复运动的单个行程，砂轮径向的背吃刀量 a_p 为 0.01mm/st（st 指单行程）。

4. 工件调头装夹，粗磨接刀

在工件接刀处涂上薄薄一层显示剂（红油），用切入磨削法磨削接刀，当显示剂消失时应立即退刀，当砂轮的宽度小于接刀长度时，采用纵向切入磨削。

5. 精修整砂轮

6. 精磨外圆

精磨外圆至 $\Phi 40_{-0.016}^{0}$ mm，圆跳动误差不大于 0.005mm，表面粗糙度为 Ra0.4μm，磨削用量选择为：

（1）工件圆周转速 21m/min。

（2）工件转一转，工作台往复运动的纵向进给量，f_a=0.3 B=15mm/r。

（3）工作台往复运动的单个行程，砂轮径向的背吃刀量 a_p 为 0.005mm/st。

7. 调头装夹工件，精磨接刀

在工件接刀处涂显示剂，用切入磨削法接刀磨削，待显示剂消失，立即退刀。保证外圆尺寸 $\Phi 40_{-0.016}^{0}$ mm，圆跳动误差不大于 0.005mm，表面粗糙度为 Ra0.4μm 以内。

8. 注意事项如下

（1）通常磨削后，靠近头架端外圆的直径较靠近尾座端的直径大 0.003mm 左右，在精确找正工作台时，注意这种现象。

（2）当出现单面接刀痕迹时，要及时检查中心孔和顶尖的质量。

（3）外圆磨削要注意清理和润滑中心孔。

（4）顶尖的预紧力要调节合适。

（五）工件检测

1. 测量外径

在单件、小批量生产中，外圆直径的测量一般用千分尺检验，在加工中用千分尺测量工件外径时，砂轮架应快速退出，从不同长度位置和不同直径方向进行测量。在大批量生产中，常用极限卡规测量外圆直径尺寸。

2. 测量工件的径向圆跳动

测量时，先在工作台安放一个测量桥板，然后将百分表架放在测量桥板上，使百分表量杆与被测量工件轴线垂直，并使测头位于工件圆周最高点上。外圆柱表面绕轴线轴向回旋时，在任一测量平面内的径向跳动量为径向跳动（或替代圆度）。外圆柱表面绕轴线连续回旋，同时千分表平行于工件轴线方向移动，在整个圆柱面的跳动量为全跳动（或替代圆柱度）。

3. 检验工件的表面粗糙度

检查工件的表面粗糙度通常用目测法，即用表面粗糙度样块与被测表面进行比较来判断。检验时把样块靠近工件表面，用肉眼观察比较。

参考文献

[1] 彭林中，张宏. 机械切削工人（第二版）[M]. 北京：化学工业出版社，2012.

[2] 彭心恒. 车工操作技能训练 [M]. 广州：广东科技出版社，2007.

[3] 许心驰. 机械加工实训教程 [M]. 北京：机械工业出版社，2013.

[4] 徐小国. 机加工实训 [M]. 北京：北京理工大学出版社，2014.

[5] 李慕译，巫海平. 普通车床操作与技能训练 [M]. 北京：清华大学出版社，2013.

[6] 刘新子. 金属切削加工技能 [M]. 北京：机械工业出版社，2013.

[7] 陈宏钧. 磨工（第二版）[M]. 北京：机械工业出版社，2004.

[8] 钱瑜. 磨工 [M]. 沈阳：辽宁科学技术出版社，2012.

[9] 赵莹. 磨工岗位手册 [M]. 北京：机械工业出版社，2013.

[10] 方光辉，张茂龙. 磨工实用技术 [M]. 长沙：湖南科学技术出版社，2012.

[11] 曲昕. 车工基本技能 [M]. 北京：机械工业出版社，2011.